21世纪高职高专规划教材

高等职业教育规划教材编委会专家审定

移动终端原理与实践

主　编　蔡卫红

副主编　孔凡凤　欧红玉

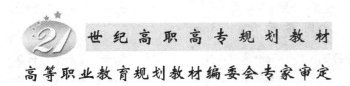
北京邮电大学出版社
www.buptpress.com

内 容 简 介

本书是采用理、实结合模式编写的新型课程教材,全书采用项目教学的方法,全面介绍了移动终端原理与维修基本技术,结构层次由浅入深,循序渐进。项目教学内容以数字移动终端为载体,将数字移动终端维修技术分为 8 个项目,分别介绍了移动终端电路原理、维修工具的使用、移动终端测试维修方法。全书图文并茂,通俗易懂,每个项目都设有项目学习内容引导以及项目习题,方便课程教师与学生的学习与交流。

本教材为高职高专使用教材,可作为电子信息技术类、通信技术类等相关专业移动终端维修课程的教学用书,适合高职高专院校开展理、实结合一体化课程教学使用;也可作为移动终端维修培训教材;同时适合从事移动终端生产、移动终端维修初中级技术人员、业余爱好者阅读。

图书在版编目(CIP)数据

移动终端原理与实践 / 蔡卫红主编. --北京:北京邮电大学出版社,2013.8
ISBN 978-7-5635-3526-2

Ⅰ.①移… Ⅱ.①蔡… Ⅲ.①移动终端—高等职业教育—教材 Ⅳ.①TN87

中国版本图书馆 CIP 数据核字(2013)第 122083 号

书 名	:	移动终端原理与实践
主 编	:	蔡卫红
责任编辑	:	彭 楠 马晓仟
出版发行	:	北京邮电大学出版社
社 址	:	北京市海淀区西土城路 10 号(邮编:100876)
发 行 部	:	电话:010-62282185 传真:010-62283578
E-mail	:	publish@bupt.edu.cn
经 销	:	各地新华书店
印 刷	:	北京鑫丰华彩印有限公司
开 本	:	787 mm×1 092 mm 1/16
印 张	:	15.75
字 数	:	392 千字
版 次	:	2013 年 8 月第 1 版 2013 年 8 月第 1 次印刷

ISBN 978-7-5635-3526-2 定 价:32.00 元

前　言

为培养移动通信技术相关专业在移动终端维修方面高素质、高技能型人才，真正提高学生实践能力，编者在总结多年理论与实践教学的基础上，编写了《移动终端原理与实践》教材。

本书为基于工作过程的新型教材，采用项目-任务式的结构，全面介绍了移动终端原理与维修方法。全书分为 8 个项目：项目一为移动终端认知；项目二为移动终端基本电路了解；项目三为移动终端收/发射频电路结构认知；项目四为项目实践——移动终端拆卸与元器件识别；项目五为移动终端主要电路案例分析；项目六为项目实践——移动终端维修工具使用及元器件焊接；项目七为项目实践——GSM 移动终端电路识图；项目八为项目实践——移动终端信号测试与故障检修。内容涉及移动终端的发展、基本电路原理、射频电路结构分类、拆卸方法、元器件识别、主要电路原理、维修工具使用、元器件焊接、电路识图、信号测试方法和基本故障维修等。

本书在编写的过程中，坚持"以就业为导向，以能力为本位"的基本思想，基于岗位技能，采用理论、实践一体化教学的编写思路，较好地体现了"理论够用，能力为本，面向应用性技能型人才培养"的职业教育特色。

本书由湖南邮电职业技术学院的蔡卫红老师主编，孔凡凤老师、欧红玉老师任副主编。其中项目一、项目四、项目五、项目六、项目七、项目八由蔡卫红老师编写，项目二由孔凡凤老师编写，项目三由欧红玉老师编写。

由于编者水平有限，书中难免有不妥或错误之处，恳请读者批评指正。

编　者

目　录

项目一 移动终端认知

项目目的

1. 了解手机的发展历程和各代手机的优缺点；
2. 掌握 GSM 手机终端电路组成和主要技术参数及应用；
3. 掌握 CDMA 手机主要技术参数及应用；
4. 了解 SIM 和 UIM 卡管脚排列、功能和卡中数据、密码情况及应用；
5. 掌握移动终端中存储器的分类、作用及应用；
6. 掌握 GSM 手机信号处理和开机过程。

项目工具

1. 1G、2G、3G 移动终端；
2. GSM 手机 SIM 卡和 CDMA 手机 UIM 卡；
3. 移动终端图纸。

项目重点

1. GSM 手机和 CDMA 手机主要技术参数；
2. SIM 卡和 UIM 卡管脚排列、功能和卡中数据、密码情况；
3. GSM 手机存储器的分类和应用；
4. GSM 手机电路组成。

任务 1　移动终端发展及终端设备

[任务导入]

移动通信是指通信双方,至少有一方是在移动中进行的信息传输与交换,固定点与移动体(车辆、船舶、飞机)之间、移动体之间的通信,都属于移动通信的范畴。

手机是移动电话的简称,又称为手提电话、手提、大哥大,是便携的、可以在较大范围内移动的电话终端。手机是移动通信技术发展的产物。随着经济的发展和时间的推移,手机已经成为人们日常生活必不可少的工具,具有非常广阔的发展前景。

目前在全球范围内使用最广的手机是 GSM 手机。第 1 代模拟手机已经淹没在移动通信技术发展的潮流中,3G 手机开始走上了普及的道路。在中国大陆及中国台湾地区以 GSM 最为普遍,这些都是所谓的第 2 代手机(2G)。2G 手机都是数字制式的,除了可以进行语音通信外,还可以收发短信(短消息、SMS)、彩信(多媒体短信、MMS)、无线应用协议(WAP)、通用分组无线业务(GPRS)等。部分手机除了典型的电话功能外,还包含了 PDA、游戏机、MP3、照相、录音、摄像、GPS 等更多的功能。

1. 手机发展进程

(1) 模拟手机

第 1 代手机(1G)是指模拟的移动电话,也就是 20 世纪八九十年代在中国香港、美国等影视作品中出现的大哥大。最先研制出大哥大的是美国摩托罗拉公司的 Cooper 博士。由于当时的电池容量限制和模拟调制技术需要硕大的天线和集成电路的发展状况等制约,这种手机外表四四方方,只能成为可移动但算不上便携。很多人称呼这种手机为"砖头"或是"黑金刚"等。

这种手机有多种制式,如 NMT、AMPS、TACS,但是基本上使用频分复用方式,只能进行语音通信,收讯效果不稳定,且保密性不足,无线带宽利用不充分。此种手机类似于简单的无线电双工电台,通话锁定在一定频率,所以使用可调频电台就可以窃听通话。

(2) GSM/CDMA 手机

第 2 代手机也是最常见的手机。通常这些手机使用 PHS、GSM 或 CDMA 这些十分成熟的标准,具有稳定的通话质量和合适的待机时间。为了适应数据通信的需求,在第 2 代手机中,一些中间标准也得到支持,例如支持彩信业务的 GPRS 和上网业务的 WAP 服务,以及各式各样的 Java 程序等。

1993 年,我国开始建设"全球通(GSM)"数字移动电话网。经过十多年的发展,2G 网络已经遍布全国每个角落。

2001 年年底,中国联通开通了 CDMA 网络——"联通新时空"(现已转让给中国电信),它属于码分多址(CDMA)方式,其核心技术以 IS-95 作为标准,是增强型 IS-95。CDMA 和 GPRS 实际上各有优缺点,难分高低。

作为第 2 代向第 3 代的过渡,有时又将中国移动的 GPRS、中国电信的 CDMA 称为 2.5G(2 代半)。

(3) 3G 手机

随着经济的发展和时间的推移,用于第 3 代移动通信系统(3G)的手机已经走上历史舞台。3G 是 3rd Generation 的缩写,指第 3 代移动通信技术。第 3 代手机最初的目标之一是开发一种可以全球通用的无线通信系统,但最终的结果是出现了多种不同的制式,主要有 WCDMA、CDMA2000 和 TD-SCDMA。这些新的制式都基于 CDMA(码分多址)技术,在带宽利用和数据通信方面都有进一步发展。

相对第 1 代模拟制式手机和第 2 代 GSM、CDMA 等数字手机,一般地讲,第 3 代手机是指将无线通信与国际互联网等多媒体通信结合的新一代移动通信系统。它能够处理图像、音乐、视频流等多种媒体形式,提供包括网页浏览、电话会议、电子商务等多种信息服务。为了提供这种服务,无线网络必须能够支持不同的数据传输速度,也就是说在室内、室外和行车的环境中能够分别支持至少 2 Mbit/s、384 kbit/s 以及 144 kbit/s 的传输速度。

表 1-1 为 3 代移动通信的主要特点。

表 1-1　3 代移动通信比较

第 1 代	第 2 代	第 3 代
模拟（蜂窝）	数字（双频）	多频
仅限话音通信	话音和数据通信	当前通信业务和一些新业务
主要用于户外覆盖	户内/户外覆盖	无缝全球漫游
固定电话网的补充	与固定电话网相互补充	结合数据网、因特网等，作为信息通信技术的重要方式
以企业用户为中心	企事业用户和消费者	通信用户
主要接入技术：FDMA	主要接入技术：TDMA	主要接入技术：CDMA
主要标准：TACS、AMPS 等	主要标准：GSM 等	重要标准：WCDMA、CDMA2000、TD-SCDMA 等

（4）4G 手机

4G 手机距离我们将不再遥远。工信部 2010 年 12 月批复同意具有我国自主知识产权的准 4G 网络（TD-LTE）的规模试验总体方案，上海、杭州、南京、广州、深圳、厦门 6 个城市成为首批试点城市。

4G 移动系统网络结构可分为 3 层：物理网络层、中间环境层、应用网络层。物理网络层提供接入和路由选择功能，它们由无线和核心网的结合格式完成。中间环境层的功能包括 QoS 映射、地址变换和完全性管理等。物理网络层与中间环境层及其应用环境之间的接口是开放的，它使发展和提供新的应用及服务变得更为容易，提供无缝高数据率的无线服务，并运行于多个频带。这一服务能自适应多个无线标准及多模终端，跨越多个运营者和服务，提供大范围服务。第 4 代移动通信系统的关键技术包括信道传输技术；抗干扰性强的高速接入技术；调制和信息传输技术；高性能、小型化和低成本的自适应阵列智能天线；大容量、低成本的无线接口和光接口；系统管理资源；软件无线电、网络结构协议等。第 4 代移动通信系统主要是以正交频分复用（OFDM）为技术核心。OFDM 技术的特点是网络结构高度可扩展，具有良好的抗噪声性能和抗多信道干扰能力，可以提供比目前无线数据技术质量更高（速率高、时延小）的服务和更好的性能价格比，能为 4G 无线网提供更好的方案。例如，无线区域环路（WLL）、数字音讯广播（DAB）等都将采用 OFDM 技术。4G 移动通信对加速增长的广带无线连接的要求提供技术上的回应，对跨越公众的和专用的、室内和室外的多种无线系统和网络保证提供无缝的服务。通过对最适合的可用网络提供用户所需求的最佳服务，能应付基于因特网通信所期望的增长，增添新的频段，使频谱资源大扩展，提供不同类型的通信接口。运用路由技术为主的网络架构，以傅里叶变换来发展硬件架构实现第 4 代网络架构，移动通信将向数据化、高速化、宽带化、频段更高化方向发展，移动数据、移动 IP 将成为未来移动网的主流业务。

2. 手机发展大记事

- 1956 年，爱立信公司和瑞典一家公司合作制造了世界上第一部可移动式通信电话；
- 1973 年 4 月，世界上第一部移动电话（摩托罗拉 3200）由美国著名的摩托罗拉公司的工程技术人员马丁·库帕发明，这种电话重约 1.13 千克，靠电池运转，总共可通话 10 分钟。此电话的发明标志着世界进入移动通信的新时代；

- 1989 年,世界上第一款翻盖式手机摩托罗拉 MicroTac 950 诞生,这款手机开创了时尚化的崭新天地,最终为今天各种各样的纤薄手机的发展奠定了基础;
- 1995 年,爱立信 GH337 成为第一款进入国内的 GSM 手机;
- 1995 年,爱立信公司推出的爱立信 GH398 成为第一款可编铃声手机;
- 1997 年,汉诺佳 CH9771 成为第一款内置天线手机;
- 1998 年,诺基亚 6110 成为第一款内置游戏手机;
- 1999 年,第一款中文手机摩托罗拉 CD928＋诞生;
- 1999 年,摩托罗拉 328C 成为第一款翻盖设计手机;
- 1999 年,爱立信推出了 R250s PRO 三防手机;
- 2000 年,诺基亚 7110 成为国内最早支持 WAP 的手机;
- 2000 年,三星 SCH-M188 成为第一部 MP3 手机;
- 2000 年,西门子 6688 成为第一部支持扩展卡音乐手机;
- 2000 年,爱立信 R380sc 成为第一部塞班(Symbian)智能手机;
- 2000 年,夏普和日本沃达丰合作推出的 J-SH04 首部拥有摄像头的手机;
- 2001 年,三星公司推出了世界上第一部双屏手机三星 A288;
- 2001 年,第一款彩屏手机西门子 S1088 诞生;
- 2002 年,摩托罗拉推出的 V70 手机采用了 360°旋转设计,这样的设计可以说是彻底颠覆了传统的手机打开方式,开创了旋转的新时代,后来 LG KG928,索尼爱立信 W550i、S700,夏普 V903SH,诺基亚 7373、N93 等均采用了各种不同的旋转外型设计;
- 2002 年,摩托罗拉 V8060 是中国第 1 代机卡分离式 CDMA 手机;
- 2003 年,索尼爱立信 P802 成为第一部 UIQ 智能手机;
- 2003 年,诺基亚 6650 成为国内第一款 WCDMA 手机;
- 2004 年,摩托罗拉 Razr v3 将超薄设计提高到了一个新的水平,带来了超薄设计的潮流;
- 2006 年,LG 推出了首部采用红外触摸感应按键手机——LG Chocolate KG90;
- 2007 年,LG 推出第一款金属外壳超薄滑盖手机——LG Shine,带动了目前手机设计领域的金属风潮;
- 2007 年,苹果 iPhone 成为跨时代的手机设计革命;
- 2008 年,三星 SCH-B600 成为第一部千万像素拍照手机;
- 2008 年,HTC G1 成为第一部安卓(Android)智能手机;
- 2008 年,诺基亚 5800 成为最具人气的触屏手机;
- 2008 年,海信 TM86 成为第一款获得验证的 TD 手机;
- 2009 年,三星公司生产的 S7550 手机成为全球第一款太阳能手机;
- 2010 年,LG 公司生产的 LG990 手机成为全球第一款双核手机;
- 2010 年,HTC EVO 4G 成为全经一款支持 4G 网络的手机;
- 2012 年,LG 公司生产的 LG Optimus 4X HD 成为全球的第一款四核手机。

3. 移动终端设备

(1) GSM 手机

手机与 SIM 卡共同构成 GSM 移动通信系统的终端设备,也是移动通信系统的重要组成部分。虽然手机品牌、型号众多，但从电路结构上都可简单地分为射频部分、逻辑音频部分、接口部分和电源部分。

手机的基本组成框图如图 1-1 所示。

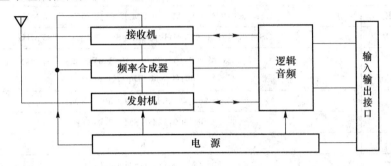

图 1-1　GSM 手机组成框图

1) 射频部分

射频部分由天线、接收电路、发送电路、调制解调器和振荡器等高频系统组成。其中发送部分是由射频功率放大器和带通滤波器组成，接收部分由高频滤波、高频放大、下变频、中频滤波放大器组成。振荡器完成收信机高频信号的产生，具体由频率合成器控制的压控振荡器实现。

2) 逻辑音频部分

发送通道的处理包括语音编码、信道编码、加密、TDMA 帧形成。其中信道编码包括分组编码、卷积编码和交织。接收通道的处理包括均衡、信道分离、解密、信道解码和语音解码。逻辑控制部分对手机进行控制和管理，包括定时控制、数字系统控制、天线系统控制以及人机接口控制等。

3) 接口部分

接口模块包括模拟语音接口、数字接口及人机接口 3 部分。模拟语音接口包括模/数（A/D）转换、数/模（D/A）转换、话筒和耳机；数字接口主要是数字终端适配器；人机接口主要有显示器和键盘。

4) 电源

电源部分为射频部分和逻辑部分供电，同时又受到逻辑部分的控制。

手机的硬件电路由专用集成电路组成。专用集成电路包括收信电路、发信电路、锁相环电路、调制解调器、均衡器、信道编解码器、控制器、识别卡和数字接口、语音处理专用集成电路等部分。手机的控制器由微处理器构成，包括中央处理器（CPU）、可擦写可编程只读存储器（EPROM）和电可擦写可编程只读存储器（EEPROM）等部分。

另外，软件也是手机的重要组成部分。手机的整个工作过程由 CPU 控制，CPU 由其内部的软件程序控制，而软件程序来源于 GSM 规范。

GSM 双频手机的技术指标如表 1-2 所示。

表 1-2 GSM 双频手机的技术指标

参数	数值
频率	GSM 900、GSM 1 800
接收频率范围	GSM 900：935～960 MHz；GSM 1 800：1 805～1 880 MHz
发射频率范围	GSM 900：890～915 MHz；GSM 1 800：1 710～1 785 MHz
输出功率	GSM 900：(5～33 dBm)3.2 mW～2 W GSM 1 800：(0～30 dBm)1.0 mW～1 W
双工间隔	GSM 900：45 MHz；GSM 1 800：95 MHz
信道数	GSM 900：124；GSM 1 800：374
信道间隔	200 kHz
功率级别数	GSM 900：15；GSM 1 800：16
接收灵敏度	GSM 900：−102 dBm；GSM 1 800：−100 dBm
频率误差	$<1\times10^{-7}$
平均相位误差	$<5.0°$
峰值相位误差	$<20.0°$

（2）CDMA 手机

当前大部分厂商生产的 CDMA 手机都是 CDMA2000 1x 模式，且使用美国高通公司开发出来的 CDMA 移动台芯片应用组（主要有 MSM3100、MSM3300、MSM5100、MSM5105 等几个系列）。不同 CDMA 手机具体的卡接口技术不同，在整机电路设计中所应用的硬件也有区别，有机卡分离与机卡一体两种类型。

1）CDMA 手机技术指标

CDMA 手机一般的技术指标如表 1-3 所示。

表 1-3 CDMA 手机的技术指标

指标项	技术参数
接收频率范围	869.820～893.190 MHz
本振频率范围	966.88±12.5 MHz
接收中频	85.38 MHz
发射频率范围	824.820～848.190 MHz
发射中频频率	130.38 MHz
输出功率	0.32 W
抗干扰性能	单音：900 kHz 时为 −30 dBm 双音：900 kHz 与 1700 MHz 时为 −43 dBm
发射频率偏差	±300 Hz 或更低
伪波发射	900 kHz 低于 −42 dBc/30 kHz 1.98 MHz 低于 −54 dBc/30 kHz
最小发射能量控制	−50 dBm 以下
接/发频率间隔	45 MHz
频道带宽	20 CH

指标项	技术参数
频率空间	1.25 MHz
系统主时钟	19.2/19.68/19.8 MHz
工作电压	DC 3.2～4.2 V
频率稳定性	±0.5 PPM

中国电信现行 CDMA 网的上行频率为 825～835 MHz,下行频率为 870～880 MHz。

2) CDMA 手机比 GSM 手机的优越之处

① 接通率高。上网的人都有经验,在同时上网的人数少的时候上网,网塞少、容易接通。打手机也是同样的道理,对于相同的带宽,CDMA 系统是 GSM 系统容量的 4～5 倍,网塞大大下降,接通率自然提高。

② 手机电池的使用寿命延长。CDMA 采用功率控制和可变速率声码器,平均功耗较低,手机电池使用寿命延长。

③ "绿色手机"。普通的手机(GSM 和模拟手机)功率一般能控制在 600 mW 以下,而 CDMA 手机的问世,给人们带来了"绿色"环保手机的曙光,因为与 GSM 手机相比,CDMA 手机的发射功率可以减小很多。CDMA 手机发射功率最高只有 200 mW,普通通话功率更小,其辐射作用可以忽略不计,对健康没有不良影响。基站和手机发射功率的降低,将大大延长手机的通话时间,这意味着电池的寿命延长了,对环境起到了保护作用,故称之为"绿色手机"。

④ 话音质量高。CDMA 采用了先进的数字语音编码技术,并使用多个接收机同时接收不同方向的信号。

⑤ 不易掉话。基站是手机通话的保障,当用户移动到基站覆盖范围的边缘时,基站就应该自动"切换"来保障通信的继续,否则就会掉话。CDMA 系统切换时的基站服务是"单独覆盖—双覆盖—单独覆盖",而且是自动切换到相邻较为空闲的基站上,也就是说,在确认手机已移动到另一基站单独覆盖地区时,才与原先的基站断开,这种"软切换"大大减少了掉话的可能性。

⑥ 保密性能更好。通话不会被窃听,要窃听通话,必须要找到码址。但 CDMA 码址是个伪随机码,而且共有 4.4 万亿种可能的排列。因此,要破解密码或窃听通话内容非常困难。

(3) 国际移动设备识别码(IMEI 码)

在移动电话机背面标签上有一些代码,这些代码有其特殊的含义。首先是 15 位数字组成的国际移动设备识别码(IMEI 码),每部移动电话机出厂时设置的该号码都是全世界唯一的,作为移动电话机本身的识别码,不仅标在机背的标签上,还以电子方式存储于移动电话机中,具体地说,是在移动电话机电路板中的电可擦除存储器中。IMEI 码各部分含义如下。

第 1～6 位数字(TAC)——型号批准号,由欧洲型号批准中心分配;

第 7～8 位数字(FAC)——厂家装配号码,表示生产厂家或最后装配所在地,由厂家进行编码;

第 9～14 位数字(SNR)——序号码,这个独立序号唯一地识别每个 TAC 和 FAC 中的每个移动设备;

第 15 位数字(SP)——备用,一般为 0。

在移动电话机开机的状态下,甚至不需要插卡,从键盘上输入"＊♯06♯",就会在屏幕上显示移动电话机中存储的 IMEI 码。

任务 2　手机卡与存储器

［任务导入］

手机与手机卡共同构成移动通信终端设备。GSM 手机的手机卡叫 SIM 卡,机卡分离式 CDMA 手机的手机卡叫 UIM 卡,SIM 或 UIM 都是"用户识别模块"的意思。

无线传输比固定传输更易被窃听,如果不提供特别的保护措施,很容易被窃听或被假冒一个注册用户。系统通过引入 SIM 卡或 UIM 卡,使手机在入网或通话时通过鉴权来防止未授权用户的接入,这样保护了网络运营者不被假冒用户免费通信的利益;通过对传输加密,可以防止在无线信道上被窃听,从而保护了用户的隐私。无线电通信从不保密的禁区解放出来。

手机卡上存储了所有属于本用户的信息和各种数据,每一张卡对应一个移动用户电话号码。机卡分离后,使手机不固定地"属于"一个用户,实现"手机号码随卡不随机"的功能。

只有在处理异常的紧急呼叫(如拨打 112)时可以不插入卡。维修者也可以在无卡的情况下,通过拨打"112"来判断移动电话机发射是否正常。

移动电话可以说是一个可通话的计算机系统,运行的程序需要存储器,处理数据需要存储器,存储数据也需要存储器。没有存储器,系统就无法工作。

手机中的存储器组一般包括两种不同类型的存储器:数据存储器和程序存储器。数据存储器即 SRAM——静态随机存储器,又称暂存器;手机中的程序存储器大多由两部分组成,包括 EEPROM——电可擦写可编程只读存储器(俗称码片)和 FLASH——闪速只读存储器(俗称字库或版本)。

1. SIM 卡

(1) SIM 卡的内容

SIM 卡是一张符合通信网络规范的"智能"卡,它内部包含了与用户有关的、被存储在用户这一方的信息。SIM 卡内部保存的数据可以归纳为以下 4 种类型。

1) 由 SIM 卡生产商存入的系统原始数据,如生产厂商代码、生产串号、SIM 卡资源配置数据等基本参数。

2) 由 GSM 网络运营商写入的 SIM 卡所属网络与用户有关的、被存储在用户这一方的网络参数和用户数据等,包括:

① 鉴权和用户密钥 Ki;

② 国际移动用户号(IMSI);

③ A3——IMSI 认证算法；

④ A5——加密序列生成算法；

⑤ A8——密钥（Kc）生成前，用户密钥生成算法。

3）由用户自己存入的数据。如缩位拨号信息、电话号码簿、移动电话机通信状态设置等。

4）用户在使用 SIM 卡过程中自动存入及更新的网络接续和用户信息。如临时移动台识别码（TMSI）、位置区域识别码（LAI）、密钥（Kc）等。上面第 1 类属永久数据，第 2 类数据只有 GSM 网络运营商才能查阅和更新。

图 1-2 为 SIM 卡外形。个人识别码（PIN）是 SIM 卡内部的一个存储单元，PIN 密码锁定的是 SIM 卡。若将 PIN 密码设置开启，则该卡无论放入任何移动电话机，每次开机均要求输入 PIN 密码，密码正确后才可进入 GSM 网络。若错误地输入 PIN 码 3 次，将会导致"锁卡"的现象，此时只要在移动电话机键盘上按一串阿拉伯数字（PUK 码），就可以解锁。但是用户一般不知道 PUK 码。特别提醒：如果尝试输入 10 次仍未解锁，就会"烧卡"，必须再去购买新号了。设置 PIN 码可防止 SIM 卡未经授权而使用。

图 1-2　SIM 卡外形

如果 SIM 卡在一部移动电话机上可以用，而在另一部移动电话机上不能用，有可能是因为在移动电话机中已经设置了"用户限制"功能，这时可通过用户控制码（SPCK）取消该移动电话机的限制功能。例如，三星 600、摩托罗拉 T2688 等机型，移动电话机的"保密菜单"可进行 SIM 卡限定设置，即设置后的移动电话机只能使用限定的 SIM 卡。设置后的移动电话机换用其他 SIM 卡时会被要求输入密码，密码输入正确方可进入网络。如果忘记密码，则只能用软件故障维修仪重写移动电话机码片进行解锁。而设置后的 SIM 卡能在其他移动电话机中正常使用，不会提问密码。即"用户限制"功能用密码锁定的是移动电话机。

在我国，有一些移动电话机生产商或经销商，把移动电话机与"中国移动"或"中国联通"的 SIM 卡做了捆绑销售（价格相对较便宜），那么，移动电话机在使用时就只能使用"中国移动"或"中国联通"的 SIM 卡，这不是故障，而是使用了"网络限制"功能，即"锁网"。这时可通过 16 位网络控制码（NCK）来解除锁定，但需通过 GSM 网络运营商才能解决。

上述"PIN 码"、"用户限制"密码和"网络限制"密码均为不同的概念，同时与"话机锁"密码也不同。设置"话机锁"密码可防止移动电话机未经授权而使用。许多款移动电话机出厂时的话机锁密码为"1234"，也有的是全"0"等。

（2）SIM 卡的构造

SIM 卡是带有微处理器的芯片，包括 5 个模块：微处理器、程序存储器、工作存储器、数据存储器和串行通信单元,每个模块对应一个功能。至少有 5 个端口:电源、时钟、数据、复位、接地端。图 1-3 为 SIM 卡触点端口功能,图 1-4 为移动电话机中 SIM 卡座。

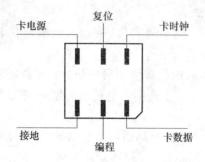

图 1-3　SIM 卡触点功能　　　　　　　　　　图 1-4　SIM 卡座

SIM 卡座在移动电话机中提供移动电话机与 SIM 卡通信的接口。它通过卡座上的弹簧片与 SIM 卡接触,所以如果弹簧片变形,会导致 SIM 卡故障,例如显示"检查卡"、"插入卡"等。早期生产的移动电话机设有卡开关,卡开关是判断卡是否插入的检测点,如摩托罗拉 328 移动电话机,由于卡开关的机械动作多,容易造成卡开关损坏。现在新型的移动电话机已经将此去除,而是通过数据的收集来识别卡是否插入,减少卡开关不到位或损坏造成的问题。

卡电路中的电源 SIM VCC、SIM GND 是卡电路工作的必要条件。卡电源用万用表就可以检测到。SIM 卡插入移动电话机后,电源端口提供电源给 SIM 卡内的单片机。检测 SIM 卡存在与否的信号只在开机瞬时产生,当开机检测不到 SIM 卡存在时,将提示"Insert Card"(插入卡);如果检测 SIM 卡已存在,但机卡之间的通信不能实现,会显示"Check Card"(检查卡);当 SIM 卡对开机检测信号没有响应时,移动电话机也会提示"Insert Card"(插入卡)。SIM 卡的供电分为 5 V(1998 年前发行)、5 V 与 3 V 兼容、3 V、1.8 V 等,当然这些卡必须与相应的移动电话机配合使用,即移动电话机产生的 SIM 卡供电电压与该 SIM 卡所需的电压要匹配。

对于卡电路中的 SIM I/O、SIM CLK、SIM RST,全部是由 CPU 的控制来实现的。虽然手机与网络之间的数据传输随时随地进行着,但确定哪个时刻数据传输往往很难。有一点可以肯定,当移动电话机开机时刻与网络进行鉴权时必有数据沟通,这时尽管时间很短,但测量时一定有数据,所以我们在判定卡电路故障时,这个时间段上监测为最佳。正常开机的移动电话机,在 SIM 卡座上用示波器可以测量到 SIM I/O、SIM CLK、SIM RST 信号,它们一般是一个 3 V 左右的脉冲。若测不到,说明 SIM 卡座供电开关管周边电阻电容元件脱焊、SIM 卡座脱焊,也有可能是卡座接触不良,SIM 卡表面脏或使用废卡。使用 SIM 卡时要小心,不要用手去触摸上面的触点,以防止静电损坏,更不能折叠。如果 SIM 卡脏了,可用酒精棉球轻擦。

SIM 卡的存储容量有 3K、8K、16K、32K、64K、128K 等。STK 卡是 SIM 卡的一种,它能为移动电话机提供增值服务,如移动电话机银行等。

每当移动用户重新开机时,GSM 系统要自动鉴别 SIM 卡的合法性,GSM 网络的身份鉴权中心对 SIM 卡进行鉴权,即与移动电话机对一下"口令",只有在系统认可之后,才为该移动用户提供服务,系统分配给用户一个临时号码(TMSI),在待机、通话中使用的仅为这个临时号码,这就增加了保密度。

目前,网络运营商在用户入网时没有对移动电话机的国际移动设备识别码(IMEI)实行鉴别,如果实行鉴别,带机入网的用户数量可能会下降,不利于吸引更多的用户使用 GSM 移动电话机。

2．UIM 卡

机卡分离式 CDMA 手机,"入网"时需要配置 UIM 卡(机卡一体式手机无须配置)。UIM 卡功能、外型与 SIM 卡相似,同样有电源、时钟、数据、复位、接地端,只是各个触点的具体位置排列与 SIM 卡略有差异。相应地,CDMA 手机中必须有一个 UIM 卡电路,以给 UIM 卡提供电源、时钟、数据、复位等。

3．手机中的存储器

（1）数据存储器

数据存储器(RAM)的作用主要是存储一些手机运行过程中须暂时保留的信息,如暂时存储各种功能程序运行的中间结果,作为运行程序时的数据缓存区。手机中常用的存储器是静态存储器(SRAM),又称随机存储器,其对数据(如输入的电话号码、短信息、各种密码等)或指令(如驱动振铃器振铃、开始录音、启动游戏等指令)的存取速度快,存储精度高,但其中所存信息一旦断电,就会丢失。数据存储器正常工作时须与微处理器配合默契,即在由控制线传输的指令的控制下,通过数据传输线与微处理器交换信息。数据存储器提供了整个手机工作的空间,其作用相当于计算机中 RAM 内部存储器。

（2）程序存储器

部分手机的程序存储器由两部分组成,一个是快擦写存储器(FlashROM),俗称字库或版本;另一个是电擦除可编程只读存储器(EEPROM),俗称码片。手机的程序存储器存储着手机工作所必须的各种软件及重要数据,是整机的灵魂所在。

在手机程序存储器中,FlashROM 作为只读存储器(ROM)来使用,主要是存储工作主程序,即以代码的形式装载话机的基本程序和各种功能程序。话机的基本程序管理着整机工作,如各项菜单功能之间的有序连接与过渡的管理程序、各子菜单返回其上一级菜单的管理程序、根据开机信号线的触发信号启动开机程序的管理等,各功能程序如电话号码的存储与读出、铃声的设置与更改、短信息的编辑与发送、时钟的设置、录音与播放、游戏等菜单功能的程序。快擦写存储器是一种非易失性存储器,当关掉电路的电源后,所存储的信息不会丢失。它的存储器单元是电可擦除的,即快擦写存储器既可电擦除,又可用新的数据再编程。快擦写存储器在手机中一般用于相对稳定的、正常使用手机时不用更改程序的存储,这与它们有限的擦除、重写能力有关。若 FlashROM 发生故障,整个手机将陷入瘫痪。

码片(EEPROM)的主要特点是能进行在线修改存储器内的数据或程序,并能在断电的情况下保持修改结果。根据数据传输方式分类,码片可以分为两大类:一类为并行数据传送的码片,另一类为串行数据传送的码片。

现各种类型的手机所采用的码片很多,但其作用几乎是一样的,在手机中主要存放系统参数和一些可修改的数据,如手机拨出的电话号码、菜单的设置、手机解锁码、PIN 码、手机的机身码(IMEI)等以及一些检测程序,如电池检测程序、显示电压检测程序等。码片出现问题时,手机的某些功能将失效或出错,如菜单错乱、背景灯失控等。此时有如下现象:显示

"联系服务商（CONTACT SERVICE）"；显示"电话失效，联系服务商（PHONE FAILED SEE SERVICE）"；显示"手机被锁（PHONE LOCKED）"；显示"软件出错（WRONG SOFT-WARE）"；出现低电压告警、显示黑屏、不开机、不入网、显示字符不完整、不认卡等。由于EEPROM 可以用电擦除，所以当出现数据丢失时可以用 GSM 手机可编程软件故障检修仪重新写入。

（3）复合存储器

随着制造技术的发展，手机电路开始使用一些复合存储器（COMBO MEMORY），以节约 PCB 空间。例如，三星 E808 手机中的存储器 U302 实际上包含 1 个 128 MB 的 ROM 存储器、1 个 256 MB 的 NAND FLASH 存储器和 1 个 64 MB 的 SCRAM 存储器。而夏普 3G 手机 902SH 中的存储器 U1101 中集成了两个 256 MB 的 FLASH 存储器、1 个 128 MB 的 FLASH 存储器。其存储器 U1101 中则集成了 1 个 128 MB 的 PSRAM、1 个 64 MB 的 PSRAM、1 个 8 MB 的 SRAM。PSRAM 是将 DRAM 单元的大容量低成本特性与异步 SRAM 外部接口结合起来的一种存储器，它具有兼容性和更快的速率。

任务 3　GSM 移动终端信号处理

［任务导入］

GSM 手机电路一般可分为 4 个部分：射频部分、逻辑/音频部分、输入输出接口部分和电源部分。这 4 个部分相互联系，是一个有机的整体。特别是逻辑/音频部分和输入输出接口部分电路紧密融合，电路分析时常常把它们作为一个整体。

1. 手机电路

手机接收时，来自基站的 GSM 信号由天线接收下来，经射频接收电路、逻辑/音频电路处理后送到听筒。手机发射时，声音信号由话筒进行声电转换后，经逻辑/音频处理电路、射频发射电路，最后由天线向基站发射。图 1-5(a)、图 1-5(b) 为 GSM 手机电路原理框图。

射频电路部分一般指手机电路的模拟射频、中频处理部分，包括天线系统、接收通路、发送通路、模拟调制解调以及进行 GSM 信道调谐用的频率合成器。它的主要任务有两个：一是完成接收信号的下变频，得到模拟基带信号；二是完成发射模拟基带信号的上变频，得到发射高频信号。按照电路结构划分，射频电路部分又可分为接收部分、发射部分与频率合成器。

频率合成器提供接收通路、发送通路工作需要的频率，这相当于寻呼机的"改频"，不过这种"改频"是自动完成的，是受逻辑/音频部分的中央处理器控制的。目前手机电路中常以晶体振荡器为基准频率，采用 VCO 电路的锁相环频率合成器。频率合成电路为接收的混频电路和发射的调制电路提供本振频率和载频频率。一部手机一般需要两个振荡频率，即本振频率和载频频率。有的手机则具有 4 个振荡频率，分别供给接收一、二混频电路和发射一、二调制电路。

对于双频手机，一般采用射频接收和发射双通道方式。

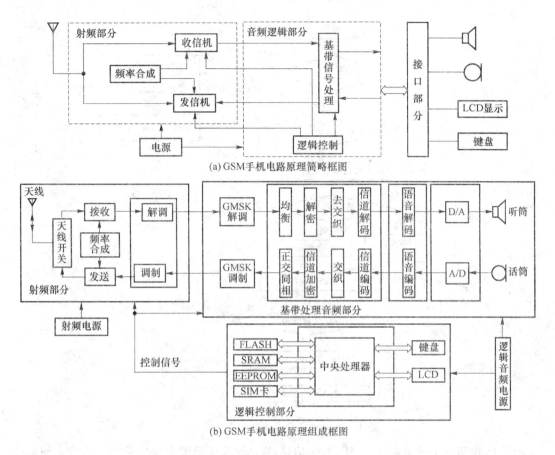

图 1-5 GSM 手机电路基本组成框图

2. 手机简要工作过程

(1) GSM 手机开机初始工作流程

GSM 手机开机初始工作流程如图 1-6 所示。当手机开机后,首先搜索并接收最强的 BCCH(广播控制信道)中的载波信号,通过读取 BCCH 中的 FCH(频率校正信道),使自己的频率合成器与载波达到同步状态。当手机达到同步以后,开始读取 SCH(同步信道)中的信息,接收并解出基站收发信台 BTS 的控制信号,并同步到超高速 TDMA 帧号上,以达到手机和系统之间的时间同步。手机通过接收 BCCH 信道的信息,可以获取如移动网国家代码、网络号、附近小区的频率、基站识别码、目前小区使用的频率、小区是否禁用等大量的系统信息。随后,手机在 RACH(随机接入信道)上发送登记接入请求信号,系统通过 AGCH(准许接入信道)为手机分配一个 SDCCH(独立控制信道),同意注册。手机在 SDCCH 上完成登录的过程也就是位置更新的过程。在 SACCH(慢速随机控制信道)上传输有关的信令以后,手机处于待机守候状态。

手机入网的条件是既要能接收到信号,又要向网络登记,所以不入网故障发生在接收和发射部分的可能性都有。究竟发生在哪一部分,不同类型的手机有不同的判断方法。

(2) 通话过程

当手机为主叫时,在 RACH 信道上发出呼叫请求信号,系统收到该呼叫请求信号后,通

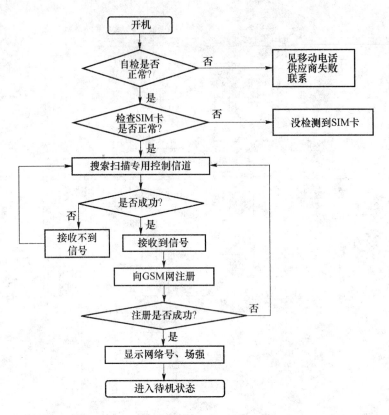

图 1-6　GSM 手机开机初始工作流程图

过 AGCH 信道为手机分配一个 SDCCH 信道,在 SDCCH 信道上建立手机与系统之间的交换信息。然后在 SACCH 信道上交换控制信息,最后手机在所分配的 TCH 业务信道上开始进入通话状态。

当手机为被叫时,系统通过寻呼信道来呼叫手机,手机在 RACH 信道上发出寻呼响应信号,然后由系统通过 AGCH 信道为手机分配一个 SDCCH 信道。系统与手机进行必要的信息交换以后,由系统为手机分配一个 TCH 信道,手机开始进入通话状态。

项目习题 1

1. 简述移动终端的发展历程及各自的优缺点。
2. 简述手机电路主要组成部分及其作用。
3. 简述 GSM 手机 SIM 卡中的主要数据。
4. 简述手机中所包含的主要存储器及其作用。
5. 简述 SIM 卡所包含的各端子名称及其作用。
6. 简述 GSM 手机开机简要工作过程。
7. 简述 GSM 手机电路主要组成部分。
8. 简述手机使用中主要密码及其作用。

项目二　移动终端基本电路了解

项目目的

1. 了解手机基本单元电路工作原理、作用及应用；
2. 掌握手机频率合成器工作原理、作用及应用；
3. 掌握手机逻辑音频电路、I/O 电路组成结构及 GSM 手机信号处理流程；
4. 掌握手机电源供电原理和开机维持供电过程。

项目工具

1. 移动终端；
2. 单元电路图纸；
3. 移动终端接口电路图；
4. 移动终端电源电路图；
5. 移动终端射频电路图和逻辑音频电路图。

项目重点

1. 手机频率合成器工作原理、作用及应用；
2. 手机逻辑音频电路、I/O 电路组成结构及 GSM 手机信号处理流程；
3. 手机接口电路总体结构；
4. 手机电源电路和供电电路工作原理。

任务 1　基本单元电路

[任务导入]

各种通信设备等电子产品,是由一些基本电路或单元电路组成的,手机也不例外。理解并掌握各种单元电路,是技术人员的一项基本功。单元电路常常由以三极管为核心的分立元件组成或由集成电路来实现。由于电路的工作频率、状态不同,具体采用的器件也就不同。通常数字逻辑电路、基带信号处理电路、中频处理电路等都可采用集成电路,而射频处理电路由于工作频率高,部分采用分立元件电路,如混频器、压控振荡器都可用三极管构成。

在现代移动通信中,常要求系统能够提供足够的信道,手机也需要根据系统的控制变换自己的工作频率。这就需要提供多个信道的频率信号,但同时使用多个振荡器是不现实的。通常使用频率合成器来提供有足够精度和稳定度的频率。手机中频率合成器的作用就是为收信机提供一本振信号和为发信机提供载波信号,有些机型还要用频率合成器产生二本振信号和副载波。手机对频率合成器的要求是:第一,能自动搜索信道,结合单片机技术可以实施信道扫描和自动选频,提高了手机在组网技术中的功能;第二,能锁定信道。为了达到理想的效果,在手机中普遍采用了锁相环(PLL)频率合成器。手机电源及供电电路是手机其他各部分电路的"食堂",供电电路必须按照各部分电路的要求,给各部分电路提供正常的、工作所需要的、不同的电压和电流。整机电源是向手机提供能量的电路,而被供电的电路则称为电源的负载。手机电源及供电电路是故障率较高的电路。在修理手机时,也常常是先查电源,后查负载。手机的电源包括电源 IC、升压电路、充电器电路等。下面介绍手机中的基本单元电路。

1. 放大器

放大器的作用是放大交流信号。从基站到手机天线有很长的传播距离,进入手机的无线电信号已非常微弱。为了能对信号进行进一步的处理,必须先对信号进行放大。

放大器分为以下几种。

(1) 低频放大器:用于放大低频信号,工作频率较低,其集电极负载是电阻。在手机中,低频放大器主要用于两个地方:一是话筒放大,属于音频的前置放大;二是振铃和扬声器驱动放大,属于音频的功率放大。

(2) 中频放大器和射频放大器:中频放大器的工作频率为几十兆赫兹或上百兆赫兹,仅放大某一固定频率的信号,一般采用窄带放大器。但中频放大器的增益较高,是收发信机中的主增益放大器。手机中的射频放大器又称高频放大器或低噪声放大器,其工作频率在900 MHz 以上,且频带较宽,因此属于高频宽带放大器。射频放大器和中频放大器都是调谐式放大器,故其集电极负载是 LC 调谐回路或高频补偿电感,一般都是带通滤波放大器。

(3) 射频功率放大器:简称功放,是手机中最重要的电路,也是故障率较高的电路。其作用是放大发射信号,以足够的发射信号功率通过天线辐射到空间,是超高频宽带功率放大器。在发射机中,调制后的发射信号一般要经过预推动、推动和功放 3 个环节才能将发射功率放大到一定的功率电平上,功放采用的器件一般是分立元件场效应管或集成功放块。手机在守候状态,功放不工作,也就是不消耗电流。其意义是:第一,可节省电能,延长电池使用时间;第二,可避免功放管发热而损坏;第三,可减轻干扰。功放供电方式有两种情况:一是电子开关供电型;二是常供电型。电子开关供电是在守候状态,电子开关断开,功放无工作电压,只有摘机时,电子开关闭合,功放得以供电;常供电型的功放管工作于丙类(丙类是指在无信号时,功放工作于截止区;有信号时,功放才进入放大区。丙类工作状态具有较高的效率。通常由负压提供偏压,因此可以看到有许多机型都为功放提供负偏压),功放的负载是天线,在正常的工作状态,功放的负载是不允许开路的。因为负载开路会因能量无处释放而烧坏功放,所以在维修时应注意这一点,在拆卸机器取下天线时,应接一个短拖线充当天线。

射频功率放大器发射功率受到较严格的控制,如图 2-1 所示。

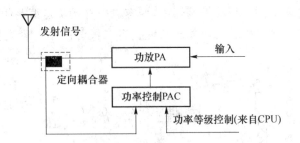

图 2-1 功放电路控制

控制信号来自两个方面：一是由定向耦合器检测发射功率，反馈到功放，组成自动功率控制 APC 环路，用闭环系统进行控制；二是功率等级控制，手机的收信机不停地测量基站信号场强，送到 CPU 处理，据此算出手机与基站的距离，产生功率控制数据，经 D/A 变换器变为功率等级控制信号，通过功率控制模块，控制功放发射功率的大小。对于功率等级控制，是先将功率等级控制数据写入到手机的存储器码片内，称为功率控制 PC 表；CPU 根据手机测量基站场强的结果，调用功控 PC 数据来控制功放的发射功率。

2．振荡器

（1）振荡器的组成

反馈式振荡器由以下 3 个部分组成。

1）有功率增益的有源器件。为了保证对外输出功率和自激振荡功率，反馈式振荡器必须有功率增益器件。

2）决定频率的网络。通过本电路使得自激振荡器工作在某一指定的固定频率上。

3）一个限幅和稳定的机构。自激振荡器必须能自行起振，即在接通电源后振荡器能从初态起振并过渡到最后的稳态，并保持输出的幅度和波形。

图 2-2 是一个反馈式振荡器的组成框图，在框图中包括了具有功率增益的放大器，决定频率的网络以及正反馈网络。

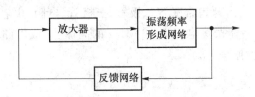

图 2-2 反馈式振荡器组成框图

在移动通信中，要求手机能自动搜索信道。例如在守候状态进入公用信道，在通话状态进入空闲的话音信道，这种情况可看成自动改频入网，要求振荡器的频率能自动改变。做到这一点的方法是在振荡频率形成网络中加入变容二极管。若改变加在变容二极管两端的反偏压 V_D，使变容二极管的结电容变化，就可以改变振荡频率。由于是用电压 V_D 来控制频率的变化，从这个意义上讲，这样的振荡器称为压控振荡器（VCO），即电压控制的振荡器。

（2）压控振荡器（VCO）

压控振荡器简称 VCO，是一个"电压—频率"转换装置，它将电压信号的变化转换成频率的变化。这个转换过程中电压控制功能的完成是通过变容二极管来实现的，控制电压实际是加在变容二极管两端的。压控振荡器中,变容二极管是决定振荡频率的主要器件之一。这种电路是通过改变变容二极管的反偏压来使变容二极管的结电容发生变化,从而改变振荡频率,如图 2-3 所示。

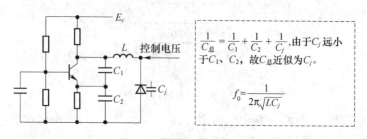

$$\frac{1}{C_{总}}=\frac{1}{C_1}+\frac{1}{C_2}+\frac{1}{C_j},$$ 由于 C_j 远小于 C_1、C_2,故 $C_{总}$ 近似为 C_j。

$$f_0=\frac{1}{2\pi\sqrt{LC_j}}$$

图 2-3 压控振荡器(VCO)

在移动通信中,手机的基准时钟一般为 13 MHz,它主要有两种电路。

1) 专用的 13 MHz VCO 组件。它将 13 MHz 的晶体及变容二极管、三极管、电阻、电容等构成的振荡电路封装在一个屏蔽盒内,组件本身就是一个完整的晶体振荡电路,可以直接输出 13 MHz 时钟信号。现在的一些新机型(NOKIA3310、8210、8850)使用的基准时钟 VCO 组件是 26 MHz,26 MHz VCO 产生的信号需要经过二分频得到 13 MHz 信号来供其他电路使用。基准时钟 VCO 组件一般有 4 个端口,如图 2-4 所示。

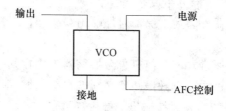

图 2-4 VCO 组件

除了 13 MHz VCO 组件外,在射频电路中,还有一本振 VCO、二本振 VCO、发射 VCO 等,它们各采用一个组件。内部包含变容二极管、三极管、电阻、电容等,仍有 4 个端口。

2) 分立元件组成的晶体振荡电路由 13 MHz 的晶体、集成电路和外围元件等构成。单独的石英晶体是不能产生振荡的。

3. 混频器

对于超外差式接收机和直接变频接收机,接收时需要对高频信号变频一次,对于双超外差式接收机需要变频二次,这项工作由混频电路来完成。混频是在无线电通信中广泛应用的一种技术,混频器包括非线性器件和滤波器两个部分,任何一种形式的模拟相乘器,后面接入适当的带通滤波器,都可以作为混频器来使用。混频器的电路模型如图 2-5 所示。

图 2-5 中,混频器有两个输入,一个输出。一般我们感兴趣的是两个输入的差频。若混频器所接的带通滤波器调谐在差频上,则能取出此差频,差频便被定义为中频。

手机混频器的作用是将天线接收下来的射频信号与手机的本振信号混频后得到频率较低的中频信号。实际应用中,常用三极管作为混频器,两个输入信号分别加到基极,从集电极输出,经滤波器取出中频。现在手机多采用二次下变频方式,因此一般都包含两个混频器电路。在手机中,有的机型的二次升频发射电路采用和频混频,即一本振和发射中频相加,得到发射载波。

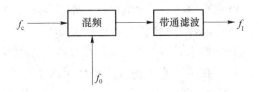

图 2-5　混频器电路模型

4. 电子开关电路

电子开关中的三极管工作于饱和、截止两种状态,控制用的电信号是由逻辑电路提供的。电子开关的电路模型如图 2-6 所示。

以三极管为例,它的集电极 C、发射极 E 之间相当于跨接的开关,基极 B 为控制端。利用晶体管的饱和与截止的特性来实现"通"与"断",场效应管则以源极 S、漏极 D 为开关,栅极 G 为控制端。手机中有许多电子开关,如供电开关、天线开关等。摩托罗拉系列手机经常采用 8 个引脚的集成块作为电子开关,又称为模拟开关,如图 2-7 所示。图中 1♯—3♯和 5♯—8♯之间跨接电子开关,4♯为控制端,低电平有效。该集成电路通常用于手机的各部分供电电路。

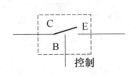

图 2-6　电子开关电路模型

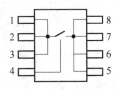

图 2-7　集成电子开关

5. 滤波器

滤波器是一种让某一频带内信号通过,同时又阻止这一频带以外信号通过的电路。

(1) 滤波器的作用

滤波器的作用主要有以下两点。

1) 筛选有用信号,抑制干扰,这是信号分离作用。

2) 实现阻抗匹配,获得较大的传输功率,这是阻抗变换作用。

(2) 滤波器的分类

根据信号滤波特性,滤波器可以分为低通、高通、带通和带阻滤波器 4 种。图 2-8 给出了常用的低通滤波器、高通滤波器、带通滤波器和带阻滤波器的电路符号。滤波器也可以分为射频滤波器、本振滤波器、中频滤波器、低通滤波器等。

(a) 低通滤波器　　(b) 高通滤波器　　(c) 带通滤波器　　(d) 带阻滤波器

图 2-8　滤波器电路符号

根据器件材料不同,又可分为 LC 滤波器、陶瓷滤波器、声表面滤波器和晶体滤波器。

由于手机信道数目多、信道间隔小,因此在手机中,往往需要衰减特性很陡的带通滤波器。

晶体滤波器、陶瓷滤波器和声表面滤波器容易集成和小型化,频率固定,不需调谐。常见于手机的本振滤波器、射频滤波器、中频滤波器等。实际中,它们多数都采用扁平封装,外壳一般是金属的,其主要引脚是输入、输出和接地。滤波器是无源器件,所以没有供电端。

滤波器无法用万用表检测,在实际修理中可简单地用跨接电容的方法判断其好坏,也可用元件代换法鉴别。由于滤波器一般采用贴片封装,而且个体较大,容易虚焊,并会因此造成不入网、信号弱等故障。在维修过程中,可以用热风枪加焊来解决此类故障。而陶瓷滤波器由于材质的原因,经常会因手机进水或受潮而产生故障,导致不入网或信号弱。

6. 频率合成器

(1) 频率合成器组成

手机中通常使用带锁相环的频率合成器,其基本模型如图 2-9 所示。它是由基准频率 f_A、鉴相器(PD)、环路滤波器(LPF)、压控振荡器(VCO)和分频器等组成的一个闭环的自动频率控制系统。

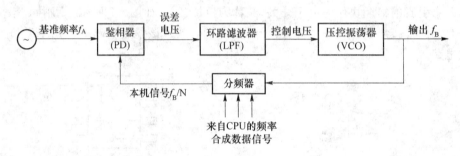

图 2-9 频率合成器的基本模型

实际中,基准频率 f_A 就是 13 MHz 基准时钟振荡电路,由 VCO 组件或分立的晶体振荡电路产生。该 13 MHz 信号,一方面为手机逻辑电路工作提供了必要的条件,另一方面为频率合成器提供基准时钟。

PD 是一个相位比较器,它将输入的基准时钟信号与 VCO 的振荡信号进行相位比较,并将 VCO 振荡信号的相位变化变换为电压的变化,其输出是一个脉动的直流信号。这个脉动的直流信号经 LPF 滤除高频成分后去控制 VCO。为了作精确的相位比较,PD 是在低频状态工作的。

LPF 实为一个低通滤波器,实际电路中,它是一个 RC 电路,如图 2-10 所示。通过对 RC 进行适当的参数设置,使高频成分被滤除,以防止高频谐波对 VCO 造成干扰。

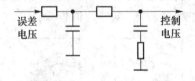

图 2-10 环路滤波器

VCO 是一个"电压—频率"转换装置,它将 PD 输出的相差电压信号的变化转换成频率的变化,也是频率合成器的核心电路。这个转换过程中电压控制功能的完成是通过一个特殊器件——变容二极管来实现的,控制电压实际上是加在变容二极管两端的。

在频率合成器中,PD 将 VCO 的振荡信号与基准时钟信号进行比较,为了提高控制精度,PD 是在低频状态下工作的。而 VCO 输出频率是比较高的,为了提高整个环路的控制精度,就离不开分频器。

手机电路中频率合成环路多,不同的频率合成器使用的分频器不同。接收电路的第一本机振荡(RXVCO、UHFVCO、RFVCO)信号是随信道的变化而变化的,该频率合成器中的分频器是一个程控分频器,其分频比受控于来自 CPU 的频率合成数据信号(SYNDAT、SYNCLK、SYNSTR),如图 2-9 所示。中频 VCO 信号是固定的,该频率合成器中的分频比也是固定的。

(2) 锁相环基本原理

1) 频率的自动锁定过程

锁相环(PLL)的工作过程十分复杂,下面从物理概念的角度对其进行定性分析。

PD 是一种相位比较电路,其输入端加两个信号:一个是基准信号 f_A;另一个是本机信号 f_B/N,它是由 VCO 输出的频率 f_B 反馈回来,经过可变分频器得到的。

f_A 与 f_B/N 两信号在 PD 中比较相位,当 $f_A = f_B/N$ 时,PD 输出的误差电压 $\triangle U$ 近似为 0,此电压加到 VCO 的变容二极管上,由于 $\triangle U$ 近似为 0,故 VCO 的输出频率 f_B 不变,称为锁定状态;当 $f_A \neq f_B/N$ 时,环路失锁,PD 输出的 $\triangle U$ 使变容管的结电容变化,用以纠正 VCO 的频率 f_B,直到 $f_A = f_B/N$,达到新的锁定状态,$\triangle U$ 再度近似为 0。这个过程是频率的自动锁定过程,因此锁相环又称为自动频率控制(AFC)系统。

2) 频率的自动搜索过程

前已述及,手机入网、通话均要进入相应信道,至于进入哪个信道,完全听从基站的指令,这就要求手机的收信、发信频率不断地发生变化,也就是 PLL 要具有自动搜索信道的能力,也就是扫描信道的能力。自动搜索过程是,在锁定状态下,PLL 满足关系式:$f_A = f_B/N$,即 $f_B = Nf_A$。

若能改变分频比 N,则能改变输出频率 f_B。怎么改变 N 呢?手机中的 CPU 能通过移动台的高频电路接到基站的信道分配指令,经译码分析后输出编程数据加到可变分频器,从而改变分频比 N,使输出 f_B 变化,手机就进入了基站指定的信道进行通信。

7. 手机电源电路

(1) 手机电源电路基本模型

手机采用电池供电,电池电压是手机供电的总输入端,通常称为 B+ 或 BATT。

B+ 是一个不稳定电压,需将它转化为稳定的电压输出,而且要输出多路(组)不同的电压,为整机各个电路(负载)供电,这个电路称为直流稳压电源,简称电源。大多数手机的电源采用集成电路实现,称为电源 IC。

例如,摩托罗拉系列手机的电源 IC-U900,可产生多路稳压输出,分别是逻辑 5 V 和 2.75 V,射频 4.75 V 和 2.75 V。电源 IC 的基本模型如图 2-11 所示。

手机电源是受控的,控制信号比较多,如开关机控制、开机维持控制。这些控制都是由控制电平实现。有的电源 IC 还能检测电池电量,在欠压的情况下自动关机。

(2) 手机电源电路的基本工作过程

手机电源电路包括射频部分电源和逻辑部分电源,两者各自独立,但同为手机供电。手

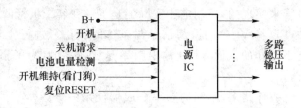

图 2-11　电源 IC 模型

机的工作电压一般先由手机电池供给,电池电压在手机内部一般需要转换为多路不同电压值的电压供给手机的不同部分,例如,功放模块需要的电压比较高,有时还需要负压;SIM卡一般需要 1.8~5.0 V 电压。而对于射频部分的电源要求是噪声小,电压值并不一定很高。所以,在给射频电路供电时,电压一般需要进行多次滤波,分路供应,以降低彼此间的噪声干扰。常因手机机型不同,手机电源设计也不完全相同,多数机型常把电源集成为一片电源集成块来供电,如三星 A188、爱立信 T28 等;或者电源与音频电路集成在一起,如摩托罗拉系列;有些机型还把电源分解成若干个小电源块,如爱立信 788/768、三星 SGH600/800 等。

无论是分散的还是集成的电源都有如下共同的特点:都有电源切换电路,既可使用主电,又可使用备电;都能待机充电;都能提供各种供逻辑、射频、屏显和 SIM 卡等供电电压;都能产生开机、关机信号;接收微处理器复位(RST)、开机维持(WDOG)信号等。

手机内部电压产生与否,是由手机键盘的开关机键控制。手机电源开机过程如图 2-12所示。

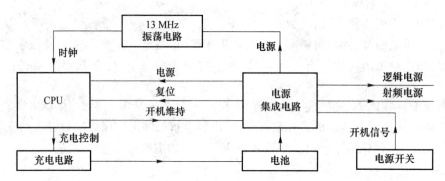

图 2-12　手机电源开机过程

手机的开机过程如下。当开机键按下后,电源模块产生各路电压供给各部分,输出复位信号供 CPU 复位;同时,电源模块还输出 13 MHz 振荡电路的供电电压,使 13 MHz 振荡电路工作,产生的系统时钟输入到 CPU;CPU 在具备供电、时钟和复位 3 要素的情况下,从存储器内调出初始化程序,对整机的工作进行自检。这样的自检包括逻辑部分自检、显示屏开机画面显示、振铃器或振荡器自检以及背景灯自检等。如果自检正常,CPU 将会给出开机维持信号,送给电源模块,以代替开机键,维持手机的正常开机。在不同的机型中,这个维持信号的实现是不同的。例如,在爱立信机型中,CPU 的某引脚从低电压跳变为高电压以维持整机的供电;而在摩托罗拉机型中,CPU 将看门狗信号置为高电压,供应给电源模块,使电源模块维持整机供电。不同机型的开机流程不尽相同。

8. 升压电路和负压发生器

手机中经常用到升压电路和负压发生器,目前手机机型更新换代很快,一个明显的趋势是降低供电电压,例如 B+采用 3.6 V、2.4 V。手机中有时需要 5.0 V 为 SIM 卡供电,需要为显示屏、CPU 等提供较高电压,这就要用升压电路来产生超出 B+的电压。负压也是由升压电路产生的,只不过极性为负而已。升压电路属于 DC-DC 变换器(即直流-直流变换),常见的升压方式有电感升压和振荡升压两种。

(1) 电感升压

电感升压是利用电感可以产生感应电动势这一特点实现的。电感是一个储存磁场能的元件,电感中的感应电动势总是反抗流过电感中电流的变化,并且与电流变化的快慢成正比。电感升压基本原理如图 2-13 所示。

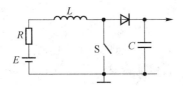

图 2-13　电感升压基本原理

当开关 S 闭合时,有一电流流过电感 L,这时电感中便储存了磁场能,但并没有产生感应电动势。当开关突然断开时,由于电流从某一值一下子跳变为 0,电流的变化率很大,电感中便产生一个较强的感应电动势。这个感应电动势虽然持续时间较短,但电压峰值很大,可以是直流电源的几十倍、几百倍,也称为脉冲电压。若开关 S 是电子开关,用一个开关方波来控制开关的连续动作,产生的感应电动势便是一个连续的脉冲电压。再经整流滤波电路即可实现升压。

(2) 振荡升压

振荡升压是利用一个振荡集成块外配振荡阻容元件实现的。振荡集成块又称升压 IC,一般有 8 个引脚。内部可以是间歇振荡器,外配振荡电容产生振荡;也可以是两级门电路,外配阻容元件构成正反馈而产生振荡。阻容元件能改变振荡频率,所以又称定时元件,振荡电路一般产生方波电压,此电压再经整流滤波器形成直流电压。

9. 机内充电器

机内充电器又称待机充电器。手机内的充电器是用外部 B+(EXT-B+)为内部 B+充电,同时为整机供电,其基本组成如图 2-14 所示。

充电器可以是集成电路,也可以是分立元件电路,其原理很简单。其中,充电数据是CPU 发出的,可以由用户事先设定(用户不作设定时默认厂商设定)。充电检测是检测内部 B+是否充满,可以检测充电电流,也可检测充电电压;二极管用来隔离内部 B+与充电器的联系,防止内部 B+向充电器倒灌电流。

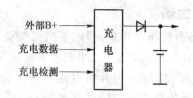

图 2-14　手机机内充电器基本组成

任务 2　逻辑/音频电路与 I/O 接口

[任务导入]

逻辑/音频部分主要功能是以中央处理器为中心,完成对话音等数字信号的处理、传输以及对整机工作的管理和控制,它包括音频信号处理(也称基带电路)和系统逻辑控制两个部分。它是手机系统的心脏。

1. 系统逻辑控制部分

系统逻辑控制对整个手机的工作进行控制和管理,包括开机操作、定时控制、数字系统控制、射频部分控制以及外部接口、键盘、显示器控制等。在手机中,以 CPU 为核心的控制电路称为逻辑电路,其基本组成如图 2-15 所示。

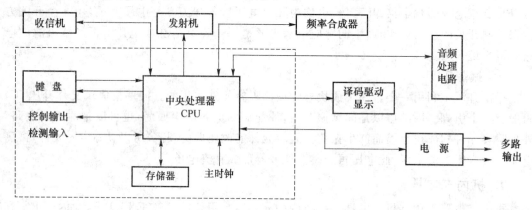

图 2-15　逻辑控制电路简单组成

逻辑控制部分由 CPU、存储器组和总线等组成。

手机工作对软件的运行要求非常严格,CPU 通过从存储器中读取资料来指挥整机工作,这就要求存储器中的软件资料正确。即使同一款手机,由于生产时间和产地等不同,其软件资料也有差异,因此对手机软件维修时要注意 EEPROM 和 FLASHROM 资料的一致性。手机的软件故障主要表现为程序存储器数据丢失或逻辑混乱。表现出来的特征如锁机、显示“见销售商”等。各种类型的手机所采用的字库(版本)和码片很多,但不管怎样变化,其功能却是基本一致的。

CPU 与存储器组之间通过总线和控制线相连接。总线是由 4～20 条功能性质一样的数据传输线组成的;控制线是指 CPU 操作存储器进行各项指令的通道,例如,片选信号、复位信号、看门狗信号和读写信号等。CPU 就是在这些存储器的支持下,才能够实现其繁杂多样的功能,如果没有存储器或其中某些部分出错,手机就会出现软件故障。CPU 对音频部分和射频部分的控制处理也是通过控制线完成的,这些控制线信号一般包括 MUTE(静音)、LCDEN(显示屏使能)、LIGHT(发光控制)、CHARGE(充电控制)、RXEN(接收使能)、TXEN(发送使能)、SYNDAT(频率合成器信道数据)、SYNEN(频率合成器使能)、SYN-CLK(频率合成器时钟)等。这些控制信号从 CPU 伸展到音频部分和射频部分内部,使各种各样的模块和电路中相应的部分去完成整机复杂的工作。

所有逻辑电路的工作都需要两个基本要素:时钟和电源。时钟的产生按照机型的不同,有时从射频部分产生,再供给逻辑部分;有时从逻辑部分产生,供给射频部分。整个系统在时钟的同步下完成各种操作。系统时钟频率一般为 13 MHz。有时可以见到其他频率的系统时钟,如 26 MHz 等。另外,有的手机内部还有实时时钟晶体,它的频率一般为 32.768 kHz,用于为显示屏提供正确的时间显示。没有实时时钟晶体的机型当然也就没有时间显示功能。

2. 音频信号处理部分

音频信号处理分为接收音频信号处理和发送音频信号处理,一般包括数字信号处理器DSP(或调制解调器、语音编解码器、PCM 编解码器)和 CPU 等。

(1) 接收音频信号处理

接收时,对射频部分发送来的模拟基带信号进行 GMSK 解调(模/数转换)、在 DSP 中解密等,接着进行信道解码(一般在 CPU 内),得到 13 kbit/s 的数据流,经过语音解码后,得到 64 kbit/s 的数字信号,最后进行 PCM 解码,产生模拟语音信号,驱动听筒发声。图 2-16 为接收信号处理变化示意图。

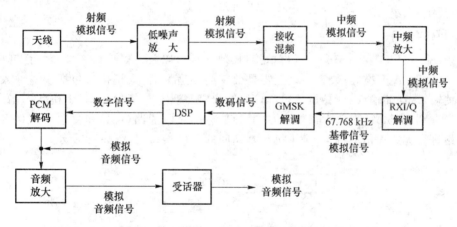

图 2-16 接收信号处理变化示意图

应注意图中 DSP 前后的数码信号和数字信号。GMSK 解调输出的数码信号是包含加密信息、抗干扰和纠错的冗余码及语音信息等,而 DSP 输出的数字信号则是去掉冗余码信息后的数字语音信息。

(2) 发送音频信号处理

发送时,话筒送来的模拟语音信号在音频部分进行 PCM 编码,得到 128 kbit/s 的数字信号,该信号先后进行语音编码、信道编码、加密、交织、GMSK 调制,最后得到 67.768 kHz 的模拟基带信号,送到射频部分的调制电路进行变频处理。

图 2-17 为发送音频信号处理变化流程示意图。图中,信号 1—7 的具体含义如下。

信号1：送话器拾取的模拟语音信号。

信号2：PCM 编码后的数字话音信号。

信号3：数码信号。

信号4：经逻辑电路一系列处理后，分离输出的 TXI/TXQ 波形。

信号5：已调中频发射信号。

信号6：最终发射信号。

信号7：功率放大后的最终发射信号。

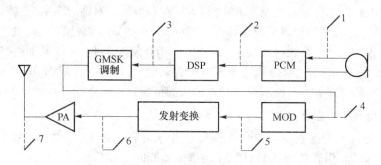

图 2-17　发送音频信号处理变化流程示意图

对于基带信号和模拟音频信号的处理，是由 DSP（或调制解调器、语音编解码器、PCM 编解码器）和 CPU 分工完成的，每个机型的具体情况不同。

逻辑/音频部分的电路由众多元件和专用集成电路（ASIC）构成，对它们的功能分析不是那么简单，但从其最基本的功能作用的角度去分析就会知道逻辑/音频部分电路是一种计算机（单片机）系统。

3. I/O 接口

输入/输出（I/O）接口部分包括模拟接口、数字接口以及人机接口 3 部分。话音模拟接口包括 A/D、D/A 变换等；数字接口主要是数字终端适配器；人机接口包括键盘输入、功能翻盖开关输入、话筒输入、液晶显示屏（LCD）输出、听筒输出、振铃输出、手机状态指示灯输出和用户识别卡（SIM）等。从广义上讲，射频部分的接收通路（RX）和发送通路（TX）是手机与基站进行无线通信的桥梁，是手机与基站间的 I/O 接口，如图 2-18 所示。

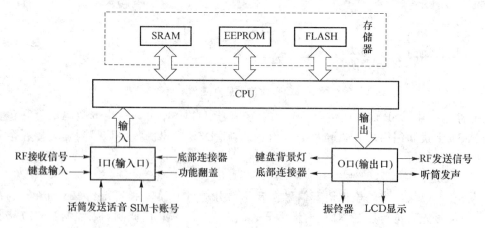

图 2-18　从计算机的角度看手机

项目习题 2

1. 简述手机基本单元电路包括哪些。
2. 简述手机功率控制电路工作原理。
3. 简述频率合成电路的组成及工作原理。
4. 简述手机电源电路工作过程。
5. 简述 GSM 手机接收信号处理过程。
6. 简述 GSM 手机发射信号处理过程。
7. 简述手机升压电路工作原理。
8. 简述手机压控振荡电路工作原理。
9. 简述手机频率自动锁定过程。
10. 简述手机滤波器的分类。

项目三　移动终端收/发射频电路结构认知

项目目的

1. 掌握手机接收机电路结构的 3 种结构及应用；
2. 掌握手机发射机电路结构的 3 种结构及应用；
3. 了解 GSM 手机射频电路结构分类及识图；
4. 了解 CDMA 手机射频电路结构分类及识图；
5. 了解 WCDMA 手机射频电路结构分类及识图；
6. 了解 TD-SCDMA 手机射频电路结构分类及识图。

项目工具

1. GSM 手机射频电路图；
2. CDMA 手机射频电路图；
3. WCDMA 手机射频电路图；
4. TD-SCDMA 手机射频电路图。

项目重点

1. GSM 手机射频接收电路分类及识图；
2. GSM 手机射频发射电路分类及识图；
3. CDMA 手机射频电路分类及识图；
4. WCDMA 手机射频电路分类及识图；
5. TD-SCDMA 手机射频电路分类及识图。

任务1　移动终端接收机/发射机电路结构分类

［任务导入］

移动终端接收机有两大类：超外差式的接收机和直接变换的接收机。

目前，多数的移动终端设备的接收机是采用超外差式（Super-heterodyne）的接收机，其关键部件是"下变频器"，即通常所讲的"接收混频器"。根据接收混频单元的个数，常见的超外差接收机可分为超外差一次变频接收机和超外差二次变频接收机。另一种接收机方式是直接变换的线性接收机。通常,无绳电话、对讲机、收音机、电视机等设备的接收机都是外差式的接收机;而移动电话、GPS、蓝牙通信等的接收机既有外差式的接收机,又有直接变换的线性接收机。

移动终端设备中的射频发射机的作用是如实地将调制信息转换成适于传输到基站的形式。与接收机不同的是,发射机的电路结构相对简单。总的来说,发射机分为直接上变频的发射机、外差式的发射机(带偏移锁相环的发射机)与直接调制的发射机 3 大类。这 3 类结构的发射机最大的不同在于送往功率放大器的最终发射信号的产生方式。

1. 接收机电路结构分类

(1) 超外差一次变频接收机

超外差(Super-heterodyne)接收机是使用混频器将高频信号搬迁到一个低得多的中频频率(IF)后再对其进行滤波、中频放大和解调等处理。

接收机射频电路中只有一个混频电路的属于超外差一次变频接收机。超外差一次变频接收机的原理方框图如图 3-1 所示。

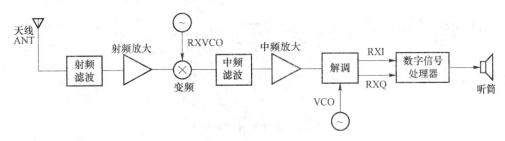

图 3-1 超外差一次变频接收机框图

(2) 超外差二次变频接收机

与一次变频接收机相比,二次变频接收机多了一个混频器和一个 VCO,这个 VCO 在一些电路中被叫做 IFVCO 或 VHFVCO。诺基亚、爱立信、三星、松下和西门子等手机的接收机电路大多属于这种电路结构,超外差二次变频接收机的结构如图 3-2 所示。

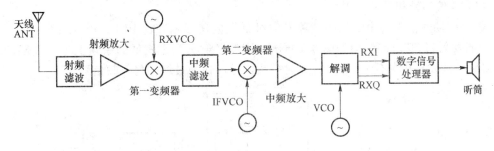

图 3-2 超外差二次变频接收机框图

(3) 直接变换的线性接收机

直接变换的线性接收机(Direct Conversion Linear Receiver)是一种比较特殊的接收机,它接收到的射频信号在混频电路(解调)直接被还原出基带信号,该接收机的电路结构如图 3-3 所示,该类接收机也被称为"零中频"接收机。

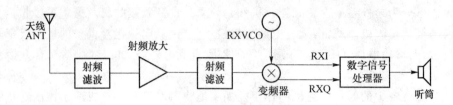

图 3-3　直接变换的线性接收机框图

（4）低中频接收机

图 3-4 是一个低中频接收机的方框图。仅从电路结构上看,低中频接收机可以说与超外差一次变频接收机的电路结构非常相似。它具有"零中频"接收机类似的优点,因此又被称为"近零中频"接收机(near-zero IF)。

与超外差一次变频接收机相比,一次变频接收机的中频信号的频率通常是很高的。如摩托罗拉 V998 的接收机是一次变频接收机,其接收中频频率是 400 MHz。而低中频接收机则不同,混频电路输出的接收机中频频率很低,接近于基带信号的频率,如三星 T408,其接收混频电路输出的中频信号的频率是 100 kHz。

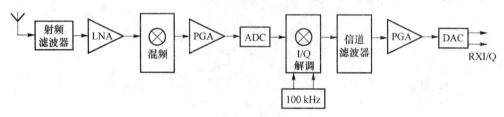

图 3-4　低中频接收机框图

在图 3-4 中,混频电路输出的低中频信号是模拟信号,该信号经 PGA(可编程增益放大器)电路放大后,经 ADC 单元变换后转换为数字低中频信号,然后送到 I/Q 解调电路。与两个正交的数字正弦本振信号进行混频,还原出基带信号。I/Q 解调电路输出的信号经滤波、放大后,由 DAC 单元转换为模拟的接收基带信号(RXI/Q),送到基带电路。

2. 发射机电路结构分类

（1）带偏移锁相环的发射机

数字移动通信设备中常见的一种发射机是带偏移锁相环(OPLL,Offset Phase-Locked Loop)的发射机,其电路结构如图 3-5 所示。该类发射机先在较低的中频上进行 TXI/Q 调制,得到已调发射中频信号,然后将发射中频信号转换为最终发射射频信号。

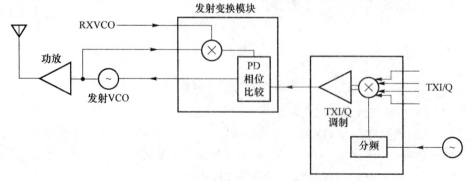

图 3-5　带偏移锁相环的发射机框图

（2）带发射上变频器的发射机

带发射上变频的发射机电路结构如图 3-6 所示,这是一种外差式的发射机。

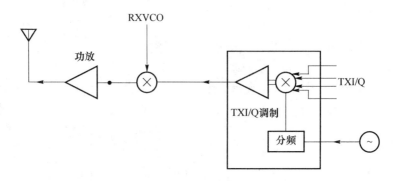

图 3-6　带发射上变频的发射机框图

（3）直接变换的发射机

如图 3-7 所示,发射基带信号 TXI/TXQ 不再是调制发射中频信号,而是直接对 SHFVCO 信号(专指此种结构的本振电路)进行调制,得到最终发射频率的信号。在直接变换的发射机中,将调制与上变频合二为一,在一个电路中完成。

图 3-7　直接变换的发射机方框图

早期采用直接调制的发射机的移动电话并不多,诺基亚手机中最为常见。随着射频集成电路的日益发展,如今越来越多的数字移动电话的发射机开始采用直接调制的电路结构。

任务 2　GSM 移动终端射频电路结构分类

［任务导入］

前面所讲述的只是单个的接收机、发射机的结构。一个无线通信设备中则通常包含接收机与发射机。不同结构的接收机、发射机可组成多种不同结构的 GSM 手机的射频系统。在目前所见的 GSM、CDMA 与 WCDMA 手机中,相对来说,GSM 手机的射频电路结构的类别会多一些。

1. 一次变频与偏移锁相环的收发信机

在常见的 GSM 手机中,只有摩托罗拉的 GSM 手机采用由超外差一次变频的接收机与采用偏移锁相环的发射机组成,如摩托罗拉的 CD928、GSM328、V998、V8088、L2000、V60、V66 等机型。图 3-8 所示的是摩托罗拉 CD928 手机的射频电路框图。

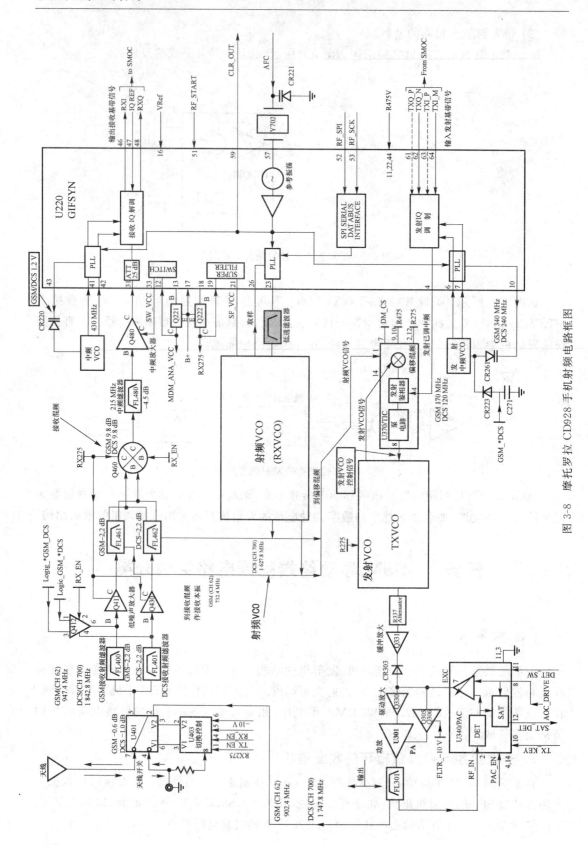

图 3-8 摩托罗拉 CD928 手机射频电路框图

2．二次变频与偏移锁相环的收发信机

在采用超外差二次变频接收机与偏移锁相环的发射机的射频系统手机中，早期的大部分 GSM 手机都是采用这样的射频系统，如三星的 N118、松下的 GD92 等。但随着射频技术的发展，采用该射频系统的 GSM 手机越来越少，图 3-9 所示的就是采用该射频系统的三星 SGH-600 手机的射频电路框图，该机采用的是日立的复合射频信号处理器。

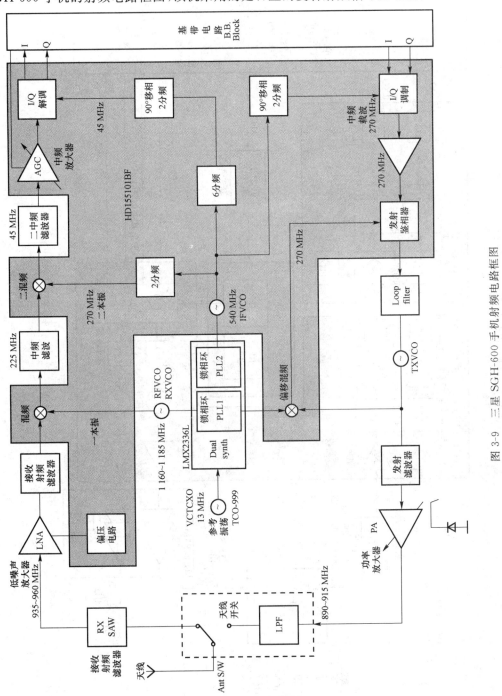

图 3-9　三星 SGH-600 手机射频电路框图

3. 低中频与偏移锁相环的收发信机

越来越多的新型 GSM 手机开始采用低中频（近零中频）接收机与偏移锁相环的发射机组成，如三星的 T408、摩托罗拉的 E365、LG 的 L1100 等机型，图 3-10 所示的是采用该方式的三星 T408 手机的射频电路框图。

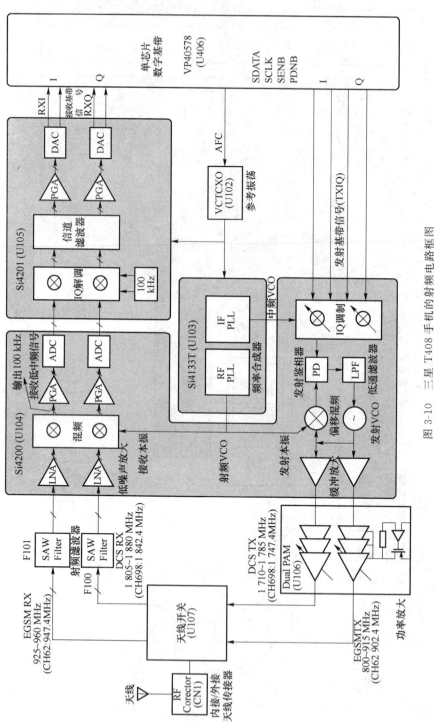

图 3-10　三星 T408 手机的射频电路框图

4. 二次变频与上变频的收发信机

采用这种射频系统的 GSM 手机比较少。在所见的 GSM 手机中,仅有诺基亚早期的 GSM 手机,如 2110、8110、3210 等机型采用该射频系统。

5. 直接变换与直接调制的收发信机

诺基亚的大多数 GSM 手机都是采用这种方式,随着射频技术的发展,越来越多的 GSM 手机开始采用该射频系统,如三星的 D508、松下的 X88 等,图 3-11 为采用该射频系统的诺基亚 8210 手机的射频电路框图。

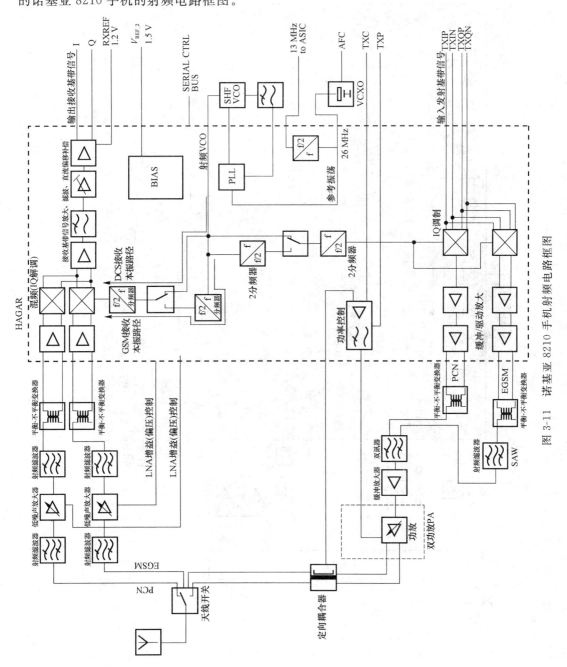

图 3-11　诺基亚 8210 手机射频电路框图

6. 直接变换与偏移锁相环的收发信机

采用这种方式的 GSM 手机多是在射频部分采用 Skyworks 的新型复合射频信号处理器的 GSM 手机。图 3-12 是采用该方式的松下 A100 手机的射频电路框图。

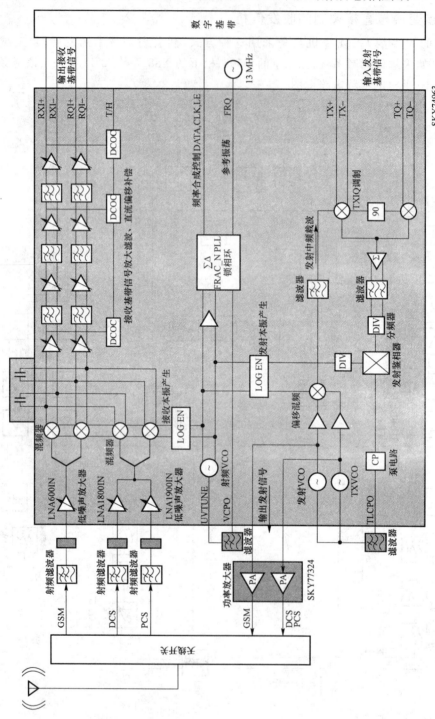

图 3-12　松下 A100 手机射频电路框图

任务3 CDMA 移动终端射频电路结构分类

[任务导入]

相对于 GSM 手机的射频系统,CDMA 手机射频系统的变化不多。从目前所见的 CD-MA 手机来看,其射频系统分为两种:一种是超外差一次变频接收机与采用上变频的发射机组成的射频系统;另一种是直接变换的接收机与直接调制的发射机组成的射频系统。

1. 一次变频与上变频的收发信机

早期的 CDMA 手机基本上都是采用超外差一次变频的接收机与带上变频的发射机,如诺基亚的 2280 与 3105、三星的 A399、摩托罗拉的 V680 等机型。图 3-13、图 3-14 是采用该方式的诺基亚 3105 的接收、发射射频电路框图。

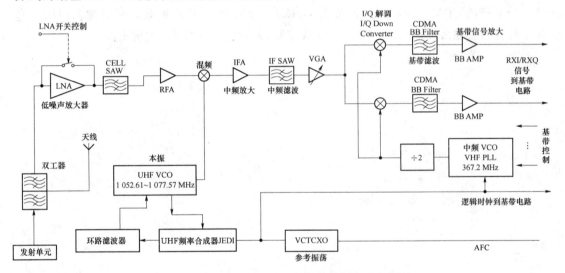

图 3-13 诺基亚 3105 手机的接收射频电路方框图

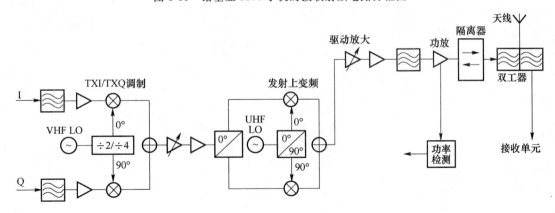

图 3-14 诺基亚 3105 手机的发射射频电路方框图

2. 直接变换与直接调制的收发信机

越来越多的新型 CDMA 手机开始采用直接变换的线性接收机与直接调制的发射机这种射频系统,如三星的 X919、LG 的 VX3100 等机型。图 3-15 就是采用该方式的 CDMA 收发信机电路框图。

3. GSM/CDMA 双模手机射频系统

GSM/CDMA 双模手机既可工作在 CDMA 系统,又可工作在 GSM 系统,如摩托罗拉的 A860、LG 的 W800、三星的 W109 等机型。这些手机均采用美国高通公司的射频及基带解决方案。

图 3-16 所示的是用高通公司的 MSM6300 基带芯片与复合射频芯片 RFR600、RTR6300 组成的双模手机的整机电路方框图。

图 3-17 所示的是三星 W109 手机的射频系统框图。其 CDMA 接收机部分是一个直接变换的线性接收机,CDMA 发射机部分是带发射上变频的发射机。其 GSM 接收机部分也是一个直接变换的线性接收机,而 GSM 发射机是一个带偏移锁相环的发射机。图中 U300 是一个专门的 CDMA 接收低噪声放大器;U301 是 CDMA 接收射频信号处理器;U409 是一个复合的射频信号处理器,它包含 GSM 接收、发射电路,CDMA 发射电路。

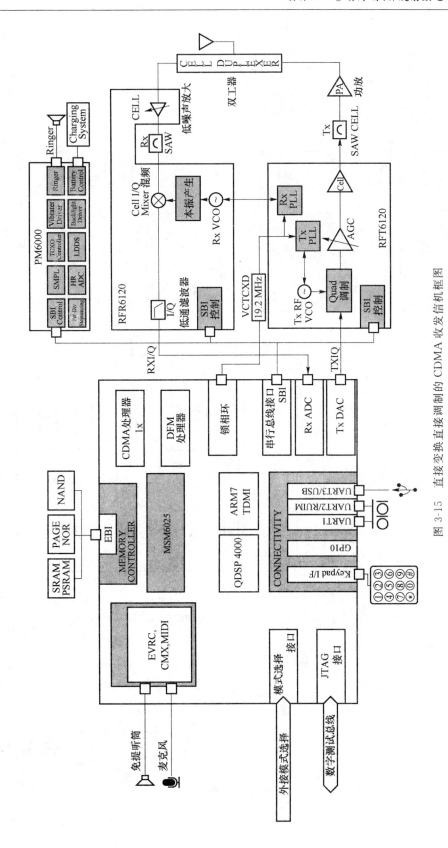

图 3-15　直接变换直接调制的 CDMA 收发信机框图

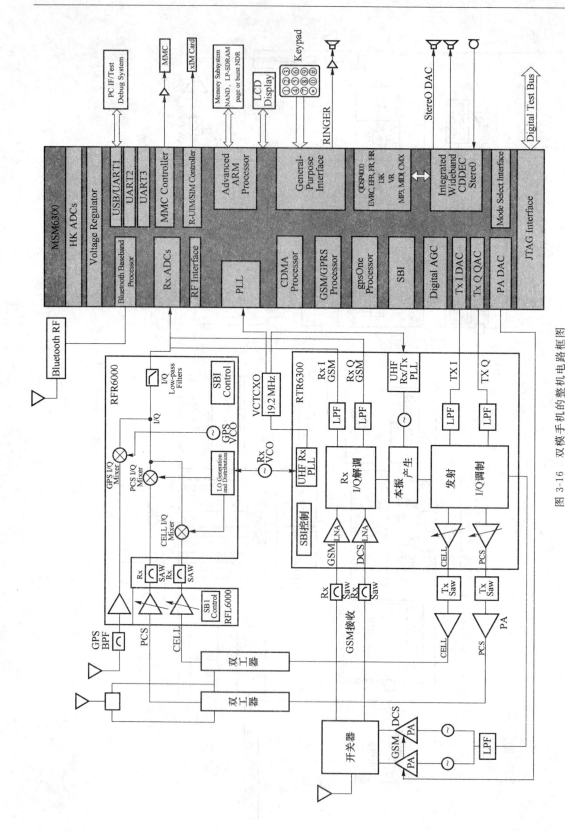

图 3-16 双模手机的整机电路框图

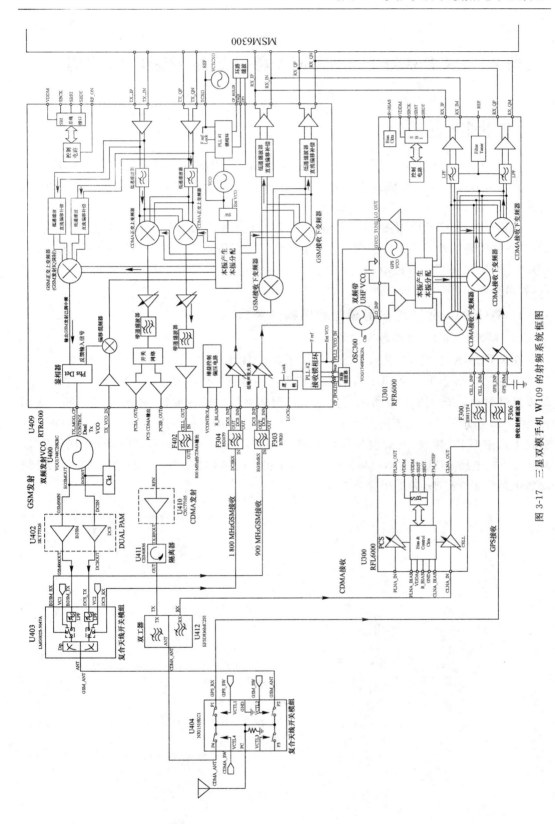

图 3-17　三星双模手机 W109 的射频系统框图

任务 4 WCDMA/TD-SCDMA 移动终端射频电路结构分类

[任务导入]

WCDMA 系统有 FDD 与 TDD 之分,目前所见的 WCDMA 手机都是 FDD WCDMA 手机。WCDMA 手机中其实包含两个射频系统:一个是 WCDMA 射频系统,另一个是 GSM 射频系统。

也就是说,WCDMA 手机是一种双模手机。目前 WCDMA 手机使用两种不同的射频系统:一种由超外差一次变频接收机与带上变频的发射机组成,如摩托罗拉的 A925、LG 的 U8110、夏普的 902SH 等机型;另一种是由直接变换的线性接收机与直接调制的发射机组成,如诺基亚的 7600、6630 等机型。

1. WCDMA 移动终端射频电路结构分类

(1) 一次变频与上变频收发信机

在 WCDMA 手机中,夏普的 902SH 与 802SH、摩托罗拉的 A835 与 A925、LG 的 U8110/U8138 等手机的 WCDMA 收发信机采用的是超外差一次变频的接收机与带上变频的发射机射频系统。图 3-18 所示的是采用该射频系统的摩托罗拉 A925 手机射频系统框图,图 3-19 所示的是采用该射频系统的 LG U8110 手机的射频系统框图,图 3-19 中灰色部分是手机中 GSM 接收、发射射频处理电路,UMTS Wopy 部分是 U8110 手机中的 WCDMA 接收机电路,UMTS Wivi 部分是 U8110 手机中的 WCDMA 发射机电路。其 WCDMA 接收中频为 190 MHz,发射中频为 380 MHz。

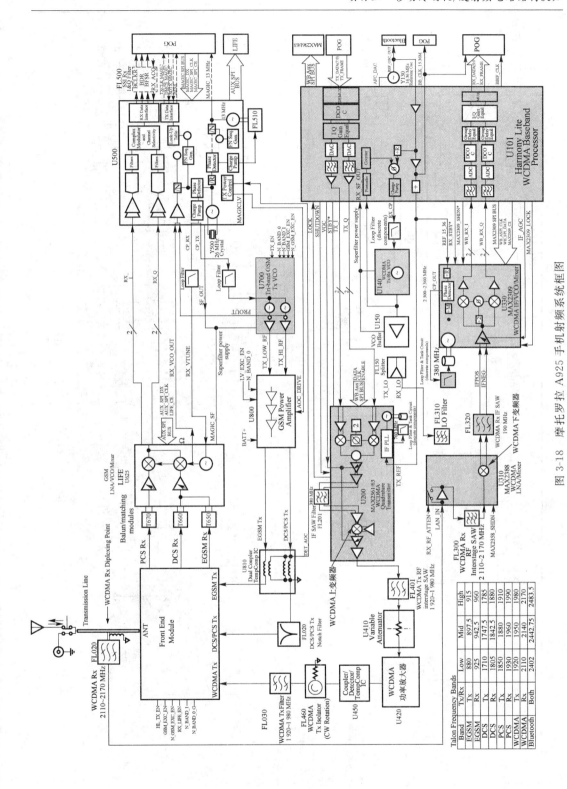

图 3-18 摩托罗拉 A925 手机射频系统框图

Talon Frequency Bands

Band	Tx/Rx	Low	Mid	High
EGSM	Tx	880	897.5	915
EGSM	Rx	925	942.5	960
DCS	Tx	1710	1747.5	1785
DCS	Rx	1805	1842.5	1880
PCS	Tx	1850	1880	1910
PCS	Rx	1930	1960	1990
WCDMA	Tx	1920	1950	1980
WCDMA	Rx	2110	2140	2170
Bluetooth	Both	2402	2442.75	2483.5

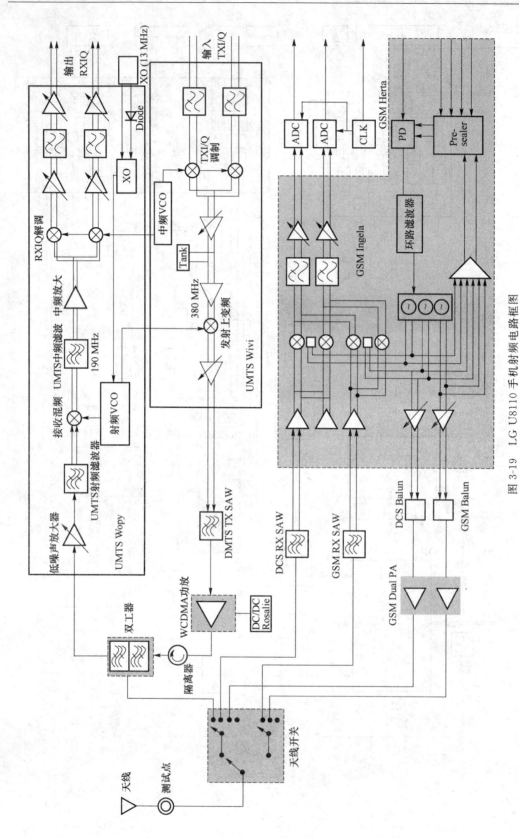

图 3-19 LG U8110 手机射频电路框图

（2）直接变换与直接调制的收发信机

三星的 Z105 与 Z107、诺基亚的 7600 与 6630 等机型是采用直接变换的线性接收机与直接调制的发射机的射频系统，属于零中频方案。图 3-20 为采用该射频系统的诺基亚 7600 手机的射频电路框图。

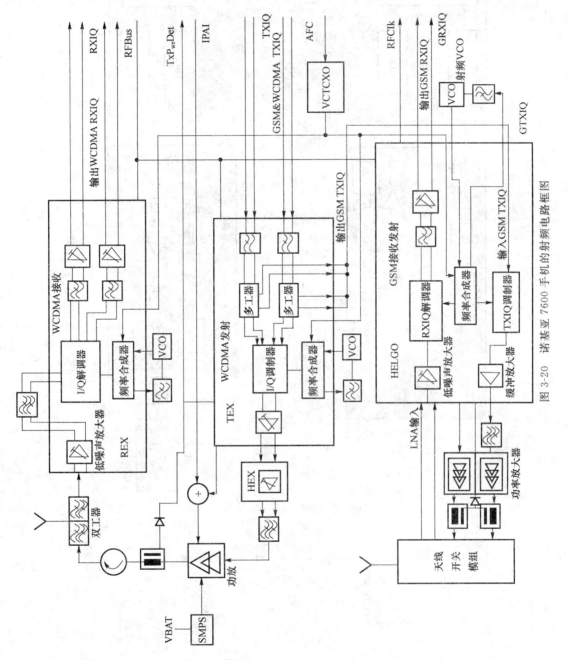

图 3-20 诺基亚 7600 手机的射频电路框图

（3）直接变换与上变频的收发信机

图 3-21 是采用由 Maxim 芯片组构成的直接变换的线性接收机与带发射上变频的发射机的 WCDMA 射频系统。

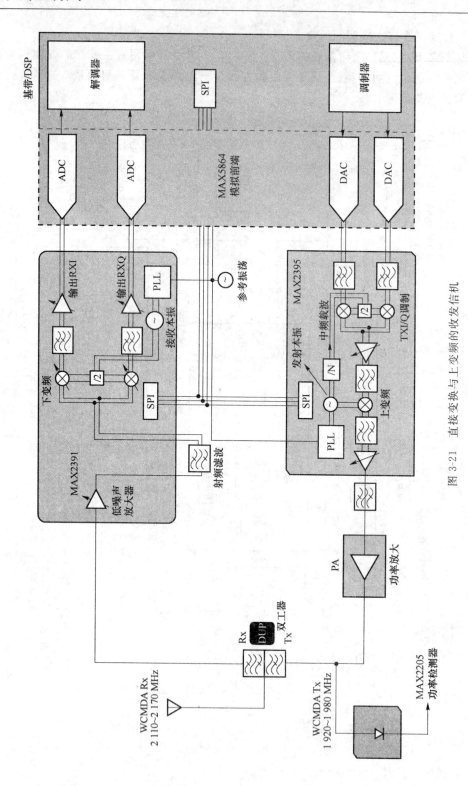

图 3-21　直接变换与上变频的收发信机

2. TD-SCDMA 移动终端射频电路结构分类

图 3-22 是 Maxim 公司设计的零中频射频系统,它是由直接变换的线性接收机与直接调制的发射机组成。

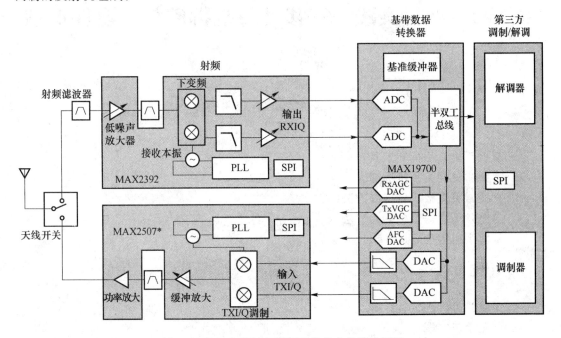

图 3-22 TD-SCDMA 射频系统的参考设计框图

项目习题 3

1. 简述移动终端接收机有几种电路结构。
2. 简述移动终端发射机电路结构分类。
3. 简述 GSM 手机射频电路结构分类。
4. 简述 CDMA 手机射频电路结构分类。
5. 简述 WCDMA 手机射频电路结构分类。
6. 简述图 3-22 电路所属的射频电路结构。
7. 简述手机超外差一次变频接收机信号处理过程。
8. 简述手机超外差二次变频接收机信号处理过程。
9. 简述手机直接变换接收机信号处理过程。
10. 简述手机带偏移锁相环发射机信号处理过程。
11. 简述手机带上变频器的发射机信号处理过程。
12. 简述手机直接变换的发射机信号处理过程。

项目四 项目实践——移动终端拆卸与元器件识别

项目目的

1. 掌握手机常见拆卸工具及应用；
2. 掌握常见翻盖手机拆卸方法；
3. 掌握常见直板手机拆卸方法；
4. 掌握常见滑盖手机拆卸方法；
5. 掌握手机常见元器件识别方法。

项目工具

1. 手机常见拆卸工具；
2. 翻盖手机终端；
3. 直板手机终端；
4. 滑盖手机终端。

项目重点

1. 常见翻盖手机拆卸；
2. 常见直板手机拆卸；
3. 常见滑盖手机拆卸；
4. 手机常见元器件识别。

任务 1 常见移动终端拆卸实践

[任务导入]

手机拆卸是手机维修的第 1 步，也是手机维修中的一项基本功。由于手机小巧精致，致使一些初学者在维修时，不知如何拆卸，无法进行后续维修工作。如果拆卸方法不当，还会造成外壳和主板的损坏。为便于维修，本任务将重点介绍几种常见手机的拆卸技巧。

1. 手机拆卸工具介绍

不同的手机需要不同的拆卸工具，作为维修人员，应准备好以下几种常用的拆卸工具。

（1）一字改锥：一字改锥主要用于摩托罗拉 A6188 等手机的拆卸。

（2）十字改锥：十字改锥主要用于三星 800、三星 A100/A188、三星 A288、爱立信 T28 等手机的拆卸。

（3）T3 改锥：T3 改锥主要用于索尼 2000 等手机的拆卸。

（4）T5 改锥：T5 改锥主要用于松下 GD90/92 等手机的拆卸。

（5）T6 改锥：T6 改锥在手机拆卸时应用较为广泛，主要用于三星 800、2400、A100/A188、N188 手机，摩托罗拉 L2000、A6188 手机，诺基亚 5110/6110、8810、3210、3310、8210、8850 手机，爱立信 T18 手机，飞利浦 939 等手机的拆卸。

（6）T7 改锥：T7 改锥主要用于摩托罗拉 D160 等手机的拆卸。

（7）T8 改锥：T8 改锥主要用于汉佳诺手机、摩托罗拉 D470 等手机的拆卸。

（8）专用拆机工具：摩托罗拉 V998 手机，西门子 25××、35×× 手机，前后壳没有螺钉固定，特别是西门子系列手机，前后壳配合十分紧凑，给拆卸工作带来很大困难，拆卸时应采用专用的拆卸工具，否则，极易对外壳造成不可修复的损伤。

（9）其他辅助工具：手机拆卸时，除需以上所介绍的拆卸工具外，还需要如镊子、刀片、电吹风、撬具、88 型天线螺钉刀等辅助工具，以提高拆卸效率。

2. 拆卸手机注意事项

拆卸与重装手机，必须按一定的方法与步骤进行。拆卸时应注意以下几点。

（1）在进行拆卸与重装操作时，维修人员要佩戴防静电手腕、接地线、防静电垫，以免因静电而造成手机内部电路的损坏。

（2）所有手机拆卸前应先取下电池（电板）、SIM 卡。

（3）拆卸前应准备好拆卸工具，并掌握拆卸工具的正确使用方法。

（4）对于不易拆卸的手机，应先研究一下手机的外壳（维修部应备有一些常见机型的外壳），看清手机壳的配合方式，然后再进行拆卸。

（5）有些手机的固定螺钉十分隐蔽（如摩托罗拉 L2000 手机后壳商标下的 2 颗螺钉、诺基亚 8810 手机推拉盖下的 2 颗螺钉、三星 N188 手机后壳防尘罩下的螺钉），拆卸前应仔细查找，在没有全部拆下螺钉的情况下绝不能硬撬机壳，以免对机壳造成不可修复的损伤。

3. 摩托罗拉 V998（V3688）手机的拆卸

（1）固定方式

摩托罗拉 V998（V3688）手机外壳采用塑料锁扣紧固方式，没有使用螺钉。

（2）所需拆机工具

在拆卸摩托罗拉 V998（V3688）手机时，需要使用如图 4-1 所示的专用工具一套，电吹风一把。各种拆机工具的用途如图 4-2 所示。

（3）拆卸步骤

图 4-3—图 4-34 为使用专用工具拆卸摩托罗拉 V998（V3688）手机的示意图。注意在使用工具 B 顶出信号灯罩时，不要用力过猛，以免将发光二极管顶掉。在使用工具 D 和 E 时，必须对准手机外壳的锁扣位置，锁扣位置如图 4-2 所示。

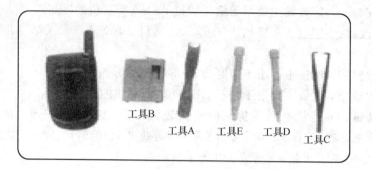

图 4-1　摩托罗拉 V998 手机拆卸专用工具

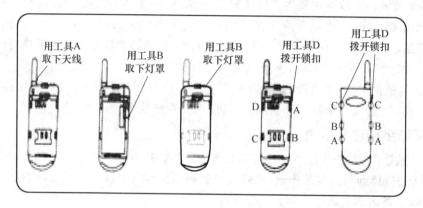

图 4-2　摩托罗拉 V998 手机拆卸专用工具的用途

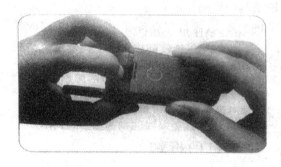

图 4-3　步骤 1 按住电池后盖打开钮,取下电池后盖

图 4-4　步骤 2 取下电池

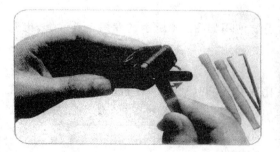

图 4-5　步骤 3-1 用工具 A 按图所示方向旋转
并拉出天线

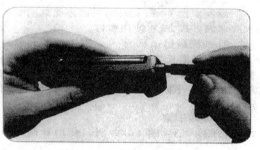

图 4-6　步骤 3-2 用工具 A 按图所示方向旋转
并拉出天线

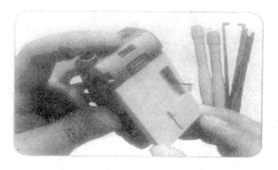

图 4-7　步骤 4 将工具 B 装到手机原电池位置

图 4-8　步骤 5 用工具 B 拉出信号灯灯罩

图 4-9　步骤 6 用工具 C 拉出信号灯灯罩

图 4-10　步骤 7-1 用工具 D 或 E
拨开后壳上的 4 个锁扣

图 4-11　步骤 7-2 用工具 D 或 E 拨开后
壳上的 4 个锁扣

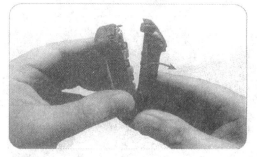

图 4-12　步骤 8 分离后壳

图 4-13　步骤 9-1 松开排线座卡,取下
显示屏排线头

图 4-14　步骤 9-2 松开排线座卡,取下
显示屏排线头

图 4-15　步骤 9-3 用镊子从排线座上抽出排线

图 4-16　步骤 10 取下主板

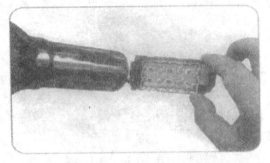

图 4-17　步骤 11 用电吹风加热前板(按键板)，
以便分离前板

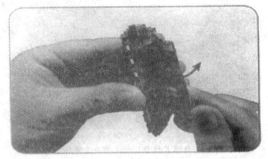

图 4-18　步骤 12 分离按键板

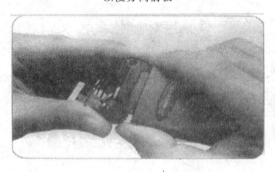

图 4-19　步骤 13 取下显示屏和听筒总成

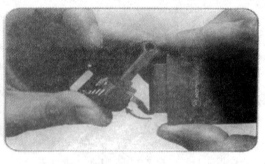

图 4-20　步骤 14 慢慢拉出排线并分离前壳

图 4-21　步骤 15 用镊子取出转轴

图 4-22　步骤 16 用工具 D 或 E 分离上下
翻盖的锁扣

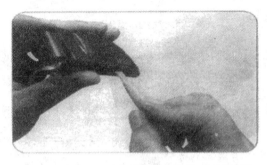

图 4-23　步骤 17-1 用工具 D 或 E 分离上翻盖上
的 4 锁扣,并取下上翻盖

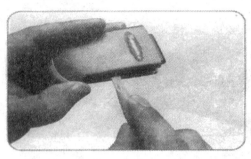

图 4-24　步骤 17-2 用工具 D 或 E 分离上翻盖上
的 4 锁扣,并取下上翻盖

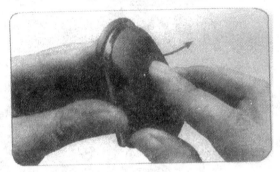

图 4-25　步骤 17-3 用工具 D 或 E 分离翻盖上的
4 锁扣,并取下上翻盖

图 4-26　步骤 18-1 将显示屏屏蔽铜箔焊开,
并用镊子分离

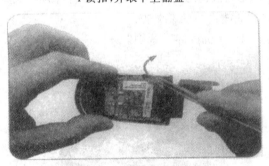

图 4-27　步骤 18-2 将显示屏屏蔽铜箔焊开,
并用镊子分离

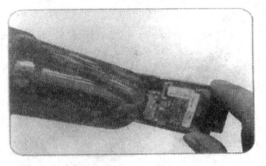

图 4-28　步骤 19 用电吹风加热显示屏

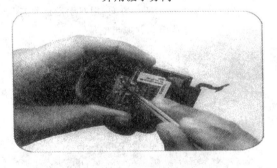

图 4-29　步骤 20-1 松开显示屏的 3 个锁扣

图 4-30　步骤 20-2 松开显示屏的 3 个锁扣

图 4-31　步骤 20-3 松开显示屏的 3 个锁扣

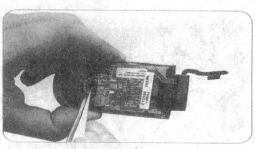

图 4-32　步骤 21 取下听筒

图 4-33　步骤 22 取下显示屏总成

图 4-34　拆卸后的分解图

4. 诺基亚 3310 手机的拆卸

（1）固定方式：诺基亚 3310 手机采用 6 个 1.85 mm×8 mm 内六角自攻螺钉固定。

（2）所需拆机工具：镊子、长度为 50 mm 的 T6 改锥或 A5 改锥。

（3）拆卸步骤：图 4-35—图 4-46 为诺基亚 3310 手机拆卸示意图。

图 4-35　步骤 1 按住电池后盖下部的按钮，
　　　　　推出电池后盖

图 4-36　步骤 2 按图所示方向，用双手拇指分离
　　　　　电池锁扣并取出电池

图 4-37　步骤 3-1 分离前壳

图 4-38　步骤 3-2 分离前壳

图 4-39　步骤 3-3 分离前壳

图 4-40　步骤 4 用长度为 50 mm 的 T6 改锥或 A5 改锥拧下 6 个前板固定螺钉

图 4-41　步骤 5-1 用镊子剥离前板锁扣 6 处

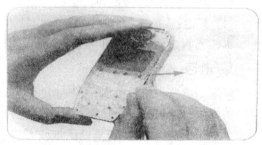

图 4-42　步骤 5-2 用镊子剥离前板锁扣 6 处并取出前板

图 4-43　步骤 6 取出主板

图 4-44　步骤 7-1 撬开屏蔽罩

图 4-45　步骤 7-2 撬开屏蔽罩

图 4-46　拆卸后的分解图

任务 2   移动终端主要元器件识别

[任务导入]

手机是由电子线路组成,而电子线路是由元器件组成。元器件是组成手机电路的最小单元,主要包括以下几类。

(1) 阻容元件:电阻、电容、电感。

(2) 半导体器件:二极管、三极管、场效应管、集成电路。

(3) 电声器件:送话器、听筒、振铃。

(4) 其他:接插件、开关件、滤波器、晶体、显示屏。

本任务将主要介绍手机常见元器件的识别。

1. 电阻

电阻是电路中数量最多、最基本的电路组件。手机中的电阻组件由于片表面积太小,其阻值的标注情况根据电阻体积的大小而定。有的阻值在电阻表面上直接标注,也有的因表面积太小而无法标注,只能借助图纸或万用表检测得到。电阻可以在电路中起分压、分流、限流、偏置、负载等作用,其电路符号与外形如图 4-47 所示。电阻实物是片状矩形,无引脚,电阻体是黑色或浅蓝色,两头是银色的镀锡层。有的在表面上直接标称,用 3 位数表示。其中第 1、2 位数为有效数字,第 3 位数为倍乘,即有效数字后面"0"的个数,单位为欧姆。例如,102 的阻值是 $10 \times 10^2 = 1\text{ k}\Omega$;202 的阻值是 $20 \times 10^2 = 2\text{ k}\Omega$。精密电阻器的标称用 4 位数字表示。

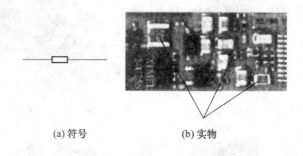

(a) 符号   (b) 实物

图 4-47   片状电阻符号、实物

2. 电容

电容常用 C 来表示,在电路中起耦合、旁路、滤波、隔直、振荡等作用,基本单位为法拉,记为 F。实际应用中,常用微法(μF)、皮法(pF)来表示。在手机电路中,μF 级的电容一般为有极性的电解电容,而 pF 级的电容一般为无极性的普通电容。它们之间的换算关系是 $1\text{ pF} = 10^{-6}\ \mu\text{F} = 10^{-12}\text{ F}$。普通电容的外形与电阻相同,为片状矩形,表面无文字或数字标注,但电容表面呈棕色或黑色,两边银色;电解电容的容量大,体积也大,有引脚,表面呈黄色或黑色,上面标有横杠的一端为电容的负极;常见的金属钽电容颜色鲜艳,其极性突出一端为正,则另一端为负;可调电容是一种可以改变电容量的电容,多用于寻呼机中。电容器电路符号、外形如图 4-48 所示。

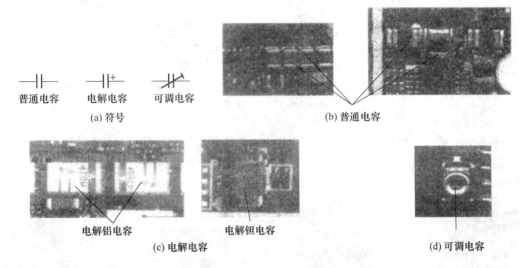

(a) 符号　　　　　　　　　　　(b) 普通电容

(c) 电解电容　　　　　　　　　　　　　(d) 可调电容

图 4-48　片状电容器符号、外形

电解电容由于体积大,其容量与耐压直接标在电容体上,而电解钽电容则不标其大小和耐压,其值都可通过图纸查找。注意,电解电容是有极性的,使用时正、负不可接反。有的普通电容容量采用符号标注,其符号的含义是:第 1 位用字母表示有效数字,第 2 位用数字表示有效数字后"0"的个数,单位为 pF。字母所表示的有效数字的意义如表 4-1、表 4-2 所示。

表 4-1　片状电容器容量标识字母的含义

字符	A	B	C	D	E	F	G	H	I	K	L	M
有效值	1	1.1	1.2	1.3	1.5	1.6	1.8	2.0	2.2	2.4	2.7	3.0
字符	N	P	Q	R	S	T	U	V	W	X	Y	Z
有效值	3.3	3.6	3.9	4.3	4.7	5.1	5.6	6.2	6.8	7.5	9.0	9.1

表 4-2　片状电容器容量标识数字的含义

数字	0	1	2	3	4	5	6	7	8	9
乘数	10^0	10^1	10^2	10^3	10^4	10^5	10^6	10^7	10^8	10^9

例如,电容体上标有"C3"字样的容量是 1.2×10^3 pF = 1 200 pF。

3. 电感

电感常用 L 表示,它是以磁场形式储存磁能的组件,电感是由无阻导线绕制而成的线圈,因此又称电感线圈,电感的符号与外形如图 4-49 所示。

片状电感器通常为矩形,它分为片状叠层电感和绕线电感。叠层电感又叫压模电感,其外观与片状电容相似,如图 4-50 所示。这种电感具有磁路闭合、磁通量泄漏少、不干扰周围元器件和可靠性高的优点。绕线电感采用高导磁性铁氧体磁心来提高电感量,这种磁心对振动较敏感,需注意防振。如果在一个磁心上绕一个线圈,称为自感;绕两个以上的线圈称

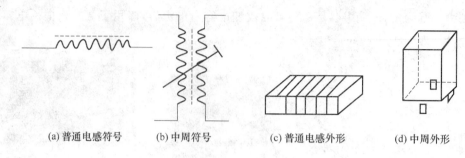

(a) 普通电感符号　　　(b) 中周符号　　　(c) 普通电感外形　　　(d) 中周外形

图 4-49　电感的符号、外形

为互感或变压器。电感在电路中主要有两个作用，一是利用它阻碍交流、通过直流的特点，起限流、滤波、选频、谐振、电磁变换等作用；二是利用它能产生感应电动势的特点（感应电动势的大小与电流变化的速度有关），完成脉冲产生、升压、电压变换等作用。

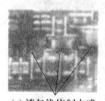　　　

(a) 漆包线绕制电感　　　(b) 升压电感　　　(c) 叠层电感　　　(d) 中周

图 4-50　电感实物图

电感的基本单位是亨利，记为 H，手机中常用的电感是（毫亨，mH）、（微亨，μH），它们之间的换算关系式是 1 H＝10^3 mH＝10^6 μH。

手机中用得最多的是普通电感，有的从外观上可以辨认出来，如图 4-50(a)所示，漆包线绕在磁芯上；有的漆包线隐藏，如图 4-50(b)所示；手机中还有很多 LC 选频电路电感，如图 4-50(c)所示，其外表一般为白色、绿色或一半白一半黑等，形状类似普通小电容，这种电感即叠层电感。可以通过图纸和测量方法将电感与电容分开。

4. 滤波器

滤波器是由滤波电路组成，滤波电路的作用是让指定频段的信号能比较顺利地通过，而对其他频段的信号起衰减作用。滤波器从性能上可以分为低通滤波器（LPF）、高通滤波器（HPF）、带通滤波器（BPF）、带阻滤波器（BEF）4 种。LPF 主要用在信号处于低频（或直流成分）并且需要削弱高次谐波或频率较高的干扰和噪声等情况；HPF 主要用在信号处于高频并且需要削弱低频（或直流成分）的情况；BPF 主要用来突出有用频段的信号，削弱其余频段的信号或干扰和噪声；BEF 主要用来抑制干扰，例如信号中常含有不需要的交流频率信号，可针对该频率加 BEF，使之削弱。在手机电路中，4 种滤波电路都会用到。例如，在接收电路中需要 HPF，在频率合成电路中需要 BPF，在电源和信号放大部分需要 LPF 和 BEF。滤波器电路符号如图 4-51 所示。

从器件材料上看，手机中的滤波器可分为 LC 滤波、陶瓷滤波、声表面滤波、晶体滤波。LC 滤波损耗小，但不容易小型化，因此在手机电路中作为辅助滤波器。手机中常用的滤波有本振滤波、射频滤波和中频滤波等。

手机中大量采用声表面滤波器、晶体滤波器和陶瓷滤波器等，实物如图 4-52 所示。

(a) 低通滤波器

(b) 高通滤波器

(c) 带通滤波器

(d) 带阻滤波器

图 4-51　滤波器电路符号

(a) 声表面滤波器

(b) 晶体滤波器

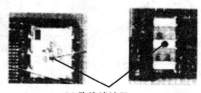
(c) 陶瓷滤波器

图 4-52　手机滤波器实物图

陶瓷滤波器和声表面滤波容易集成和小型化,频率固定,不需调谐,常见于手机的射频、中频滤波等。滤波器主要引脚是输入、输出和接地端。滤波器是无源器件,所以没有供电端。

5. 半导体器件与集成模块

（1）二极管

二极管是具有明显单向导电性或非线性伏安特性的半导体器件。由一个 PN 结构成,具有正向电阻小、反向电阻大的特点。其电路符号如图 4-53(a)所示。

不同类别的二极管在电路中的作用也不同。普通二极管用于开关、整流、隔离;发光二极管用于键盘灯、显示屏灯照明;变容二极管是采用特殊工艺使 PN 结电容随反向偏压变化反比例变化,变容二极管是一种电压控制元件,通常用于 VCO,改变手机本振和载波频率,使手机锁定信道;稳压二极管用于简单的稳压电路或产生基准电压。

二极管的外形与电阻、电容相似,有的呈矩形,有的呈柱形,两边是引脚,如图 4-53(b)所示。在手机中,经常采用双二极管封装,有 3～4 个引脚,这时就难以辨认。

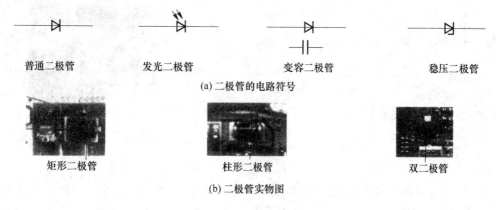

普通二极管　　　发光二极管　　　变容二极管　　　稳压二极管

(a) 二极管的电路符号

矩形二极管　　　柱形二极管　　　双二极管

(b) 二极管实物图

图 4-53　二极管的电路符号及实物图

（2）三极管

三极管有 NPN、PNP 两种类型，三极管的电路符号及实物如图 4-54 所示。在三极管实物图上，标注了三极管的集电极，而三极管的类型以及发射极和基极的判断需利用图纸或万用表测量来区分。其中 4 脚三极管中有两极相通（集电极或发射极）。

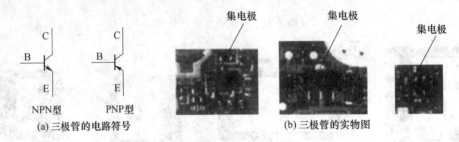

(a) 三极管的电路符号　　(b) 三极管的实物图

图 4-54　三极管的电路符号及实物图

三极管是组成电子线路的基础器件。以三极管为核心，配以适当的阻容元件就能组成一个电路。三极管的作用有放大、振荡、开关、混频、调制等。

（3）场效应管

场效应管简称 FET，它是用电压控制电流的半导体器件。场效应管有三个电极，分别是栅极 G、源极 S、漏极 D。从制作工艺的角度，场效应管可分为结型（JFET）和绝缘栅型（MOSFET）两类。在绝缘栅型场效应管中，绝缘物是氧化物，又称为 MOS 型场效应管。场效应管的电流通路称为沟道，根据沟道部分的半导体是 N 型和 P 型又分为 N 沟道和 P 沟道两种。沟道是由栅极控制的。

场效应管与三极管都可以作为放大器，二者有许多相似之处。场效应管的栅极 G、源极 S、漏极 D 分别对应三极管基极 B、发射极 E、集电极 C。但与三极管相比，场效应管具有很高的输入电阻，工作时栅极几乎不取信号电流，因此它是电压控制组件，具有低功耗、低噪声的特点。以场效应管为核心，配以适当的阻容元件，就能构成功率放大、振荡、混频、调制等各种电路，其作用与三极管相同。场效应管的电路符号和实物如图 4-55 所示。

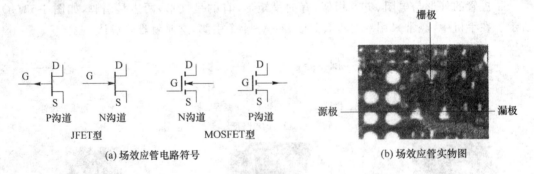

(a) 场效应管电路符号　　(b) 场效应管实物图

图 4-55　场效应管电路符号及实物图

（4）集成模块

集成模块（或称集成电路）是用特殊的半导体工艺方法，在很小的半导体硅片上，制作出成千上万个组件连成一个整体电路，并封装在一个壳体中。它包括供电端、接地端、控制端和输入/输出端。集成电路具有体积小、功耗低、成本低、可靠性高、功能强等优点。

集成电路简写为 IC,在手机中常称某集成块为射频 IC、中频 IC 和电源 IC 等。

IC 内最容易集成的是 PN 结,也能集成小于 1 000 pF 的电容,但不能集成电感和较大的组件,如电位器等。因此,IC 对外要有许多引脚,将那些不能集成的元件连到引脚上,组成整个电路。在手机中,采用的模拟集成电路有中频 IC、混频 IC、电源 IC、音频处理 IC;采用的数字集成电路有语音编码、中央处理器、字库和内存等。

由于 IC 内部结构很复杂,在分析集成电路时,侧重于 IC 的主要功能、输入、输出、供电及对外呈现出来的特性等,并把其看成一个功能模块,分析 IC 的引脚功能、外围组件的名称及其作用等。

为了缩小手机的体积,IC 大都采用薄膜扁平封装形式和表面贴焊技术,常用封装方式包括小外型封装(SOP)、四方扁平封装(QFP)和球栅数阵列内引脚封装(BGA),如图 4-56 所示。

SOP 的引脚分布在芯片的两边,小圆圈为 1 脚的标志位,其他引脚按次序逆时针查找,如图 4-56(a)所示。手机中常见 SOP 封装包括电子开关、频率合成器(SYN)、功率放大器(PA)、功率控制(PAC)及码片(EEPROM)等。

QFP 的芯片为正方形,引脚数目在 20 以上,平均分布在四边,如图 4-56(b)所示。1 脚的确定方法是,IC 表面字正方向左下脚圆点为 1 脚标志,或者找到 IC 有"?"的标记处,对应的引脚为 1 脚。这种封装形式主要用于射频电路、语音处理器和电源电路等。

BGA 的引脚按行线、列线区分,每个引脚的功能根据不同器件确定,如图 4-56(c)所示。如诺基亚 8210/8850、摩托罗拉 V70、三星 T408 等手机都采用了 BGA IC。

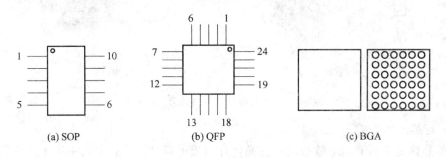

图 4-56　IC 封装类型

6. 电声器件、压电器件及其他器件

(1) 电声器件

电声器件是一种电-声转换器,它能将电能转换为声能或机械能,也能将声能或机械能转换为电能。电声器件包括送话器、扬声器(听筒)和振铃等。

1) 送话器

送话器的识别:送话器(俗称话筒或麦克风)是电声器件的一种,它是将声音转换为电信号的电-声转换器。它有动圈式、电容式、碳粒式和压电式 4 种形式,手机中应用的是驻极体电容话筒,其电路符号和实物如图 4-57 所示,实际外形呈柱状。驻极体话筒由声-电转换系统和场效管组成。

在场效应管的栅极和源极间接有一支二极管,可利用二极管的正反向电阻特性来判断驻极体话筒的漏极与源极。具体方法是,将万用表拨至 R×1k 挡,将黑表笔接任意一点,红表笔接另一点,记下测得的数值;再交换两表笔的接点,比较两次测得的结果,阻值小的一次,黑表笔接触的点为源极,红表笔端为漏极。

(a)符号　　　　　(b)实物

图 4-57　送话器

2)听筒与振铃器

听筒与振铃器的识别:听筒又称扬声器、喇叭,也是一种电声器件。它利用电磁感应、静电感应、压电效应等将电能转换为声能,并将其辐射到空气中去,与送话器的作用刚好相反。扬声器的种类很多,在手机中,多采用动圈式扬声器,属于电磁感应式的。目前手机中越来越多地采用高压静电式听筒,它是通过在两个靠得很近的导电薄膜间加电信号,在电场力的作用下,导电薄膜发生振动,从而发出声音。振铃器又称蜂鸣器,其原理与听筒相同,也采用电磁感应式。听筒与振铃器的电路符号如图 4-58 所示,实际外形呈圆形。

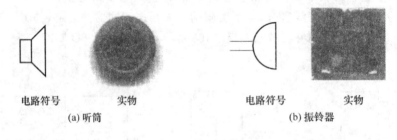

电路符号　　　　实物　　　　　　　电路符号　　　　实物

(a)听筒　　　　　　　　　　　(b)振铃器

图 4-58　听筒、振铃器电路符号及实物图

(2)石英晶体

石英晶体是由具有压电效应的石英晶体片制成的器件。它在手机中用于产生锁相环的基准频率和主时钟信号。在电路中,石英晶体是利用晶体片受到外加交变电场的作用可产生机械振动的特性,当交变电场的频率与芯片的固有频率一致时,振动会变得很强烈,这就是晶体的谐振特性。由于石英晶体的物理和化学性能都十分稳定,因此在要求频率十分稳定的振荡电路中,常用它作为谐振组件,组成晶体振荡器。

石英晶体的电路符号、实物如图 4-59 所示,在手机中外形与滤波器相似。常用晶体频率为 13 MHz、19.5 MHz 和 26 MHz 等。在电路中,将晶体、三极管等共同组成振荡器,作为一个标准件。

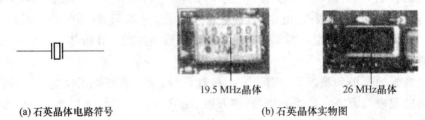

19.5 MHz晶体　　　　　　　　26 MHz晶体

(a)石英晶体电路符号　　　　　　　　(b)石英晶体实物图

图 4-59　石英晶体电路符号及实物图

（3）接插件与开关件

1）接插件

接插件又称连接器或插头座。在手机中,接插件可以提供简便的插拔式电气连接,为组装、调试、维修提供方便。例如,手机的按键板与主板的连接座,手机底部连接座与外部设备的连接,均由接插件来实现。手机的按键板与主板的接插件多采用如图 4-60(a)所示的凸凹插槽式内联座,显示屏接口采用如图 4-60(b)所示的插件连接。

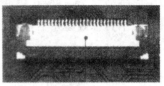

(a) 键盘内联座　　　　　　　　　(b) 显示屏接口插件

图 4-60　接插件

接插件最易变形,一旦变形,会造成接触不良。在使用时,注意不能让接插件受热变形或受力损坏。

2）开关件

开关件在手机中用于换接电路和产生控制信号,常用的开关件有拨动开关和按键开关,如图 4-61 所示。手机中大量使用按压式开关,它是由导电橡胶制成。当开关按下时便接通,放开后便断开,这样就会产生一个控制信号。

开关件的检查比较简单,可以用替换法或短路连接法判断其好坏。当然,如果键盘中某一个按键失效,一般是由于该开关件导电橡胶出了问题。

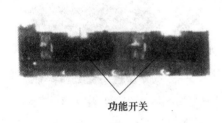

功能开关　　　　　　　　按键开关　　　　　　　拨动开关

图 4-61　手机中按键开关、拨动开关

3）磁控开关

① 干簧管:它是一种具有密封接点的继电器,由干簧片、小磁铁、内部真空的隔离罩等组成,如图 4-62 所示。干簧片由铁磁性材料做成,接点部镀金,所以它既是导磁体又是导电体。当小磁铁接近干簧片时,两簧片自动吸合;当小磁铁远离干簧片时,两簧片自动断开。因此干簧管可以作为开关使用。

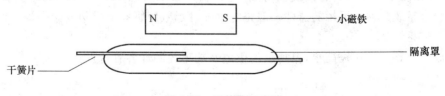

图 4-62　干簧管示意图

在翻盖手机中,常用干簧管来锁定键盘,如摩托罗拉 V998、V8088 等手机前板上都有干簧管。

② 霍尔器件:霍尔器件是一种电子元件,外型与三极管相似,如图 4-63(a)所示。V_{CC} 为电源,GNS 为地,VOC 为输出。其内部由霍尔器件、放大器、施密特电路和集电极开路 OC 门路组成。它与干簧管一样等同一个受控开关,如图 4-63(b)所示。

由于干簧管的隔离罩易破碎,近年来采用改进型的干簧管即霍尔器件,其控制作用等同于干簧管,但比干簧管的开关速度快,因此在诸多品牌手机中得到广泛的应用。

在实际维修中,干簧管或霍尔器件出现问题时,常常导致手机失灵。

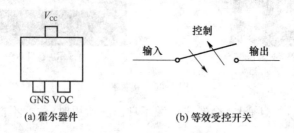

(a) 霍尔器件　　　　　(b) 等效受控开关

图 4-63　霍尔器件及等效特性

(4) 天线

利用无线电磁波方式传递信息的电子设备,都离不开天线。天线是手机中重要的部件,它直接影响接收灵敏度和发射性能。

手机中常见的天线有两种:一种采用外置天线方式,如摩托罗拉系列手机;另一种采用内置天线方式,如诺基亚 3210、8810 和 8850 等。手机天线如图 4-64 所示。

(a) 外置天线　　　　　　　　　　　　　(b) 内置天线

图 4-64　手机天线

天线锈蚀、断裂、接触不良均会引起手机灵敏度下降,发射功率减弱等问题。

(5) 功放与定向耦合器

功放即功率放大器,用于手机发射电路的末级上。

调制后的发射信号一般要经过预推动、推动和功放 3 个环节才能将发射功率放大到一定的功率电平上。功放是手机中较主要的电路,也是故障率较高的电路。它的作用是放大发射信号,以足够的功率通过天线辐射到空间,工作频率高达 900/1 800 MHz,因此功放也是超高频宽带放大器。采用的器件一般是分立元件场效应管和集成功放。手机中的常见功放如图 4-65 所示。

功放的电路形式比较简单,但功放的供电及功率控制却各有特点。

1) 功放供电

手机在守候状态时,功放不工作,不消耗电能,其目的是延长电池的使用时间。手机中

(a) 组合示

(b) 900/1 800 MHz分离示

(c) 900 MHz功放

图 4-65　常见手机功放

的功放供电有电子开关供电型和常供电型两种情况。

电子开关供电是指在守候状态,电子开关断开,功放无工作电压,只有手机发射信号时,电子开关闭合,功放才供电;常供电型的功放工作于丙类,在守候状态虽有供电,但功放管截止,不消耗电能,有信号时功放进入放大状态。丙类工作状态通常由负压提供偏压。

2）功率控制

手机功放在发射过程中,其功率是按不同的等级工作的,功率等级控制来自功率控制信号。

控制信号主要来自两个方面:一是由定向耦合器检测发信功率,反馈到功放,组成自动功率控制 APC 环路,用闭环反馈系统进行控制;二是功率等级控制,手机的收信机不停地测量基站信号场强,送到 CPU 处理,据此算出手机与基站的距离,产生功率控制资料,经数/模转换器变为功率等级控制信号,通过功率控制模块,控制功放发信功率的大小。

功放的负载是天线。在正常工作状态下,功放的负载是不允许开路的,因为负载开路会因能量无处释放而烧坏功放。所以在维修时应注意这一点,在拆卸机器取下天线时,应接上一条短导线充当天线。

3）定向耦合器

定向耦合器与功放示意图如图 4-66 所示。

定向耦合器相当于变压器,用来检测手机的发射功率大小,对发射功率取样,将取样值反馈到功放,与功放等组成自动功率控制环路。

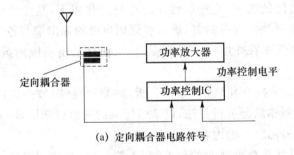
(a) 定向耦合器电路符号

(b) 定向耦合器实物图

图 4-66　定向耦合器电路符号和实物图

7. 手机键盘与显示器

（1）键盘

手机中的键盘电路(除触摸屏)一般是采用 4×5 矩阵动态扫描方式,如图 4-67 所示。其中行线(ROW)通过电阻分压为高电平,列线(COL)由 CPU 逐一扫描,低电平有效。当某一键按下时,对应交叉点上的行线、列线同时为低电平,CPU 根据检测到的电平来识别此键。

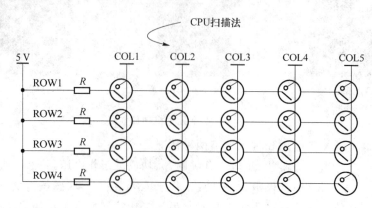

图 4-67　键盘电路

（2）液晶显示器

手机上的显示器常用液晶显示器(LCD),可以显示数字、文字、符号和图形等,由专用芯片来驱动,LCD 显示器分并行口型和串行口型两种,其主要由液晶显示部分、驱动控制芯片和控制引脚组成,如图 4-68 所示。

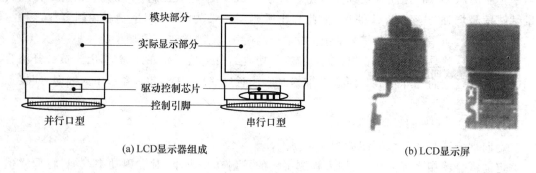

（a）LCD显示器组成　　　　　　　　　　　　　　（b）LCD显示屏

图 4-68　LCD 显示器

液晶是一种介于固体和液体之间的物质,它的特性是在电场的作用下,其光学性能发生变化,将涂有导电层的基片按图形灌注液晶并封好,然后将译码电路的输出端与各管脚相连,加上被控电压,LCD 透明度和颜色随着外加的电场而变化,从而显示出相应的数字、文字、图形等。

LCD 显示器接收 CPU 送来的显示指令和数据,经过分析、判断和存储,按一定的时钟速度将显示的点阵信息输出至行和列驱动器进行扫描,以 75 Hz 帧的速率更新屏幕,人眼在外界光的反射下,就可以看见 LCD 显示屏上的内容。

显示屏更换时应特别小心,尤其注意显示屏上的软连线,不能折叠,对显示屏要轻取轻放,不能用力过大。维修时不要用风枪吹屏幕,也不能用清洗液清洗屏幕,否则屏幕不显示。显示屏属于易损元件,维修时应特别注意。

项目习题 4

1. 简述手机电阻识别方法。
2. 简述手机电容识别方法。
3. 简述手机电感识别方法。
4. 简述手机二极管引脚区分方法。
5. 简述手机三极管引脚区分方法。
6. 简述手机集成电路引脚识别方法。
7. 简述手机键盘电路工作原理。
8. 简述手机显示电路工作原理。
9. 简述磁控开关电路工作原理。
10. 简述摩托罗拉 V998 手机拆卸过程。
11. 简述诺基亚 3310 手机拆卸过程。

项目五 移动终端主要电路案例分析

项目目的

1. 掌握 GSM 手机电源电路原理、识图及应用；
2. 掌握 GSM 手机充电电路原理、识图及应用；
3. 掌握 GSM 手机接收和频率合成电路原理、识图及应用；
4. 掌握 GSM 手机发射电路原理、识图及应用；
5. 掌握 GSM 手机显示电路原理、识图及应用；
6. 掌握 GSM 手机卡电路原理、识图及应用；
7. 掌握 GSM 手机其他电路原理、识图及应用。

项目工具

1. GSM 手机电源电路图；
2. GSM 手机充电电路图；
3. GSM 手机接收和频率合成电路图；
4. GSM 手机发射电路电路图；
5. GSM 手机显示电路图；
6. GSM 手机卡电路图；
7. GSM 手机其他电路图。

项目重点

1. GSM 手机电源电路原理及应用；
2. GSM 手机充电电路原理及应用；
3. GSM 手机显示电路原理及应用；
4. GSM 手机卡电路原理及应用；
5. GSM 手机发射电路原理及应用。

任务1　移动终端电源电路/充电电路原理案例分析

［任务导入］

手机电源电路是手机的心脏,源源不断地向手机各部分电路供电。手机电源电路出现问题将使手机出现不能开机、无接收、无发射等问题。手机充电电路是外接电源通过手机电路给手机电池充电,下面以摩托罗拉 V60 手机和诺基亚 3310 手机为例介绍手机电源电路和手机充电路工作原理。

1. 移动终端电源电路案例分析

(1) 摩托罗拉 V60 手机电源电路分析

1) 直流稳压供电电路

直流稳压供电电路主要由 U900 及外围电路构成,由 B+送入电池电压在 U900 内经变换产生多组不同要求的稳定电压,分别供给不同的部分使用,如图 5-1 所示。

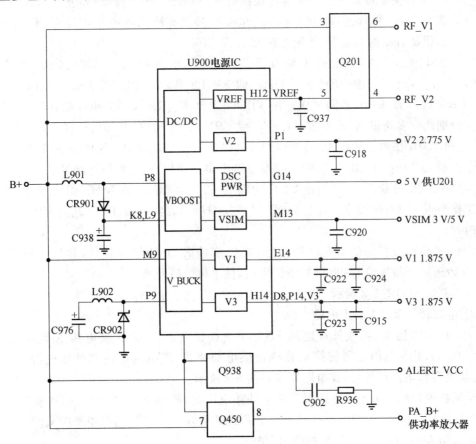

图 5-1　摩托罗拉 V60 型手机直流稳压供电电路图

直流稳压供电电路各部分供电情况如下。

- RF_V1、RF_V2 和 VREF 主要供中频 IC 及前端混频放大器使用;
- V1(1.875 V)由 V_BUCK 提供电源,主要供 Flash U701 使用;
- V2(2.775 V)由 B+提供电源,主要供 U700 CPU、音频电路、显示屏、键盘及红绿指示灯等其他电路使用;
- V3(1.875 V)由 V_BUCK 提供电源,主要供 U700、Flash U701 及 2 个 SRAM(U702、U703)等使用;
- VSIM(3 V/5 V)由 VBOOST 为其提供电源,为 SIM 卡供电;
- 5 V 由 VBOOST 提供电源,由 DSC PWR 输出,主要供 DSC 总线、13 MHz、800 MHz二本振和 VCO 电路使用;
- PA_B+(3.6 V)供功放电路使用;
- ALERT_VCC 为背景彩灯及振铃、振子供电。

2) 开机过程

① 手机接通电源后,由 Q942 送 B+电压给 U900,并给 J5、D6 脚,准备触发高电平。此触发高电平变低时,U900 被触发工作,供出各路供电电压。

② 当按下开关机按键或插入尾部连接器时,分别通过 R804 或 R865 把 U900 的 J5、D6 脚通过开关机按键、尾部连接器接地后,U900 的 J5、D6 脚的高电平被拉低,相当于触发 U900 工作,供出各路射频电源、逻辑电源及 RST 信号。

③ U900 内部 VBOOST 开关调节器,首先通过外部 L901、CR901、C934 共同产生 VBOOST 5.6 V 电压,此电压再送回 U900 的 K8、L9 脚。V_BUCK 也是开关调节电路输出,由 CR902、L902、C913 共同组成。在 VBOOST 和 V_BUCK 两路电压的作用下,内部稳压电路分别产生多路供电,其中 V3(1.8 V)供 CPU U700,闪存 U701,暂存 U703,同时 V1(5 V)也向 U701 供电。V_{REF}(2.75 V)向 U201 供电。在 V_{REF} 和 B+的作用下,U201 内部调节电路控制 Q201,产生 RF_V1、RF_V2 供 U201 本身使用,也向射频电路供电。

④ 当射频部分获得供电时,由 U201 中频 IC 和 Y200 晶振(26 MHz)组成的 26 MHz 振荡器工作产生 26 MHz 频率。经过分频产生 13 MHz 后,经 R213、R713 送至 CPU U700 作为主时钟。

⑤ 当逻辑部分获得供电及时钟信号、复位信号后,开始运行软件,软件运行通过后,CPU 开始送维持信号给 U900 维持整机供电,使手机维持开机。

其电路原理如图 5-2 所示。

3) 电源转换及 B+产生电路

V60 由主电池 V_{BATT} 或外接电源 EXT_B+提供电源,电源转换电路主要由 Q945 和 Q942 组成,其作用是由电源转换电路确定供电的路径,当机内电池和外接电源同时存在时,外接电源供电路径优先,其电路原理如图 5-3 所示。

当话机使用机内电池供电而没有加上外接电源时,机内电池内 J851(电池触片)1 脚送入 Q942 的 1、5、8 脚。由于 Q942 是一个 P 沟道的场效应管,4 脚为低电平时 Q942 导通,此时主电池给 Q942 的 2、3、6、7 脚提供 B+电压。

当话机接上外接电源时由底部接口 J850 的 3 脚送入 EXT_BATT(最大为 6.5 V),输入到 Q945 的 3 脚。Q945 是由 2 个 P 沟道的场效应管组成的,正常工作时,Q945 的 4 脚为低电平,

3 脚即与 5、6 脚导通产生 EXT_B+，并经过 CR940 送回 Q945 的 1 脚。由于 Q945 的 2 脚为低电平，所以其 1 脚便通过 7、8 脚向话机供出 B+，同时 EXT_B+ 也供到 U900 电源 IC，并通过 U900 置高 Q942 的 4 脚电平，使 Q942 截止，从而切断主电池向话机供电的路径。

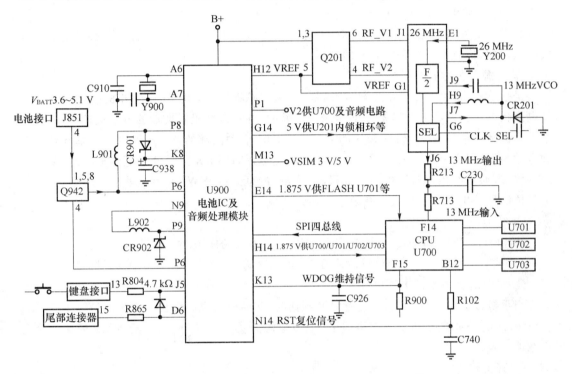

图 5-2　摩托罗拉 V60 型手机开机过程电路原理图

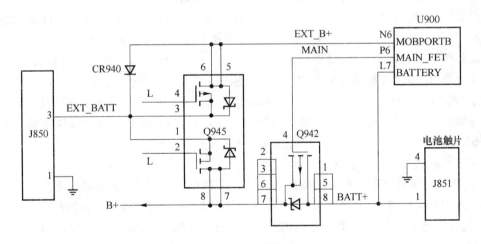

图 5-3　摩托罗拉 V60 型手机电源转换及 B+ 产生电路原理图

（2）诺基亚 3310 手机电源电路分析

1）开关机过程分析

手机可通过如下方式进行开机。

① 充电器开机

当充电器连接至手机时,只要电池电压超过 3.0 V,N201 模块就启动 N201 内的数字电压调节器。当工作电压稳定后,数字电路的复位信号被释放。给基准频率时钟电路提供电源的电压调节器也开始工作,N201 内数字电路部分的计数器会使复位信号保持 64 ms,以使 VXO 电路输出的时钟信号稳定。

当手机上安装的是一个空电池时,若充电器连接到手机,充电器会提供足够的电流给开机电路,但开机时间会有一段时间的延迟。

② 电源开关键开机

诺基亚 3310 手机是低电平触发开机。在关机状态下,N201 模块的开机触发端口处于高电平状态。当电源开关键被按下并保持足够的时间时,开机触发端的电平被拉低,一个低电平开机脉冲信号进入 N201 模块的 E4 脚。N201 启动内部的数字电路部分和基准频率时钟电源,就像用充电器开机一样。在 64 ms 的延迟后,PWRX 信号处于低电平状态,复位信号释放,启动基准频率时钟电源。如果在 64 ms 的延迟后,PWRX 不是处于低电平状态,则无复位信号输出,N201 模块切断数字电源。

③ 智能电池开机

智能电池(IBI)可以通过 BTEMP 信号线给一个 10 ms 的短脉冲来启动 N201 电路。当 N201 的 A5 脚的 PURX 复位信号释放时,如果 D300 的 B13 脚电平被拉低,D300 启动开机程序。

④ 实时时钟中断请求开机

当手机设置了闹钟功能,在设置时间到达时,实时时钟电路输出一个中断信号 INTER_RUPT,该信号被连接到复位信号线上,就像电源开关键被按下一样,给 N201 模块一个开机脉冲信号。

⑤ 开机流程

在关机状态下,当电源开关键被按下,并保持足够的时间时,从按键板板面上输出低电平开机触发信号。该信号是一个开机触发脉冲经 R224 到达 N201 模块的开机触发端(E4 端口)。N201 内的数字电压调节器被启动,输出逻辑电压 V_{BB} 等给逻辑电路。同时,N201 提供总复位信号到逻辑电路,使逻辑电路复位清零,N201 输出基准频率时钟电源,G502 电路开始工作,输出基准频率时钟信号,该信号经 N500 处理,V502 放大后送到 D300 模块。D300 收到 PURX 复位信号和时钟信号后,输出系统复位信号复位其他逻辑电路,并提供相应的时钟信号。D300 通过通信总线访问软件,若得到支持,D300 输出开机维持信号 CCONTCSX,使 N201 保持输出,完成开机过程。开机流程图如图 5-4 所示。

手机可通过如下方式进行关机。

① 通过电源开关键进行关机操作。开机后,CPU D300 的 F2 脚由低电平变为高电平,当再次按下开关机键时,通过 V414 将 D300 的 F2 脚由高电平拉低,当时间超过 64 ms 时,D300 就认为是关机请求信号,于是寻找并运行关机程序,D300 撤去送给电源 IC 的维持信号,使电源 IC 关闭各路输出电压,达到关机的目的。

② 电池电压低于工作电压的下限,或取走电池。

③ 使 N201 的开机维持信号(看门狗信号)消失,N201 将关闭所有电压调节器。

④ 通过设置实时时钟功能,让一个计时器控制关机。当设置时间到达时,实时时钟电路产生一个中断请求信号,该信号被送到开机信号电路,给 N201 一个关机脉冲信号,就像电源开关键被按下一样。

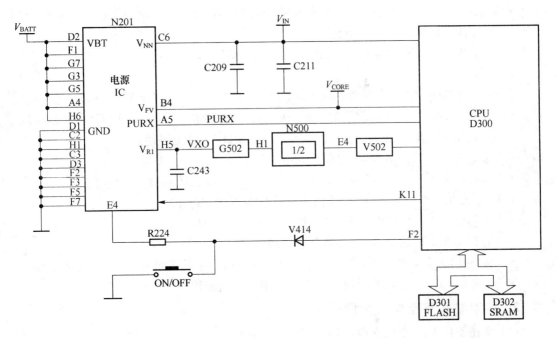

图 5-4　诺基亚 3310 手机开机流程图

2）供电电路分析

诺基亚 3310 型手机的整机供电主要由电源模块 N201 提供。N201 以片内稳压器为核心，并与外围电路组成升压电路，而且其内部集成了 A/D、D/A 转换器、SIM 卡接口电路，在 CPU D300 的控制下完成对整机供电的功能。电源模块供电电路如图 5-5 所示。

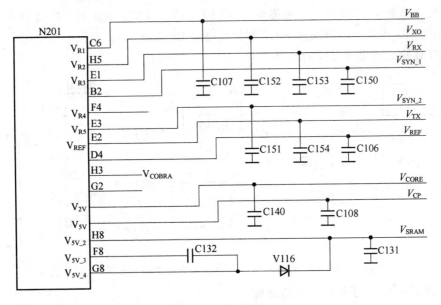

图 5-5　诺基亚 3310 手机电源模块供电电路

① 逻辑供电

手机的逻辑供电由电源模块 N201 提供两组电压，供逻辑部分使用。

- V_{BB}送出 2.8 V 的电压,主要供多模转换器(音频 IC)N100、CPU D300、存储器 D301、驱动接口模块 N400 使用。
- V_{CORE}送出 2.0 V 的电压,主要供 CPU D300 使用。

② 射频供电

手机射频部分的供电,由电源模块 N201 提供 8 组电压,其中 V_{RX}、V_{LNA}、V_{SYN_2}等供电均受到 CPU D300 的 SYNPWR 信号的控制。V_{TX}供电则受到 D300 的 TXPWR 信号的控制。

- V_{XO}送出 2.8 V 的电压,主要供 26 MHz、13 MHz 时钟电路使用。
- V_{RX}送出 2.8 V 的电压,主要供接收电路使用。
- V_{SYN_1}送出 2.8 V 的电压,主要供双工模块 N500 及接收高放电路使用。
- V_{CBBA}送出 2.8 V 的电压,主要供多模转换器 N100 使用。
- V_{SYN_2}送出 2.8 V 的电压,主要供双工模块 N500 使用。
- V_{TX}送出 2.8 V 的电压,主要供发射电路使用。
- V_{REF}送出 1.5 V 的电压,主要为双工模块 N500、多模转换器 N100 提供参考电压。
- V_{CP}送出 5.0 V 的电压,主要供 N500 及本振电路使用。

2. 移动终端充电电路案例分析

(1)摩托罗拉 V60 手机充电电路分析

V60 的充电电路主要由 Q932、U900 和 Q940 等组成,其电路原理如图 5-6 所示。当 V60 型手机插入充电器后,尾部连接器 J850 由第 3 脚将 EXT_BATT 送到 Q945,从 Q945 经过充电限流电阻 R918 送到充电电子开关管 Q932,当手机判别为是充电器后,U700 通过 SPI 总线向 U900 发出充电指令,使 Q932 导通,并通过 CR932 向电池充电。此充电电压经 BATTERY 被取样回 U900 内部,由 U900 判别充电电压后从 BATT_FDBK 脚向充电器发出指令,使充电器 EXT_B+电压始终高于 BATTERY 1.4 V。电池第 2 脚接 U700,用来识别电池的类型。电池第 3 脚通过 R925 和热敏电阻 R928 分压后,提供给 U900,并通过 SPI 总线由 CPU 完成对电池温度的检测。

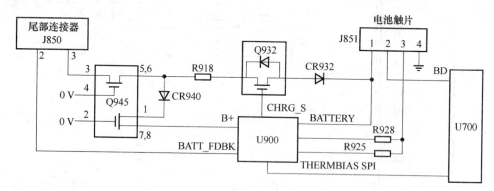

图 5-6　摩托罗拉 V60 型手机充电电路原理图

(2)诺基亚 3310 手机充电电路分析

诺基亚 3310 手机的充电控制电路如图 5-7 所示。

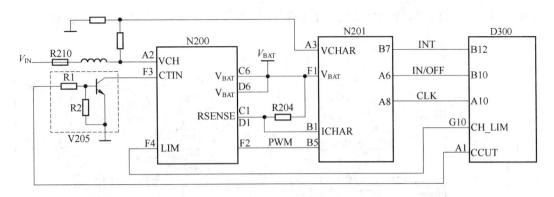

图 5-7 诺基亚 3310 手机的充电控制电路

该机充电电路主要由充电控制模块 N200、电源模块 N201 及 CPU D300 组成。当充电电源插入手机时,充电电压直接送到充电控制模块 N200 的 A2 脚,同时电源模块 N201 检测到充电电压已送入手机,它马上把此信号送到 CPU D300,然后 D300 送出控制信号到电源模块 N201,令其从 B5 脚(PWM)送出 1 Hz 的脉冲到充电控制模块 N200 的 F2 脚,让其内部的充电开关合上,从 C6、D6 脚送出充电电压,对电池进行充电。当 PWM 信号为高电平时,N200 内部的 SWITCH(充电开关)就合上,对电池进行充电;当 PWM 信号为低电平时,SWITCH 就处于分离状态,N200 则停止对电池充电。在充电的过程中,电源模块 N201 通过对电阻 R204 两端电压差的监视,以判断电池是否已经充满电。当 N201 判断电池已充满电时,它就会送出信号到 CPU D300,然后 D300 送出控制信号到电源模块 N201,让其停止送出 PWM 充电信号,从而令充电控制模块 N200 内的 SWITCH 分离,停止对电池进行充电。如果充电电压过高,会对手机造成危险。诺基亚 3310 型手机设有保护电路。手机开机后或在充电状态下,CPU D300 送出充电电压限幅控制信号(CH_LIM)到充电控制模块 N200 的 F4 脚。此信号用于检测充电电压是否过高,当充电电压过高时,会把此信号拉为低电平,被 CPU D300 检测到后,马上送出中断信号,通过开关管 V205,令 N200 内的充电开关分离,停止对电池的充电。

任务 2 移动终端接收和频率合成电路原理案例分析

[任务导入]

手机接收电路用来对基站发给手机的信号进行高频放大、下变频、中频放大、中频解调等。手机频率合成电路是用来产生可变化的本振频率,使得手机的接收和发射本振荡频率能跟随基站发射信号频率的变化而变化;或产生稳定的本振信号频率,用来进行接收中频解调或发射中频调制等。下面通过摩托罗拉 V60 手机和诺基亚 3310 手机来分析说明。

1. 摩托罗拉 V60 手机接收和频率合成电路分析

摩托罗拉 V60 型手机是一款三频中文手机,既可以工作在 GSM 900 MHz 频段,也可以工作在 DCS 1 800 MHz 和 PCS 1 900 MHz 频段上。具有"通用无线分组服务"(GPRS)功

能和"无线应用协议"(WAP)功能。它的接收机采用超外差下变频接收方式,如图 5-8
所示。

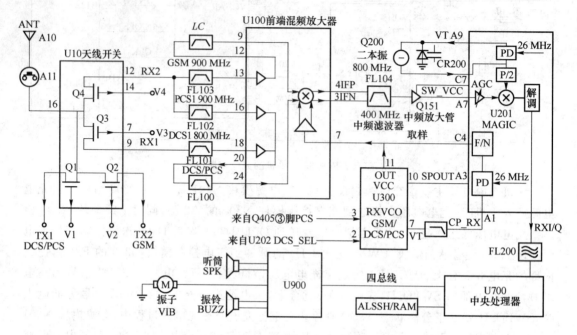

图 5-8　摩托罗拉 V60 型手机接收部分电路

　　从天线接收下来的信号从天线接口 A10 进入接收机电路,经过 A11 开关(外接天线接
口或射频转测试接口)进入频段转换及天线开关 U10 的第 16 脚,当 V4(2.75 V)为高电平
时,U10 内的 Q4 导通,开启 GSM/PCS 通道,经过 FL103、FL102 滤波后,进入前端混频放
大器 U100。当 V3(2.75 V)为高电平时,U10 内的 Q3 导通,从而开启 DCS 通道,经过
FL101 滤波后进入前端混频放大器 U100。GSM、DCS、PCS 不能同时工作,它们的转换由
三频切换电路控制。当手机工作在 GSM 时,高频的 935.2~959.8 MHz 信号在 U100 内经
多级低噪声放大器进行增益放大后和来自 RXVCO U300 的本振频率混频,产生 400 MHz
的差频频率后送中频电路进一步处理。当手机工作在 DCS 时,高频的 1 805.2~
1 884.8 MHz信号在 U100 内经多级低噪声放大器增益放大后和来自 RXVCO U300 的本
振频率混频,产生 400 MHz 的差频频率后和 GSM 共用后级电路。当手机工作在 PCS 时,
高频的 1 930.2~1 989.2 MHz 信号在 U100 内经过多级低噪声放大后和来自 RXVCO
U300 的本振频率混频,产生 400 MHz 的差频频率后也和 GSM、DCS 使用同一中频及音频
等电路。V60 的中频电路主要由 FL104(中心频率为 400 MHz)的滤波器、Q151 中频放大
管、U201 中频 IC 以及二本振电路组成。当一个 400 MHz 的中频信号经 FL104 和 Q151 进
入 U201 内,先进行放大,放大量由 U201 内部 AGC 电路调节,主要依据为接收信号的强
度。接收信号强,放大量降低;接收信号弱,放大量增加。对 RF 信号的解调是利用 RXV-
CO 二本振电路在 U201 内部完成,获得的 RXI、RXQ 信号通过数据总线传输给 CPU
U700,U700 对其进行解密、去交织、信道解码等数字处理后,送到 U900 再进行解码、放大
等,还原出模拟语音信号,一路推动听筒发声,一路供振铃,还有一路供振子。

（1）频段转换及天线开关 U10

V60 是一款三频手机，U10 将收发和频段间转换集成到一起，它的内部由 4 个场效应管组成，如图 5-9 所示。4 个场效应管分别由栅极 V1、V2、V3、V4 来控制它们的开启或关闭，当它们栅极控制电压为高电平时导通对应的通路。4 个场效应管中，V1 控制 U10 内的场效管 Q1，V2 控制 U10 内的场效管 Q2，V3 控制 U10 内场效应管 Q3，V4 控制 U10 内的场效管 Q4。而 Q1 的开启相当于允许 TXI（DCS 1 800 MHz 或 PCS 1 900 MHz）发射信号经过 U10 后送到天线发射；Q2 的开启相当于允许 TX2（GSM 900 MHz）发射信号经 U10 后送到天线发射；Q3 的开启相当于允许天线接收到的 RXI（DCS 1 800 MHz）信号送下一级接收电路；Q4 的开启相当于允许天线接收到的 RX2（GSM 900 MHz 或 PCS 1 900 MHz）信号送下一级接收电路。为了省电及抗干扰，V1、V2、V3、V4 均为跳变电压，V1、V2 为 0～5 V 脉冲电压，V3、V4 为 0～2.75 V 脉冲电压。

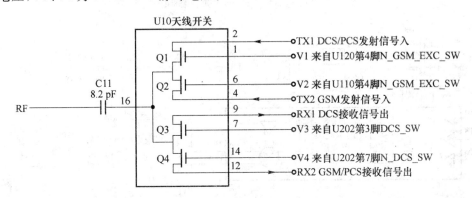

图 5-9　摩托罗拉 V60 型手机天线开关 U10

（2）高频滤波电路

当工作于 GSM 时，由频段转换及天线开关 U10 的 12 脚送来的 935.2～959.8 MHz 的高频信号经 C19、C24 等耦合进入带通滤波器 FL103，FL103 使 GSM 频段内 935.2～959.8 MHz 的信号都能通过，而带外的信号被衰减滤除。FL103 输出信号又经匹配网络（主要由 C106、L103、C107、L104、L106、C112 等组成），从 U100（高放/混频模块）的 LNA1 IN（13 脚）进入 U100 内的低噪声放大器（高放）。当工作于 PCS 时，由频段转换开关 U10 的 12 脚送来的 1 930.2～1 989.8 MHz 的高频信号经 C19、C22 等耦合进入带通滤波器 FL102。FL102 允许 PCS 频段内 1 930.2～1 989.8 MHz 的信号通过，将带外信号滤除。FL102 的输出信号经 C109 耦合，从 U100 的 LNA2 IN（16 脚）进入 U100 内的低噪声放大器（高放）。当工作于 DCS 时，由频段转换及天线开关 U10 的 9 脚送来的 1 805.2～1 879.8 MHz 的高频信号经 C21 耦合进入带通滤波器 FL101。FL101 允许 DCS 频段内 1 805.2～1 879.8 MHz 的信号通过，而将带外信号滤除。FL101 的输出信号经 C111 耦合，从 U100 的 LNA3 IN（18 脚）输入 U100 内部的低噪声放大器（高放）。高频滤波电路如图 5-10 所示。

（3）高放/混频模块 U100 及中频选频电路

V60 机型一改以往机型前端电路采用分立元件的做法，把高频放大器和混频器集成在一起，这显然是借鉴了其他机型的优点。U100 支持 3 个频段的低噪声放大和混频，U100 的电源为 RF_V2，其电路原理如图 5-11 所示。

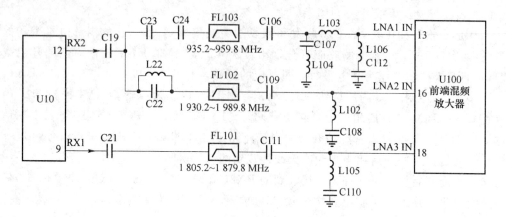

图 5-10　摩托罗拉 V60 型手机高频滤波电路图

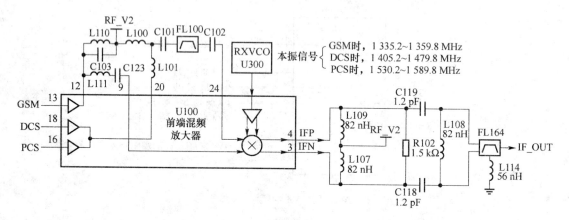

图 5-11　摩托罗拉 V60 型手机接收高放/混频模块 U100 及中频选频电路

当手机工作于 GSM 频段时,由 U100 的 13 脚输入 935.2～959.8 MHz 的信号,经 U100 内部的多级低噪声放大器放大后,从 12 脚输出,经过 L111、C123 谐振,又从 9 脚返回 U100。该信号与来自 RXVCO U300 的一本振频率(1 335.2～1 359.8 MHz)进行混频。当手机工作于 PCS 或 DCS 频段时,分别由 U100 的 16、18 脚输入 1 930.2～1 989.8 MHz 的信号和 1 805.2～1 879.8 MHz 的信号,经 U100 内部的多级低噪声放大器分别放大后走同一路径,从 20 脚输出,经 FL100 等元件选频、滤波后,从 24 脚返回 U100。PCS 信号与来自 RXVCO U300 产生的一本振频率 1 530.2～1 589.8 MHz 进行混频;DCS 信号与来自 RXVCO U300 产生的一本振频率 1405.2～1479.8 MHz 进行混频。从 GSM、DCS 或 PCS 通道送来的 RF 信号,分别从 U100 的 9 脚和 20 脚进入 U100 内部混频器与一本振混频,产生一对相位差为 180°的 IFP、IFN 中频信号(400 MHz),双平衡输出进入平衡不平衡变换电路,经中心频率为 400 MHz 的中频滤波器 FL104 转变为一路不平衡信号。前边的双平衡输出的目的是为了消除不必要的 RF 和本振寄生信号,后边转变为不平衡是为了方便中频放大管的工作。

(4)中频放大电路与中频双工模块 U201

中频放大器隔离混频器输出(FL104)与中频双工模块 U201,同时提供部分增益,Q151 是 V60 手机中频放大器的核心,Q151 的偏置电压 SW_VCC 来自 U201,由 RF_V2 在 U201 内部转换产生,R104 和 R105 分别是 Q151 的上偏置电阻和下偏置电阻,用来开启 Q151 的直流通道，C124 和 C126 是允许交流性质的 IF 400 MHz 通过,隔绝 SW_VCC 电压进入 U201 和 FL104,如图 5-12 所示。FL104 输出的中频信号经 C124 耦合到 Q151(b 极),放大后由 C126、C128 耦合到 U201 的 PRE IN(A7 脚)。400 MHz 的中频信号在 U201 内进行适当的增益,增益量由 AGC 电路根据接收信号的强弱来决定。接收信号越弱,所需增益量就越大;接收信号越强,所需增益量越小。再经过与接收二本振产生的 800 MHz 信号进行混频,实现对 RX 信号的解调,获得 RXI、RXQ 信号,通过串行数据总线传输给音频逻辑部分进行数字信号处理。

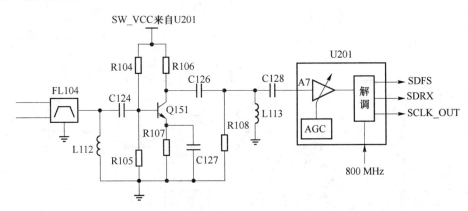

图 5-12 摩托罗拉 V60 型手机接收中频放大电路与中频双工模块 U201

（5）频率合成及三频切换电路

频率合成器

V60 的频率合成器专为话机提供高精度的频率,它采用锁相环 PLL 技术,主要由接收一本振、接收二本振和发射 TXVCO 等组成。其电路原理如图 5-13 所示。

1）接收一本振 RXVCO U300 与发射 TXVCO U350

由于 V60 手机的接收一本振 RXVCO 和发射 TXVCO 环路共用 U201 内部的一组鉴相器和反馈回路,即 VCO 输出频率取样和压控输出使用同一锁相环系统,所以使 V60 手机的频率合成器显得更简化。

V60 手机一本振电路是一个锁相频率合成器,RXVCO(U300)输出的本振信号从 11 脚经过 L214、C214 等进入中频 IC(U201)内部,经过内部分频后与 26 MHz 参考频率源在鉴相器中进行鉴相,输出误差电压经充电泵 Charge-Pump 后从 CP_RX 脚输出,控制 RXVCO 的振荡频率。该压控电路 CP_RX 越高,RXVCO（U300）的振荡产生频率越高,反之越低。其电路原理如图 5-14 所示。

发射 TXVCO U350 的 3 脚 VT 为内部压控振荡器的控制脚,该脚电压越高,6 脚产生的 TX_OUT 的频率也相应越高,反之越低。当温度或其他原因导致 TX_OUT 变化时,V60 通过 R353 把该改变反应给 U201 内部。首先经过分频,然后与已经经过基站校准的基准频率 26 MHz 进行鉴相,把鉴相后误差的结果由 U201 的 B1 脚输出来(即 CP_TX),再对 TXVCO 的 3 脚进行调整,进而调整了 TXVCO U350 的输出射频信号,使之符合基站的要求。其电路原理如图 5-15 所示。

U201 内部分频器的工作电源是 RF_V2,鉴相器、充电泵的工作电压是 5 V;RXVCO U300 与发射 TXVCO U350 的工作电源是 SF_OUT,它们的控制信号来自 Q402、Q351 和 U201。

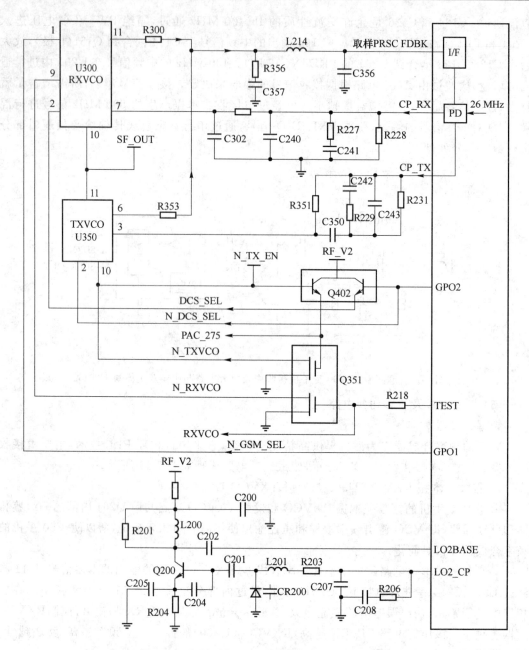

图 5-13　摩托罗拉 V60 型手机频率合成器电路图

2）接收二本振电路

V60 手机的 800 MHz 频率二本振产生电路是以 Q200 为中心的经过改进的考比兹振荡器，R206、C208 和 C207 则构成环路滤波器。分频鉴相器是在 U201 内完成的，RF_V2 是 Q200 的工作电源，分频器件和鉴相器的工作电源由 5 V 和 RF_V1 提供。

当振荡器满足启振的振幅、相位等条件时，Q200 产生振荡，并经 C204 取样反馈回 Q200 反复进行放大形成正反馈的系统，直至振荡器由线性过渡到非线性工作状态达到平衡后，由 C202 耦合至 U201 内部。其中一路经二分频去解调 IF 400 MHz 中频信号，另外一路与基准频率 26 MHz 鉴相后,U201 输出误差电压,经环路滤波器滤除高频分量,经过改变变容二极管 CR200 的容量,来控制二本振产生精准的 800 MHz 频率供话机使用。其电路原理如图 5-16 所示。

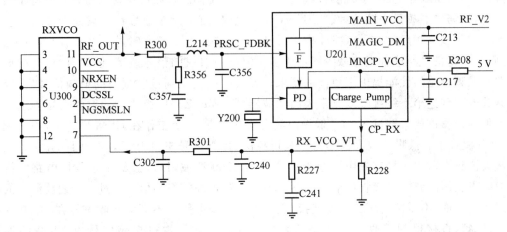

图 5-14 摩托罗拉 V60 型手机接收一本振电路原理图

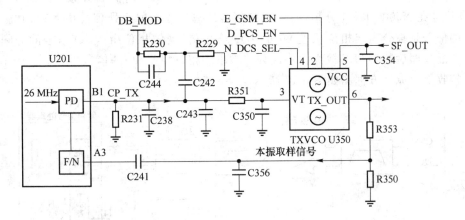

图 5-15 摩托罗拉 V60 型手机发射 TXVCO 电路原理图

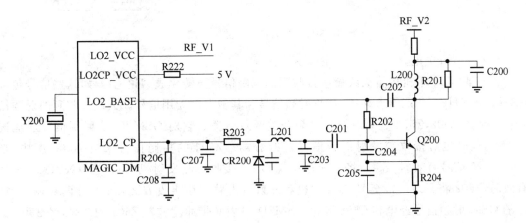

图 5-16 摩托罗拉 V60 型手机接收二本振电路原理图

2. 诺基亚 3310 手机接收和频率合成电路分析

在诺基亚 3310 手机之前,诺基亚手机(如诺基亚 5110、3210 等)的接收机是一个超外差变频接收机,诺基亚 3310 手机的接收机是一个直接转换的双频线性接收机。它没有了接收第一混频、第二混频及中频处理、VHF VCO 等电路,而是射频信号在射频处理模块内直接与 SHF VCO 分频后的信号(GSM 模式时进行 4 分频,DCS 模式时进行 2 分频)进行混合,得到 RXI/Q 信号。这种电路减少了由于多次混频而造成的信号衰减,但同时,对高频放大电路及混频电路的性能提出了更高的要求。天线感应接收到接收频段的射频信号后,经天线开关电路到达第一级接收双频声表面滤波器(SAWF)Z501,经滤波的射频信号再进入分立元件的低噪声放大器(LNA)。低噪声放大器有两个,一个工作在 GSM 模式下,一个工作在 DCS 模式下。低噪声放大器的增益是可控的,控制信号来自射频处理电路 N500。低噪声放大器放大后的信号首先由一个带通滤波器 Z500 滤波,该滤波器是接收机电路中第二个双频声表面滤波器。接收带通滤波器拒绝接收频带外的射频信号通过。带通滤波后的信号经一个平衡/不平衡变压器电路变换,送入射频处理电路。不同的接收信号在 N500 内被放大、混频,直接得到接收基带频率信号(67.707 kHz)。本机振荡信号由 N500 的外接VCO 电路 G500 产生。在 DCS 模式下,VCO 信号在 N500 内被 2 分频;在 GSM 模式下,VCO 信号在 N500 内被 4 分频,PLL 和分频器都被集成在射频处理模块 N500 内。混频器输出的信号是被分离成相位相差 90°的 I/Q 信号,精确的相位由 VCO 信号的分频器来完成。在混频器后的 DTDS 放大器将混频器输出的相位相差 90°的信号转化为一个单一的信号。接收部分原理方框图如图 5-17 所示。

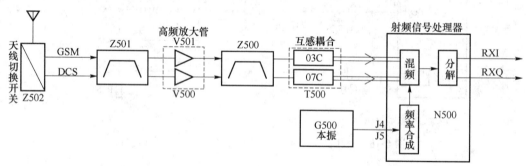

图 5-17 接收部分电路方框图

(1) 天线开关电路

诺基亚 3310 手机内置天线感应接收到的电磁信号被转化成高频电信号,这些信号包含GSM 900 MHz/DCS 1 800 MHz 接收射频信号和其他一些无用信号。天线接收到的射频信号首先到达 Z502,Z502 是一个包含射频开关的双讯器。它对 GSM/DCS 射频信号通道进行切换,同时也对接收与发射射频信号进行分离。Z502 的控制信号来自 N500 模块、当TXVGSM 信号有效时,Z502 将天线连接至 GSM 接收机和发射机电路;当 TXVDCS 信号有效时,Z502 将天线连接至 DCS 接收机和发射机电路。在接收方面,Z502 分两路输出,输出的 GSM 射频信号经电容 C556 到达 GSM/DCS 射频带通滤波器 Z501 的 7 脚,经 Z501 滤波后的 GSM 射频信号从 Z501 的 1 脚输出,经电容 C545 和 C541 进入 GSM 低噪声放大器V501 电路。输出的 DCS 射频信号经电容 C547 到达 GSM/DCS 射频带通滤波器 Z501 的 5

脚。经 Z501 滤波后的 DCS 射频信号从 Z501 的 3 脚输出,经电容 C510 和 C525 进入 DCS 低噪声放大器 V500 电路。诺基亚 3310 手机天线开关电路如图 5-18 所示。

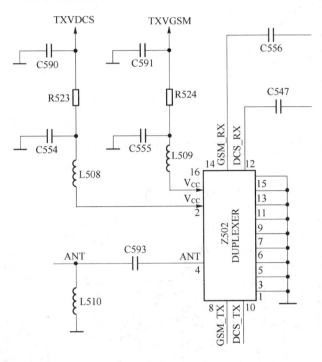

图 5-18　诺基亚 3310 手机天线开关电路

(2) 低噪声放大器

低噪声放大电路将天线电路送来的微弱的射频信号进行放大。低噪声放大电路由两个独立的 LNA 组成,一个低噪声放大器用于 GSM 900 MHz 接收射频信号的放大,另一个用于 DCS 1 800 MHz 接收射频信号的放大。GSM 的低噪声放大电路由 V501 电路构成。V501 是一个复合器件,它将诺基亚 8850、诺基亚 8210 中的低噪声放大管和偏压控制电路集成在一起,V501 的工作电源来自 N500。N500 的 B2 端口输出 V501 的偏压,经电阻 R514 到 V501 的 3 脚,通过 V501 内的偏压电路控制低噪声放大器的增益。N500 的 C1 端口输出 V501 的工作电压,经电阻 R508、L506 到 V501 的 4 脚。V501 放大后的射频信号从 V501 的 4 脚输出,经电容 C537、C534 到射频滤波器 Z500。在待机状态下,用示波器可在 V501 的 3 脚检测到脉冲信号,该信号是 D300 电路通过串行总线控制 N500 在接收机工作的 TDMA 时隙输出,当天线接收到的射频信号在 −43 dB 左右时,AGC 启动,N500 模块输出 AGC 控制电压。GSM 低噪声放大电路如图 5-19 所示。

DCS 的低噪声放大电路由 V500 电路构成。V500 也是一个复合电路,它将低噪声放大器和低噪声放大器偏压电路集成在一起,N500 的 C4 端口输出 DCS 低噪声放大器的偏压,经电阻 R513 到达 V500 的 8 脚。V500 的工作电源则由 N500 的 D2 端口提供,经电阻 R506 到达 V500 的 4 脚。DCS 射频信号经电容 C510、C525 到达 V500 的 1 脚,放大后的射频信号从 V500 的 6 脚输出到射频滤波器 Z500。DCS 低噪声放大电路如图 5-20 所示。GSM 和 DCS 低噪声放大器输出的射频信号首先经 Z500 滤波,然后被送到平衡/不平衡变换电路。

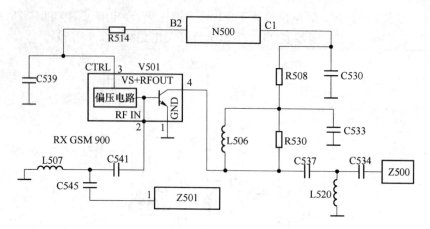

图 5-19 GSM 低噪声放大电路

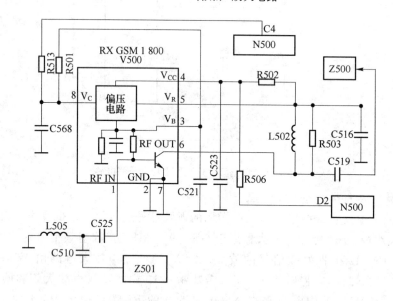

图 5-20 DCS 低噪声放大电路

（3）平衡/不平衡转换电路

不论是 GSM 射频信号，还是 DCS 射频信号，经低噪声放大器放大后，射频信号被送到平衡/不平衡变换器中。这个变换电路由 T500 和 T501 构成。T501 提供 GSM 射频信号的平衡/不平衡变换；T500 提供 DCS 射频信号的平衡/不平衡变换。T500、T501 是将射频信号进行移相，分别得到 GSM、DCS 的相位相差 90°的信号，以用于混频电路，得到接收 I 和 Q 信号。图 5-21 是平衡/不平衡变换电路。

（4）混频电路

经 T500 或 T501 移相处理的射频信号送入 N500 电路，GSM 射频信号送到 N500 的 C9、B9 端口；DCS 射频信号送到 N500 的 A8、A9 端口，该信号在 N500 内首先经一个放大器进行放大，然后被送到一个混频电路。与以前的一些 GSM 手机的混频器不同的是，该混频器并不输出中频信号，而是直接输出 RXI 和 RXQ 信号。所以诺基亚 3310 手机接收机被称为直接变换的线性接收机。这个混频器所使用的本机振荡信号来自 N500 的一个外接 VCO 电路。这个 VCO 电路产生的信号被称为 SHF VCO 信号。当接收机工作在 GSM 模

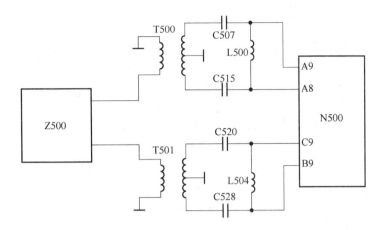

图 5-21　平衡/不平衡变换电路

式下时,SHF VCO 信号被 4 分频,分频后得到的信号在 N500 中的混频电路中,与 GSM 射频信号混合,得到接收的 I、Q 信号;当接收机工作在 DCS 模式下时,SHF VCO 信号被 2 分频,分频后得到的信号在 N500 中的混频电路中,与 DCS 射频信号混合,得到接收的 I、Q 信号。混频器输出的 RXI/Q 信号由一个被称为 DTOS 的放大器将 RXI 和 RXQ 信号转换成一个单一的信号。DTOS 放大器有两级,第一级放大器是一个增益固定的放大器,提供约 12 dB 的增益;第二级放大器受信号控制,在两个放大器之间,有一个信道滤波器。这个滤波器提高接收机的邻近信道的选择性。接收混频电路如图 5-22 所示。

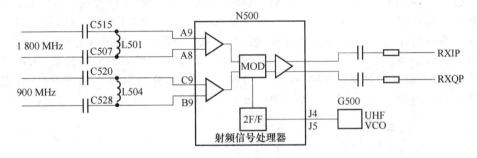

图 5-22　接收混频电路

(5) SHF VCO 频率合成器

诺基亚 3310 手机接收电路的本机振荡信号来自 SHF VCO 频率合成电路。SHF VCO 电路 G500 的工作电源来自电源模块 N201 输出的 VSYN_1 电源。整个频率合成电路由 G502 和 N500 内的部分电路构成。VCO 频率通过一个锁相环路锁定在一个高稳定度的频率上,这个频率就是基准频率时钟。基准频率时钟由一个 VCTCXO 模组(G502)产生,VCTCXO 是一个温补压控晶体振荡器,它工作在 26 MHz 的频点上。温度或其他外界因素对频率影响是通过自动频率控制信号 AFC 来完成校正的。在 AFC 电压的控制下,VCTCXO 锁定在基站系统的时钟频率上。AFC 电压是由 N100 模块内的一个 11 bit 的 D/A 转换电路提供。基准频率时钟电路如图 5-23 所示。

G502 产生的 26 MHz 信号经电容 C546 到 N500 模块,在 N500 中,26 MHz 的信号经处理,一路到频率合成电路作参考信号;另一路信号从 N500 输出,经 V502 电路放大后,送到逻辑电路 D300 作逻辑时钟信号。频率合成中的 PLL 被集成在射频处理模块中,频率合成由 N100 输出的频率合成数据信号进行控制,控制信号是经串行总线到达 N500 的。诺基亚

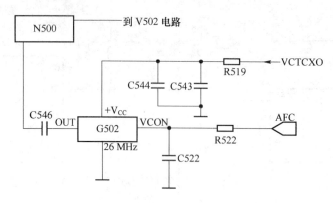

图 5-23　基准频率时钟电路

3310 手机中的接收射频 VCO 信号被称为 SHF 信号,SHF 信号由一个 VCO 组件产生,VCO 输出的信号被用做接收混频器的本机振荡信号,用于发射上变频器的本机振荡信号。它还输出一路到分频器中进行分频。分频器输出的信号则送到鉴相器。在鉴相器中,该信号与 200 kHz 的参考信号进行比较。参考信号是由 26 MHz 的基准频率时钟信号分频得到。鉴相器对 2 个信号进行比较,得到相差电压信号。由于 PLL 环路中的鉴相器是数字鉴相器,它有 2 个输出端口,但其所控制的电路(VCO)却只有一个控制端口。在鉴相器与环路滤波器之间,加入了一个泵电路,它将 2 个信号的变换转化为一个信号的变化,泵电路输出的是一个脉动直流电压。环路滤波器又称低通滤波器,它滤除鉴相器输出信号中的高频成分,提高整个环路的稳定性,逻辑电路通过串行总线对分频器进行控制。SDATA 信号线提供频率合成数据,SCLK 是频率合成时钟,SYNEN 是频率合成启动控制信号。逻辑电路通过对分频器进行编程,来完成信道切换的控制。锁相环路中的鉴相器由 4.8 V 的 VCP 电源供电。本机振荡信号由 SHF VCO 模组产生,VCO 模组在控制信号的控制下,可工作在双频模式下,该信号在射频处理模块内被 2 分频或 4 分频,分别为 DCS 通道或 GSM 通道提供信号。图 5-24 所示的是 SHF VCO 频率合成的方框图。

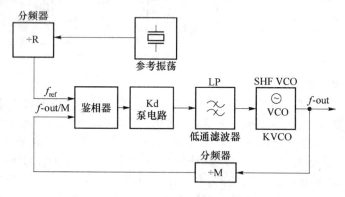

图 5-24　频率合成器方框图

图 5-25 所示的是频率合成器电路图。当频率合成电路工作在 GSM 模式下时,VCO 电路输出 3 700~3 840 MHz 的信号;当频率合成电路工作在 DCS 模式下时,VCO 电路输出 3 610~3 760 MHz 的信号。假如手机工作在 GSM 的 60 信道上,则 G500 电路输出 3 788 MHz 的 VCO 信号。3 788 MHz 的信号经 R526 匹配输出,再经 T502 耦合到 N500 电路。在 N500 内,3 788 MHz 的信号被 4 分频,得到 947 MHz 的本机振荡信号。

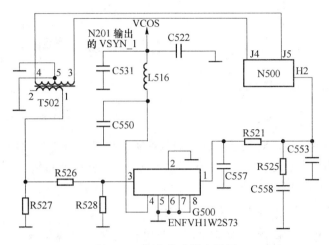

图 5-25　频率合成器电路图

该信号在 N500 内与 947 MHz 的 GSM 接收射频信号混频,得到 RXI/Q 信号。假如手机工作在 DCS 的 700 信道上,则 G500 电路输出 3 685.6 MHz 的 VCO 信号。3 685.6 MHz 的信号经 R526 匹配输出,再经 T502 耦合到 N500 电路。在 N500 内,3 685.6 MHz 的信号被 2 分频,得到 1 842.8 MHz 的本机振荡信号。该信号在 N500 内与 1 842.8 MHz 的 DCS 接收射频信号混频,得到 RXI/Q 信号。在 G500 输出端的 R526～R528 构成一个电阻匹配网络,提供 G500 与 T502 之间的阻抗匹配。SHF VCO 电路产生的信号既用于接收机电路,又用于发射机电路。当手机工作在 GSM 的发射机状态下时,G500 输出 3 520～3 660 MHz 的信号,该信号在 N500 内被 4 分频,得到 880～915 MHz 的 GSM 发射 I、Q 调制器的载波;当手机工作在 DCS 的发射机工作状态时,G500 输出 3 420～3 570 MHz 的信号。该信号在 N500 内被 2 分频,得到 1 710～1 785 MHz 的发射 I、Q 调制器的载波信号。

（6）RXI/Q 解调电路

在 N500 内,经 DTOS 放大器放大后的信号在 N500 内又被转换分离成相位相差 90°的 RXI 和 RXQ 信号,从 N500 输出到逻辑音频电路。RXI/Q 信号经电阻 R504 到达语音处理电路 N100,R504 是一个双电阻器件。图 5-26 是 RXI/Q 解调电路图。

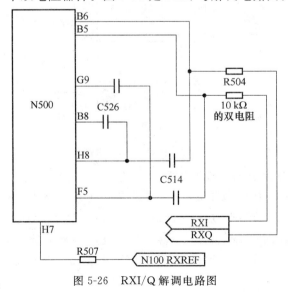

图 5-26　RXI/Q 解调电路图

任务 3　移动终端发射电路原理案例分析

[任务导入]

手机发射电路主要用来对数字调制后的数字基带信号进行中频调制、发射射频调制、功率预放大、功率放大、发射滤波、功率采样和功率控制等,下面通过摩托罗拉 V60 手机和诺基亚 3310 手机来分析说明。

1. 摩托罗拉 V60 手机发射部分电路分析

发射的音频信号通过机内送话器或外部免提话筒,产生的模拟话音信号经 PCM 编码后,通过 CPU 形成 TXMOD 信号进入 U201 内部进行发射中频调制等,并经发射中频锁相环输出调谐电压(VT)去控制 TXVCO(U350)产生适合基站要求的带有用户信息的频率,又经过 Q530 发信前置放大管给功放提供相匹配的输入信号。发射部分电路原理方框图如图 5-27 所示。

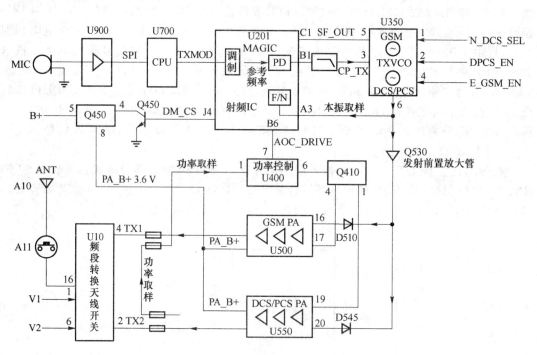

图 5-27　摩托罗拉 V60 型手机发射部分电路原理图

其中 U350 TXVCO 内部有两个振荡器,一个专用于 GSM 频段以产生 890.2～914.8 MHz 的频率,一个专用于 DCS/PCS 频段以产生 1 710.2～1 909.8 MHz。V60 的末级功放共有两个,一个专用于 GSM 频段,一个专用于 DCS/PCS 频段。它们不能通用,但工作原理相同,供电由 PA_B+提供,功率控制 U400 负责对功放输出的频率信号采样,并和自动功率控制信号 AOC_DRIVE 比较后,产生功控信号分别调整 GSM 功放 U500 和 DCS/PCS 功放

U550 的发射输出信号的功率值后经天线开关,由天线发射送至基站。

(1) 发信前置放大电路

TXVCO 产生的已调模拟调制信号虽然在时间和频率精度上符合基站的要求,但发射功率还差很多。为了给末级功放提供一个合适的输入匹配,V60 设有前置放大电路,如图 5-28 所示。该电路是以 Q530 为核心的典型的共射极放大器,由 EXC_EN 为其提供偏置电压。

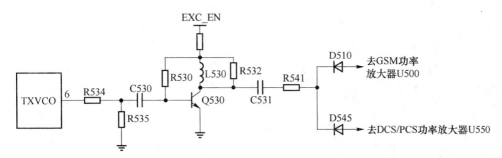

图 5-28　摩托罗拉 V60 型手机发信前置放大电路原理图

(2) 末级功率放大器及功率控制电路

1) GSM PA U500

GSM PA 末级功率放大器内三级放大,由 PA_B＋分别通过电感式微带线给各级放大器提供偏置电压。当 GSM 时,由 U500 的 16 脚输入,通过三级放大后由 6、7、8、9 脚送出,每级放大器的放大量由 U400 功率控制通过 Q410 提供,13 脚为 U500 工作使能信号(当 GSM 时为高电平)。其电路原理如图 5-29 所示。

功控信号产生过程为,由微带互感线对末级功放输出信号取样后,输入给功率控制 IC U400,U400 通过对该取样信号的分析与来自 U201 的自动功率控制信号进行比较后,从 6 脚输出功控信号,再经频段转换开关 Q410 给 GSM 或 DCS/PCS 末级功放送出功率控制。其中功率控制 U400 的 14 脚为其工作电源,9、10 脚为功控 IC 工作的使能信号。

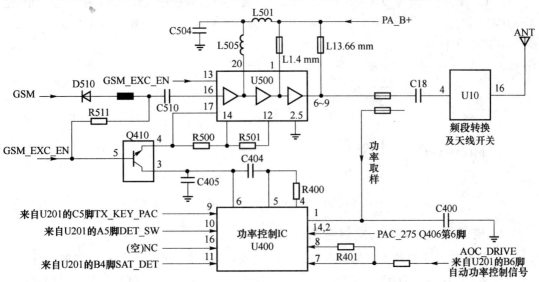

图 5-29　摩托罗拉 V60 型手机 GSM 频段末级功放及功控电路原理图

2）DCS/PCS PA U500

如图 5-30 所示，DCS/PCS PA 末级功率放大器 U550 内共三级放大，每级放大器的供电由 PA_B+ 通过电感或微带线提供。当 DCS/PCS 时，由 U550 的 20 脚输入高频发信信号，经过内部三级放大后，从 7、8、9、10 脚输出给天线部分。每级放大器的放大量由功率控制 U400 通过 Q410 提供。3 脚为 U550 工作使能，当 DCS/PCS 时为高电平，U550 有效。

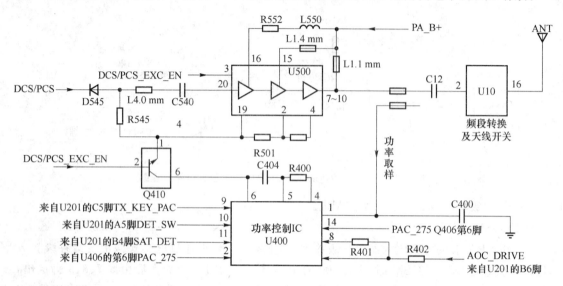

图 5-30　摩托罗拉 V60 型手机 DCS/PCS 频段末级功放及功控电路原理图

（3）功放供电 PA_B+ 产生电路

V60 末级功率放大电路供电 PA_B+ 首先由 B+ 供到 Q450 的 7、6、3、2 脚，Q450 的 1、5、8 脚为输出脚。当 Q450 的 4 脚为高电平时，Q450 的 1、5、8 脚无电压；当 Q450 的 4 脚为低电平时，接通 Q450，即 Q450 的 4 脚为控制脚，7、6、3、2 脚为输入脚，1、5、8 脚为输出脚。当来自 U201 的 J4 脚的 DM_CS 为高电平时，导通 Q451，即通过 Q451 的 c 极（e 极接地）把 Q450 的 4 脚电平拉低，此时 Q450 导通，1、5、8 脚有 PA_B+ 3.6 V 给末级功放供电。其电路原理如图 5-31 所示。

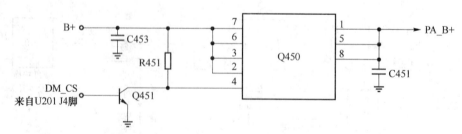

图 5-31　摩托罗拉 V60 型手机功放供电 PA_B+ 产生电路原理图

2. 诺基亚 3310 手机发射电路分析

诺基亚 3310 手机的发射机电路与其他的诺基亚 GSM 手机的发射机电路的差异主要在于去掉了以往的 TXI/Q 调制器和发射上变频器。TXI/Q 信号不再是先对发射中频信号进行调制，得到的发射中频信号与 UHF VCO 信号在发射上变频器中混频，在诺基亚 3310

发射机电路中得到最终发射信号,而是逻辑音频电路输出的 TXI/Q 信号直接对 SHF VCO 分频后的信号进行调制,得到最终发射信号。

发射机电路包含最终发射频率 I/Q 调制器、双频功率放大器和一个功率控制环路。发射的 I 和 Q 信号由基带电路中的 N100 产生。TXI/Q 信号经一个 *RC* 滤波网络滤波后,进入 N500 模块中的 I/Q 调制器。用于 I/Q 调制的本机振荡信号来自 SHF VCO 电路 (G500),G500 输出的信号在 N500 内进行不同的处理。当发射机工作在 GSM 模式下时, SHF VCO 信号被 4 分频,得到 GSM 的最终发射信号;当发射机工作在 DCS 1 800 MHz 模式下时,SHF VCO 信号在 N500 内被 2 分频,得到 DCS 最终发射频率信号。发射 I/Q 调制器输出的 GSM 发射信号在 N500 中经过一个缓冲放大电路放大,这个缓冲放大器是独立的,而 I/Q 调制器输出的 DCS 发射信号则由 T503 转换后直接接到功率放大器。N500 输出的发射信号是相位相差 90°的两个信号,这些信号经一个平衡/不平衡变换器件,转化成一个单一的发射信号。在 GSM 通道,信号到达驱动放大器前,经一个声表面滤波器 Z503 滤波。这个滤波器削弱一些无用信号及 N500 输出的多种频率的噪声信号。功率放大器是一个可以工作在 GSM 和 DCS 双频模式的放大器。它有两个阻抗为 50 Ω 的输入端和两个 50 Ω 的输出端;它还有一个功率控制端,控制信号来自射频模块 N500。非线性功率放大器所产生的杂散信号由天线开关模组中的双工滤波器滤除,以防止对其他电器设备造成干扰。功率控制电路包含一个分立元件的功率检测电路(GSM/DCS 共用)和 N500 内的一个误差放大器。在功率放大器与天线开关之间有一个定向耦合器,该定向耦合器是一个双频耦合器,它按一定的比例取一部分发射射频信号作功率控制的取样信号。该信号首先经一个肖特基二极管进行高频整流,经滤波后得到一个反映发射功率大小的直流电平。该电平在 N500 的一个电压比较器中与发射功率控制参考电平 TXC 进行比较,得到功率控制信号, 从 N500 输出后,控制功率放大器的输出。

（1）TXI/Q 调制电路

模拟话音信号进入 N100 电路后,首先进行前置放大。放大后的话音电信号首先在 N100 模块中的 PCM 编码器中进行 A/D 转换,得到数字语音信号,该信号在逻辑音频电路中(N100 和 D300)进行加密、脉冲格式化、信道编码、GMSK 调制和 TXI/Q 分离等处理,得到 TXI/Q 信号,从 N100 输出。输出的 TXI/Q 信号经一个 *RC* 网络进入 N500 电路, TXI/Q 信号被送到 N500 内的 TXI/Q 调制器。但这个调制器与早期 GSM 手机的 I/Q 调制器不同的是,早期 GSM 手机中的 I/Q 调制器的载波是发射中频信号,而诺基亚 3310 手机电路中的 I/Q 调制器所使用的载波信号则直接是发射频率。

（2）平衡/不平衡变换电路

I/Q 调制器输出的射频信号在 N500 内经缓冲放大后,GSM 的发射信号从 N500 的 A1、B1 端口输出,再经 T504 进行平衡/不平衡变换,将 N500 输出的两个相位相差 90°的 GSM 射频信号综合成一个单一的 GSM 射频信号,该信号再由 Z503 滤波,然后到达 V601。 DCS 的发射信号从 N500 的 A2、A3 端口输出,再经 T503 进行平衡/不平衡变换,将 N500 输出的两个相位相差 90°的 DCS 射频信号综合成一个单一的 DCS 射频信号,然后到达功率放大器 N502。平衡/不平衡变换电路如图 5-32 所示。

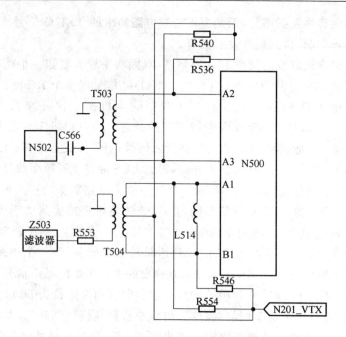

图 5-32　平衡/不平衡变换电路

（3）GSM 发射驱动放大器

在诺基亚 3310 功放电路中，GSM 通道使用了驱动放大器。该放大器由 V601、V602 电路构成，如图 5-33 所示。

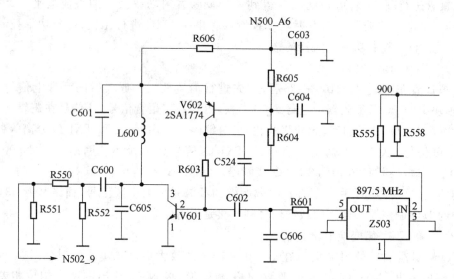

图 5-33　GSM 发射驱动放大器

由 Z503 滤波后的 GSM 发射射频信号经 R601、C602 到驱动放大器 V601 的基极。V602 构成 V601 的偏压电路。偏压源由 N500 模块的 A6 端口提供，N500 的 A6 端口输出的电源经 R606、L600 给 V601 的集电极供电。经 R606、V602 的 c、e 极和 R603 给 V601 的基极提供偏压。V602 电路有自动增益控制的作用。与 GSM 通道不同的是，DCS 发射通道没有驱动放大器。N500 输出的 DCS 发射射频信号经 T503 转换后，直接送入功率放大器电路。

（4）功率放大电路

功率放大电路由功率放大器组件 N502 提供，N502 既可以工作在 GSM 频段下，又可以工作在 DCS 频段下，功率放大电路如图 5-34 所示。驱动放大器 V601 输出的 GSM 发射信号经阻抗匹配电阻 R550 输入 N502 的 9 脚，DCS 发射射频信号则送入 N502 的 12 脚。N500 的其余各端口功能如下：1 脚是接地端；2 脚是空脚；3 脚是 DCS 发射射频输出端；4 脚和 5 脚是功率放大器的电源端口，工作电源直接由电池提供；6 脚是 GSM 发射射频输出端；10 脚是 GSM 功率放大器的控制端；11 脚是 DCS 功率放大器的控制端。

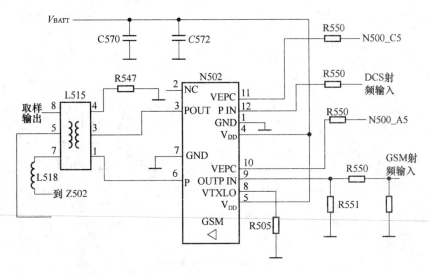

图 5-34　功率放大电路

（5）功率控制电路

在手机电路中，任何一个完整的功率放大器都包含功率控制环路。功率控制环路又包含功率检测、误差电压比较等电路。诺基亚 3310 手机的功率控制电路方框图如图 5-35 所示。

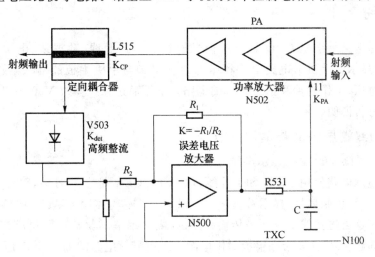

图 5-35　功率控制电路

功率放大器 N502 输出的信号经定向耦合器 L515 按比例取一部分射频信号作为功率控制的取样信号。该信号经电容 C581 耦合到达 V503 电路。V503 对射频信号进行高频整流,滤波后得到一个反映发射功率大小的直流电平。这个电平信号在 N500 电路中与来自 N100 电路的发射功率控制参考电平信号进行比较,从 N500 的 A5、C5 端输出控制信号,经 R531 到达 N502 的 11 脚,控制 N502 的 DCS 射频输出;经 R532 到 N502 的 9 脚,控制 N502 的 GSM 射频输出。功率检测电路如图 5-36 所示。

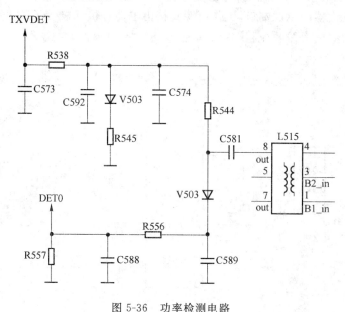

图 5-36　功率检测电路

任务 4　移动终端显示电路/卡电路原理案例分析

[任务导入]

手机显示电路是手机 CPU 将显示信号通过显示控制线、数据线、电源线等加到显示屏,从而得到显示。手机卡电路是手机卡通过各引脚与手机主板的 CPU 或电源处理芯片进行加工作电压、工作时钟和信号交换的电路。下面通过摩托罗拉 V60 手机和诺基亚 3310 手机电路来分析说明。

1. 移动终端显示电路案例分析

(1) 摩托罗拉 V60 手机显示电路分析

V60 的显示电路使用了 BB_SPI 总线,BB_SPI_CLK 是它的时钟,SPI_D_C 和 DISP_SPI_CS 作为总线控制信号,显示数据从 BB_MOSI 传输,它们由连接器 J825 连接到翻盖的液晶驱动器。这类连接线由于所需传输线路少,主显示解码驱动电路集成在上盖内,这样,排线很少出问题。V2、V3 为翻盖板提供电源。手机显示电路图如图 5-37 所示。

显示接口 J825 负责翻盖与主板的连接,共 22 个脚,其中包括显示、彩灯、听筒、备用电池等的连接,如图 5-38 所示。

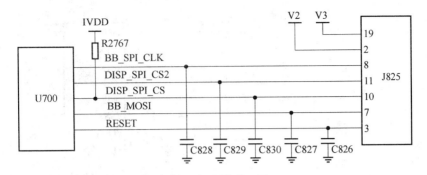

图 5-37　摩托罗拉 V60 型手机显示电路图

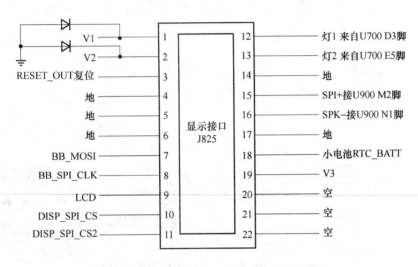

图 5-38　摩托罗拉 V60 型手机显示接口电路图

（2）诺基亚 3310 手机显示电路分析

诺基亚 3310 手机显示屏采用串行接口，显示电路主要由显示模块以及 CPU 局部电路组成。该机采用 84×48 点阵式液晶显示模块。它的供电由电源模块 N201 提供 2.8 V 的 V_{BB} 电压。显示屏控制显示及数据传输信号包括：LCDEN、RST、SCLK、SDIN。其中显示启动信号 LCDEN 直接启动显示屏，RST 使显示屏复位，SCLK、SDIN 传输显示时钟和数据信号。其接口共有 8 个触点，显示屏是通过触片与电路板连接的，电路如图 5-39 所示。

2. 移动终端卡电路案例分析

（1）摩托罗拉 V60 手机卡电路分析

VSIM 为 SIM 卡提供电源，VSIM_EN 是 SIM 卡的驱动使能信号，由 U700 发出，在 VSIM_EN 和 U900 内部逻辑的控制下，U900 内部场效应管将 V_BOOST 转化得到 VSIM。VSIM 的电压可以通过 SPI 总线编程设置为 3 V 或 5 V。SIM I/O 是 SIM 卡和 CPU U700 的通信数据输入/输出端，在 SIM_CLK 时钟的控制下，SIM I/O 通过 U900 与 CPU 通信。LSI_OUT_SIM_CLK 是 SIM 卡的时钟，它由 U900 将 U700 发出的 SIM_CLK 经过缓冲后得到；LS2_OUT_SIM_RST 作为 SIM 卡的 RESET 复位信号，它是 U900 将 U700 发出的 SIM RST 缓冲后得到的。其电路原理如图 5-40 所示。

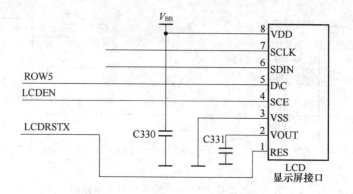

图 5-39 诺基亚 3310 手机显示电路

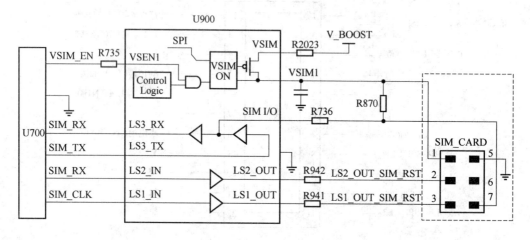

图 5-40 摩托罗拉 V60 型手机 SIM 卡电路原理图

（2）诺基亚 3310 手机卡电路分析

诺基亚 3310 手机的 SIM 卡电路如图 5-41 所示。

SIM 卡电路主要由 CPU D300、电源模块 N201 及稳压器 V203 等组成。电源模块 N201 不但作为整机供电模块,还作为 SIM 卡的接口电路。它不但可以支持 3 V 的 SIM 卡,而且还可以支持 5 V 的 SIM 卡。在开机的瞬间,CPU D300 从它的 SIM 卡的 CLK、RST 和 DAT 等引脚送出脉冲信号到电源模块 N201,令 N201 从它的 VSIM、SIM DAT、SIM RST、SIM CLK 等引脚送出幅度为 5 V 的脉冲信号到 SIM 卡座,以检测是否已插入 SIM 卡。如果检测到已插入 SIM 卡,这些脉冲信号还要检测该 SIM 卡是 5 V 的还是 3 V 的。电源模块 N201 把检测结果送到 CPU D300。D300 对检测结果进行分析后,从其 SIM_PWR 脚送出控制信号,令电源模块 N201 根据实际情况给 SIM 卡提供相应的电压。当为 3 V 的 SIM 卡时,N201 提供 3 V 的供电;当插入 5 V 的 SIM 卡时,N201 则提供 5 V 的供电。同时 SIM 卡、N201、D300 三者之间还通过 DAT、RST、CLK 等线建立通信。稳压器 V203 为 SIM 卡与电源模块 N201 之间的信号进行稳压,其内部结构为 4 个稳压二极管。

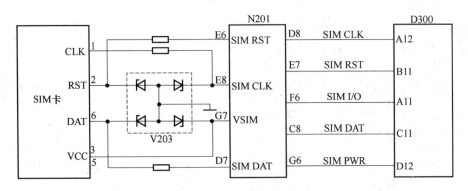

图 5-41 诺基亚 3310 手机 SIM 卡电路

任务 5 移动终端其他电路原理案例分析

[任务导入]

手机其他工作电路还包括音频电路、红绿指示灯电路、彩灯电路、键盘灯电路、键盘接口电路、振子和振铃电路、背景灯控制电路等。下面将通过摩托罗拉 V60 手机和诺基亚 3310 手机电路来分析说明。

1. 摩托罗拉 V60 手机其他电路分析

（1）音频电路分析

摩托罗拉 V60 手机的音频电路包括 U900、听筒、话筒、振子、振铃等。其电路原理如图 5-42 所示。

1）听筒

V60 有 3 种模式可供用户选择。

当数字音频信号在 CPU 和 SPI 总线的控制下传输给 U900 时，经过 D/A 转换成模拟语音信号由内部语音放大，放大量则由 SPI 总线进行控制。

- 当用户使用机内听筒时由 SPK＋、SPK－接到听筒。
- 使用外接耳机时接到耳机座 J650 的 ♯3。
- 使用尾插时则由 EXT_OUT 经过 R862 和 C862 送尾插 J850 的 ♯15。

2）MIC 话筒

V60 同样支持用户使用机内话筒、耳机和尾插 3 种模式。由机内话筒或耳麦输入的音频信号在 U900 内放大后，在同一时刻有一路被选通，哪一路选通由 SPI 总线决定。MIC_BIAS1 和 MIC_BIAS2 提供偏置电压，同样，偏压的开启、关闭也由 SPI 总线选择，而偏压的存在与否也决定了哪一路被选通，被选通的信号经过 U900 内部放大、编码（A/D），通过四线串口送给 CPU 进一步数字化处理后，再送中频电路调制。

3）振铃

振铃供电 ALRT_VCC 是在 U900 电源 IC 的控制下由 Q938 产生。Q938 是一个 P 沟

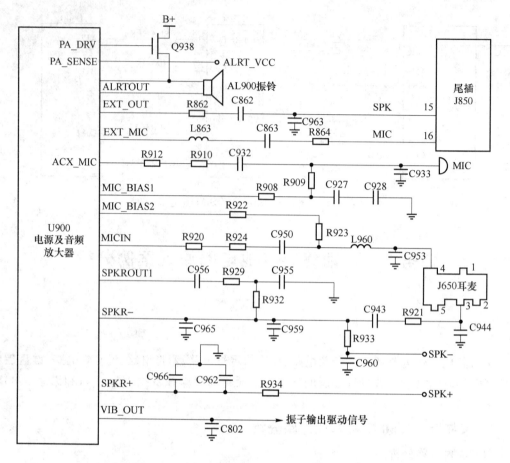

图 5-42 摩托罗拉 V60 型手机音频电路原理图

道场效应管,U900 通过控制 Q938 栅极电压来控制其导通状态,而 Q938 输出的电压 ALRT_VCC通过 PA_SENSE 反馈回 U900,完成反馈的控制过程,从而使铃音更悦耳、动听。

4)振子

电源 IC 内部有一个振子电路,将输入电压 ALRT_VCC 经过处理,从 VIB_OUT 输出 1.3 V 去驱动振子。

(2)红绿指示灯电路

图 5-43 所示为摩托罗拉 V60 型手机红绿指示灯电路原理图。指示灯的红色发光二极管和绿色发光二极管由 U900 的两个引脚分别控制。当需要开启时,U900 将控制脚电平拉低形成电流后,所对应的二极管发光工作。指示灯的使能信号是 U900 的 LED_RED 和 LED_GRN,当 LED_RED 电平拉低时,对应的 CR806 中 RED 导通,从而点亮红色指示灯。当 LED_GRN 拉低时,对应 CR806 中的 GRN 导通,从而点亮绿色指示灯。

(3)彩灯电路

V60 的彩灯设有两种颜色,它们由 ALERT_VCC 提供电源,Q1、Q2 为两个场效应管,分别控制红色和绿色彩灯,如图 5-44 所示。当 U700 发出 RED_EN 使 Q1 导通时,红色彩灯开启;当 U700 发出 GRN_EN 使 Q2 导通时,绿色彩灯开启。R_1 和 R_2 为限流电阻。

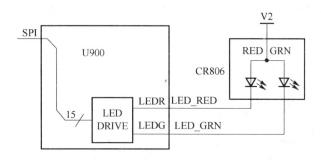

图 5-43 摩托罗拉 V60 型手机红绿指示灯电路原理图

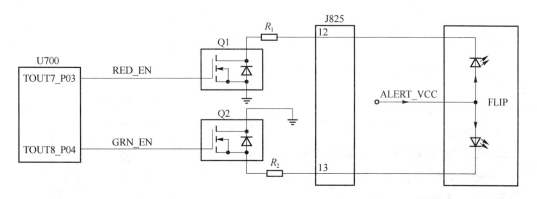

图 5-44 摩托罗拉 V60 型手机彩灯电路原理图

（4）键盘灯电路

U900 中有一个 NMOS 管用以控制手机的键盘灯，ALERT_VCC 作为键盘灯的电源，提供给键盘灯正极，并通过电阻 R939、R932 与 U900 内的 NMOS 管连接。NMOS 的栅极通过 SPI 总线由软件控制其导通与否。键盘灯电路原理如图 5-45 所示。

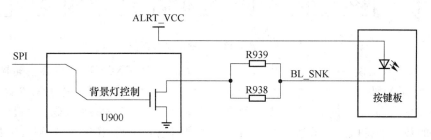

图 5-45 摩托罗拉 V60 型手机键盘灯电路原理图

（5）键盘接口电路

J800 负责连接键盘与主板，共有 14 脚。其第 13 脚接开关机按键，如图 5-46 所示。

- 第 1 脚接地；
- 第 2、4 脚为振铃供电；
- 第 3 脚为背景灯控制；
- 第 5 脚为磁控管；
- 第 6～12 脚为键盘线；

- 第 13 脚为开机线；
- 第 14 脚为 V2。

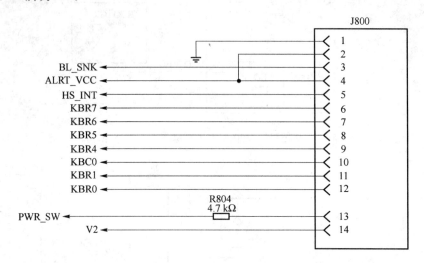

图 5-46　摩托罗拉 V60 型手机键盘接口电路原理图

2. 诺基亚 3310 手机其他功能电路分析

（1）音频电路

音频信号主要流程如图 5-47 所示。

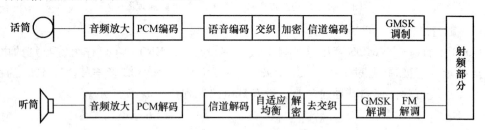

图 5-47　音频信号处理电路方框图

接收时,从双工模块(射频接口电路)N500 送来的 RXI、RXQ 信号,在多模转换器 N100 内进行放大、GMSK 解调后,送 CPU D300 进行自适应均衡、解密、去交织等处理,形成 22.8 kbit/s 的数据流。接着进行信道解码,去掉 9.8 kbit/s 的纠错码元,得到纯净的 13 kbit/s 的数字话音信息。最后在 CPU D300 内进行语音解码,还原为 64 kbit/s 的数字话音信号后,此信号返回多模转换器 N100 内。在其内首先进行 PCM 解码,把 64 kbit/s 的数字话音信号还原成模拟的话音信号,其后经 N100 内的音频放大器进行放大后,从其 D1、D2 脚送出,以驱动听筒发出声音。

发射时,话音信号经过话筒的声电转换,然后送到多模转换器 N100 进行放大。话筒的供电由 V101 提供 2.8 V 的电压。N100 对模拟话音信号进行 PCM 编码,把模拟的话音信号变成 64 kbit/s 的数字话音信号。再把此话音数据流送到 CPU D300,在其内部进行语音编码,把 64 kbit/s 的数字话音信号压缩成 13 kbit/s 的数据流,送到多模转换器 N100 内进行 GMSK 调制,最后产生 TXI/Q 信号,送到双工模块(射频接口电路)N500 进行发射调制。送话器、受话器的语音信号均要经音频 IC(多模转换器)N100,所以送、受话电路的故障除了送活器、受话器本身损坏外，还与 N100 的好坏有关，多数情况下都是由其虚焊引起。

（2）背景灯控制电路

背景灯控制电路由 N400 电路提供，显示屏背光灯及键盘照明灯的正极均接到电池正端，而且它们的控制信号均来自 CPU。然后分成两路送到 N400，分别令显示屏背光灯和键盘照明灯发光。电路如图 5-48 所示。

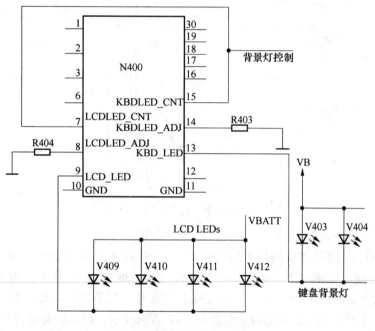

图 5-48　背景灯控制电路图

（3）振子和振铃电路

振铃和振子的正端也是接到电池正端，它们的控制信号为 BUTZER 和 VIBRA，均来自CPU D300，当信号送到 N400 时，令其控制振子和振铃工作。其电路如图 5-49 和图 5-50 所示。

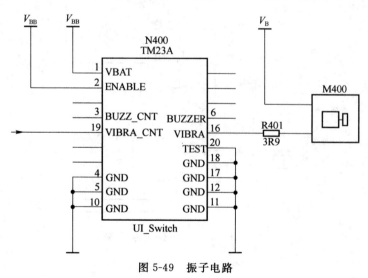

图 5-49　振子电路

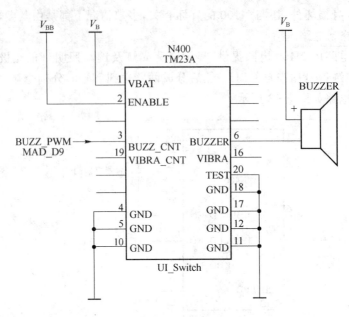

图 5-50　振铃电路

（4）32.768 kHz 时钟电路

32.768 kHz 时钟电路由晶体 B200、电源模块 N201 及外围元器件组成。32.768 kHz 时钟产生后，送到电源模块 N201，经 N201 放大，从其 B8 脚送出，作为实时时钟信号送给 CPU D300，用于实时时钟的计算。当手机的主电池连接到手机时，32.768 kHz 晶体 B200 的供电由主电池提供。如果手机的主电池取下后，晶体 B200 则由后备电池供电，后备电池可以维持 32.768 kHz 时钟电路正常工作 10 min 左右。如果后备电池电压偏低，主电池则通过充电控制模块 N200 对后备电池充电。充电的条件是主电池的电压不能低于 3.2 V。电路如图 5-51 所示。

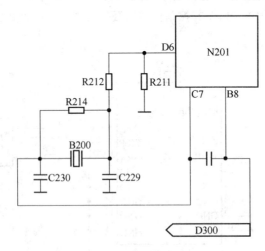

图 5-51　32.768 kHz 时钟电路

项目习题 5

1. 简述摩托罗拉 V60 手机直流稳压电路输出各部分电压的作用。

2. 简述摩托罗拉 V60 手机开机过程。

3. 简述摩托罗拉 V60 手机电源转换及 B＋产生原理。

4. 简述诺基亚 3310 手机开机过程。

5. 简述诺基亚 3310 手机直流稳压电路输出各部分电压作用。

6. 简述摩托罗拉 V60 手机充电原理。

7. 简述诺基亚 3310 手机充电原理。

8. 简述摩托罗拉 V60 手机接收信号处理过程。

9. 简述诺基亚 3310 手机接收信号处理过程。

10. 简述摩托罗拉 V60 手机发射信号处理过程。

11. 简述诺基亚 3310 手机发射信号处理过程。

12. 简述摩托罗拉 V60 手机 GSM 频段功率控制原理。

13. 简述诺基亚 3310 手机功率控制原理。

14. 简述摩托罗拉 V60 手机 SIM 卡电路工作原理。

15. 简述诺基亚 3310 手机 SIM 卡电路工作原理。

16. 简述摩托罗拉 V60 手机话筒和听筒音频信号的 3 种不同输入和输出形式。

17. 简述摩托罗拉 V60 手机键盘接口电路各引脚功能。

项目六　项目实践——移动终端维修工具使用及元器件焊接

项目目的

1. 掌握手机常见维修工具及仪表使用方法；
2. 掌握手机分立元器件焊接方法；
3. 掌握手机 BGA 芯片焊接方法。

项目工具

1. 手机常见维修工具及仪表；
2. 手机废弃电路板；
3. 手机。

项目重点

1. 手机分立元器件焊接；
2. BGA 芯片焊接。

任务 1　移动终端主要维修工具使用

［任务导入］

存实际维修中，常常使用防静电恒温烙铁、热风拆焊台、BGA 焊接工具、超声波清洗器等维修工具。

1. 防静电调温专用电烙铁

手机电路板组件特点是：组件小，分布密集，均采用贴片式。许多 COMS 器件容易被静电击穿，因此在重焊或补焊过程中必须采用防静电调温专用电烙铁，如图 6-1 所示。

恒温烙铁是我们常用的维修工具，通常用它来焊接手机芯片以外的其他元器件。在使用恒温烙铁的时候应该注意以下事项。

（1）应该使用防静电的恒温烙铁，并且确信已经接地，这样可以防止工具上的静电损坏

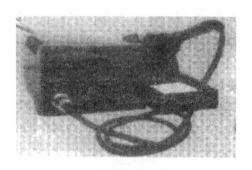

图 6-1　防静电调温电烙铁

手机上的精密器件。

（2）应该调整到合适的温度。不宜过低，也不宜过高。用烙铁做不同的工作，如清除和焊接或焊接不同大小的元器件的时候，应该调整烙铁的温度。

（3）配备电烙铁架和烙铁擦，及时清理烙铁头，防止因为氧化物和碳化物损害烙铁头而导致焊接不良，定时给烙铁上锡。

（4）烙铁不用的时候应当将温度旋至最低或关闭电源，防止因长时间的空烧损坏烙铁头。

2. 热风枪

热风枪是用来拆卸集成块（QFP 和 BGA）和片状元件的专用工具。其特点是防静电，温度调节适中，不损坏元器件。热风枪外形如图 6-2 所示。

图 6-2　热风枪

使用热风枪时应注意以下几点。

（1）温度旋钮、风量旋钮选择适中，根据不同集成组件的特点，选择不同的温度，以免温度过高损坏组件或风力过大吹丢小的元器件。

（2）注意吹焊的距离适中。距离太远无法吹下元件，距离太近又损坏元件。

（3）枪头不能集中于一点吹，以免吹鼓、吹裂元件。按顺时针或逆时针的方向均匀转动手柄。

（4）不能用热风枪吹显示屏和接插口的塑料件。

（5）不能用热风枪吹灌胶集成块，以免损坏集成块或板线。

（6）吹焊组件熟练准确，以免多次吹焊损坏组件。

（7）吹焊完毕时，要及时关闭，以免持续高温降低手柄的使用寿命。

3. 超声波清洗器

超声波清洗器用来处理进液或被污物腐蚀的故障手机,其外形如图 6-3 所示。

图 6-3 超声波清洗器

使用超声波清洗器时应注意以下几点。

(1) 清洗液选择。一般容器内放入酒精,其他清洗液如天那水易腐蚀清洗器。

(2) 清洗液放入要适量。

(3) 清洗故障机时,应先将进液易损坏元件摘下,如显示屏、送话器和听筒等。

(4) 适当选择清洗所用时间。

4. BGA 工具

随着手机逐渐小型化和手机内部集成化程度的不断提高,近年来采用了球栅阵列封装器件(BGA,Ball Grid Array)封装技术。采用 BGA 技术与过去的 QEP 平面封装技术的不同之处在于,在 BGA 封装方式下,芯片引脚不是分布在芯片的周围而是在封装的底面,实际是将封装外壳基板原四面引出的引脚变成以面阵布局的凸点引脚,这就可以容纳更多的引脚数,且能够以较大的引脚间距代替 QFP 引脚间距,避免引脚距离过短而导致焊接互连。因此使用 BGA 封装方式,不仅可以使芯片在与 QFP 相同的封装尺寸下保持更多的封装容量,而且使 I/O 引脚间距较大,从而大大提高了 SMT 组装的成功率。

下面讨论 BGA 的焊接工具和焊接步骤。

(1) BGA 焊接工具

1) 植锡板:植锡板是用来为 BGA 封装的 IC 芯片植锡安装引脚的工具,常见的植锡板包括连体的和专用的两种。连体植锡板的使用方法是将锡浆印到 IC 上后,就把植锡板拿开,然后再用热风枪将植锡点吹成球。这种方法的优点是操作简单、成球快;缺点是植锡时不能连植锡板一起用热风枪吹,否则植锡板会变形隆起,无法植锡,同时一些软封的 IC 不易上锡。小植锡板的使用方法是将 IC 固定到植锡板下面,刮好锡浆后连板一起吹,成球冷却后再将 IC 取下。它的优点是热风吹时植锡板基本不变形,一次植锡后若有缺脚或锡球过大、过小现象可进行二次处理,特别适合新手使用。

2) 锡浆和助焊剂:锡浆是用来做焊脚的,建议使用瓶装的进口锡浆。助焊剂对 IC 和 PCB 没有腐蚀性,因为其沸点稍高于焊锡的熔点,在焊接时焊锡熔化不久便开始沸腾吸热汽化,可使 IC 和 PCB 的温度保持在这个温度而不被烧坏。

3) 热风枪:因为 BGA 芯片一般个体较大,而且引脚在芯片下方,所以应使用有数控恒温功能的热风枪,去掉风嘴直接吹焊。

4) 清洗剂:最好用天那水作为清洗剂,天那水对松香助焊膏等有极好的溶解性。

（2）植锡操作

1）清洗：首先将 IC 表面加上适量的助焊膏，用电烙铁将 IC 上的残留焊锡去除，然后用天那水清洗干净。

2）固定：可以使用专用的固定芯片的卡座，也可以简单地采用双面胶将芯片粘在桌子上来固定。

3）上锡：选择稍干的锡浆，用平口刀挑适量锡浆到植锡板上，用力往下刮，边刮边压，使锡浆均匀地填充于植锡板的小孔中，上锡过程要注意压紧植锡板，不要让植锡板和芯片之间出现空隙，影响上锡效果。

4）吹焊：将热风枪的风嘴去掉，将风量调大，温度调至 350 ℃左右，摇晃风嘴对着植锡板缓缓地均匀加热，使锡浆慢慢熔化。当看见植锡板的个别小孔中已有锡球生成时，说明温度已经到位，这时应当抬高热风枪的风嘴，避免温度继续上升。过高的温度会使锡浆剧烈沸腾，造成植锡失败，严重的还会使 IC 过热损坏。

5）调整：如果吹焊完毕后，发现有些锡球大小不均匀，甚至有个别脚没植上锡，可先用裁纸刀沿着植锡板的表面将过大锡球的露出部分削平，再用刮刀将锡球过小和缺脚的小孔中填满锡浆，然后用热风枪再吹一次。

（3）IC 的定位与安装

由于 BGA 芯片的引脚在芯片下方，在焊接过程中不能直接看到，所以在焊接的时候要注意 BGA 芯片的定位。定位的方式包括画线定位法、贴纸定位法和目测定位法等，定位过程中要注意 IC 的边沿得对齐所画的线，用画线法时用力不要过大以免造成断路。

（4）焊接

BGA 芯片定位完毕后，就可以焊接了。和植锡球时一样，把热风枪的风嘴去掉，调节至合适的风量和温度，让风嘴的中央对准芯片的中央位置，缓慢加热。当看到 IC 往下一沉且四周有助焊剂溢出时，说明锡球已和线路板上的焊点熔合在一起。这时可以轻轻晃动热风枪使加热均匀充分，由于表面张力的作用，BGA 芯片与线路板的焊点之间会自动对准定位，具体操作方法是用镊子轻轻推动 BGA 芯片，如果芯片可以自动复位则说明芯片已经对准位置。注意，在加热过程中切勿用力按住 BGA 芯片，否则会使焊锡外溢，极易造成脱脚和短路。

（5）使用注意事项

1）风枪吹焊植锡球时，温度不宜过高，风量也不宜过大，否则锡球会被吹在一起，造成植锡失败。温度经验值不超过 300 ℃。

2）刮抹锡膏要均匀。

3）每次植锡完毕后，要用清洗液将植锡板清理干净，以便下次使用。

4）植锡膏不用时要密封，以免干燥无法使用。

5. 维修平台与其他维修工具

（1）维修平台

维修平台用于固定电路板。手机电路板上的集成块、屏蔽罩和 BGA_IC 等在拆卸时，需要固定电路板，否则拆卸组件极不方便。利用万用表检测电路时，也需固定电路板，以便表笔准确触到被测点。

维修平台上一侧是一个夹子，另一侧是卡子，卡子采用永久性磁体，可以任意移动，卡住电路板的任意位置,这样便于拆卸电路板的组件和检测电路板的正反面。

(2)其他维修工具

手机维修工具除上述仪器仪表之外,还有一些常用的维修工具,如图 6-4 所示。

1)拆装机工具

螺丝刀:手机的外壳都采用特殊的螺丝固定,用普通的螺丝刀无法拆装,因此需配备专用螺丝刀。如小十字口、米字口 T6、T7、T8 等,还可以使用寻呼机调频用的无感螺丝刀。

多用工具:在拆装机及维修过程中起辅助作用。

拆装特殊机型专用工具:如西门子 C2588 或 3508 等机型拆装需专用工具。

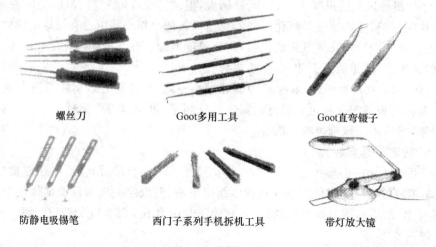

螺丝刀　　　　　Goot多用工具　　　　　Goot直弯镊子

防静电吸锡笔　　　西门子系列手机拆机工具　　　带灯放大镜

图 6-4　维修工具

2)带灯放大镜

带灯放大镜一方面为手机维修起照明作用,另一方面可在放大镜下观察电路板上的组件是否虚焊、鼓包、变色和被腐蚀等。

3)弯头、直头的尖镊子

在用热风枪拆装组件时,用镊子夹持原件非常方便。备用清洗刷,用刷子蘸酒精或天那水清洗电路板上的污垢和助焊剂。

4)防静电吸锡笔或吸锡线

防静电吸锡笔或吸锡线,在拆卸集成电路或 BGA_IC 时可将残留在上面的锡吸干净。

6. 常用仪器使用

对手机进行调试和维修时,只用万用表等简单仪表和工具是解决不了问题的,还必须借助示波器、频谱分析仪等专用设备。下面分别介绍它们的使用方法。

(1)万用表

万用表是维修中最常用的仪表,它的功能较多,可以用来测量电压、电流和电阻;还可以测试二极管、三极管和场效应管等。万用表有指针式和数字式两种,指针式万用表在维修中常用。

指针式万用表在使用中的注意事项。

1)根据测试需要将万用表置不同挡级,在预先不知道被测电压(电流)大小的情况下,万用表应置于较高量程上。切记不能用电流挡测电压。

2）利用万用表欧姆挡测电阻、二极管和三极管时，测试前应调零，而且每换一次挡需调零一次。调零方法是将黑红表笔短接，调整调零旋钮使指针置于零处。注意电阻挡中黑表笔对应万用表中电池的"＋"极，红表笔对应电池的"－"极。切记不能用电阻挡测电压。

3）使用完毕后应将万用表置于较高电压量程。

（2）直流稳压电源

在手机维修时，经常用稳压电源为手机加电，它是手机维修中必不可少的仪器。稳压电源的种类很多，在手机维修中，对电源有以下几方面的要求。

1）要有过压、过流保护功能，但一般电源都只有过流（短路）保护功能，而在手机维修过程中往往出现电压过高烧毁手机的现象，这就要求该电源应具有过压保护功能。

2）在手机维修中，电源给手机供电需要一个转换接口，因为不同的手机对电源的要求不同。利用转换接口，从手机底部加电十分方便。

3）由于维修手机时要通过观察电流的变化来判断故障。如手机不开机时，有大电流不开机和小电流不开机现象，根据电流的大小来判断故障所在。目前的手机功耗越来越小，待机电流也越来越小，一般在几十毫安左右，这就要求直流稳压电源的电流表量程最好选择1 A左右，以便观察。

4）要求直流电压输出连续可调，调节范围是0～12 V就足够了。

（3）数字频率计

数字频率计主要用于测量手机射频频率信号，如图6-5所示。例如，13 MHz、26 MHz和19.5 MHz等晶体频率。其测频范围应达到1 000 MHz，若考虑到测量双频手机的需要，测频范围应为2 GHz，数字频率计的主要功能设置如下。

图6-5　数字频率计

1）功能选择：设置测量频率、测量周期、测量频率比和自校等挡位，选择测量频率信道。

2）门控时间选择：有10 ms、100 ms、1 s、10 s等挡位。闸门时间越长，测量越精确，但测量速度越低，一般选1 s挡。有的仪器在面板上设置一个闸门时间指示灯，灯亮表示闸门开启，进入测量状态。

3）输入信号倍乘选择：在主信道中设置一个键，以控制信号的幅度，一般有两挡，按进为1挡，按出为20挡。有的仪器还配有一个电平表，以粗略指示输入信号的大小。

4）复位控制：按下此键，数字频率计清零，数码管显示全为零，表示本次测量结束，下次测量可以开始。

5）电源开关：仪器的开机与关机。

（4）示波器

示波器可用于观察信号的波形和测量信号的幅度、频率和周期等各种参数。

1）示波器面板上的功能

① 显示屏：可以直接观察信号波形。

② 幅度调节旋钮：可以放大或缩小信号幅度。

③ 时间基准调节旋钮：可以改变示波器的显示时间。若调到最低挡，会看到一个亮点慢慢地从左移到右；若调到最高挡，只能观察到信号的一部分。只有选择合适的时间基准，才能观察到信号的全部。

④ 信号的输入方式：AC/DC 两种选择，AC 是交流输入方式，DC 是直流输入方式。

示波器是用频率范围来区别的，常用的示波器频率为 20 MHz 或 100 MHz，可以观测射频部分的中频信号和晶体频率信号，高频段的示波器有 400 MHz 或 1 GHz 等，用来观测寻呼机、手机射频部分的信号。

2）示波器使用注意事项

① 机壳必须接地。

② 显示屏亮点的辉度要适中，被测波形的主要部分要移到显示屏中间。

③ 注意测量信号的频率应在示波器的量程内，否则会出现较大的测量误差。

（5）频谱分析仪

频谱分析仪是移动电话机维修过程中的一个重要维修仪器，频谱分析仪主要用于测试手机的射频及晶体频率信号，使用频谱分析仪可以使维修移动电话机的射频接收通路变得简单。下面以图 6-6 所示的 AT5010 型频谱分析仪为例，来说明频谱分析仪的使用方法，AT5010 是安泰公司生产的量程为 1 GHz 的频谱分析仪，它能测得 GSM 移动电话机的射频接收信号。

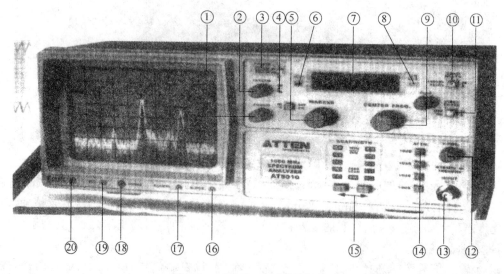

图 6-6　AT5010 型频谱分析仪

1）面板操作功能

① FOCUS：聚焦调节；

② INTENS：亮度调节；

③ POWER ON/OFF：电源开关（压入通/弹出断）；

④ TR：光迹旋转调节；

⑤ MARKER ON/OFF：频标开关（压入通/弹出断）；

⑥ CF/MK：中心频率显示/频标频率显示；

⑦ DIGITAL DISPLAY：数字显示窗（显示的是中心频率或频标频率）；

⑧ UNCAL：此灯亮表示显示的频谱幅度不准；

⑨ CENTER FREQUENCY：中心频率粗调、细调（FNE）；

⑩ BAND WIDTH：带宽控制（压入 20 kHz/弹出 400 kHz）；

⑪ VIDEO FILTER：视频滤波器（压入通/弹出断）；

⑫ Y-POSITlON INPUT：垂直位置调节；

⑬ INPUT：输入插座，BNC 型，50 Ω 电缆；

⑭ ATTN：衰减器，每级 10 dB，共 4 级；

⑮ SCAN WIDTH：扫频宽度调节；

⑯ X-POS：水平位置调节；

⑰ X-AMPL：水平幅度调节；

⑱ PHONE：耳机插孔；

⑲ VOL：耳机音量调节；

⑳ PROBE POWER：探头开关。

2）频谱仪的使用方法

① 将频谱仪的扫频宽度置于 100 MHz/DIV。

② 调节输入衰减器和频带宽度，使被测信号的频谱显示在屏上。

③ 调垂直位置旋钮，使谱线基线位于最下面的刻度线处，调衰减器使谱线的垂直幅度不超过 7 格。

④ 接通频标，调整移动频标至被读谱线中心，此时显示窗的频率即为该谱线的频率。

⑤ 关掉频标，读出该谱线高出基线的格数（高出基线 1 大格对应为 10 dB），即可得到该处谱线频率分量的幅度电平为：−107＋高出基线格数×10＋衰减器分贝。

例如，某谱线高出基线 2 大格，衰减器为 10 dB，则谱线该频率分量的幅度为−107＋2×10＋10＝−77 dBm。

⑥ UNCAL 灯亮时，读出的幅度是不准确的，应调整带宽至 UNCAL 灯灭，再读幅度。

⑦ 缩小扫描宽度（SCANWIDTH）可使谱线展宽，有助于谱线中心频率的准确读取。

⑧ 只作定性观察，可不必去读取谱线的垂直度。

3）使用注意事项

频谱仪最灵敏的部件是频谱仪的输入级，它由信号衰减器和第一混频级组成，在无输入衰减时，输入端电压不得超过＋10 dBm（0.7 Vrms）AC 或 25 V DC。在最大输入衰减（40 dB）时，交流电压不得超过＋20 dBm。若输入电压超过上述范围，就会造成输入衰减器和第一混频器的损坏。

任务 2　移动终端元器件焊接

［任务导入］

手机电路板采用高密度合成板,正反两面都有元器件。电路板通过焊锡与元器件产生拉力而固定,贴装元器件引脚众多,非常密集,焊锡又非常少,这样如果不小心摔碰或手机受潮都易使元器件造成虚焊或元件与电路板接触不良,因而造成手机各种各样的故障。可见,手机能否安全修复,很大程度上取决于维修人员焊接水平的高低。手机的焊接技术已成为手机维修人员必修的基本功,也是衡量一名维修人员是否合格的基本标准。本任务将系统分析表面安装集成电路和 BGA 集成电路的焊接技巧。

1. 表面安装集成电路的焊接

（1）焊接前的准备

手机结构十分精密,稍有不慎,不但不能修好手机,还可能扩大故障。为保证焊接安全,在焊接之前,除备有热风枪、尖头烙铁等基本工具外,还应准备好真空吸笔、手指钳、带灯放大镜、手机维修平台、防静电手腕、小刷子、吹气球、医用针头等辅助工具及松香水（酒精和松香的混合液）、无水酒精、焊锡等备料。

（2）850 热风枪的使用及集成电路的拆焊

热风枪是一种贴片元件和贴片集成电路的拆焊、焊接工具,最早的热风枪依赖于国外进口,价格高昂。较常用的是日本白光 850 热风拆焊台,价格为一万多元,多为国营单位购买,国内的需求量也不是很大。近几年,随着我国移动通信的迅猛发展,热风拆焊台的需求也随之增长。一些人开始注意到了这一商机,伴随着如雨后春笋般的手机、寻呼机机维修班的出现,850 热风枪的品牌也多了起来。星光 850、快克 850、安泰 850、豹威 850、三箭 850、傲月 850 等品牌迅速进入移动通信维修工具市场。进口的 850 热风拆焊台受到冲击价格一落再落。国产的 850 热风拆焊台的质量、性能在用户的不断检验中逐渐完善。同时,也有一些品牌只顾眼前利益粗制滥造而淡出市场。

850 热风枪由气泵、线性电路板、气流稳定器、外壳、手柄组件组成。性能较好的 850 热风枪采用 850 原装气泵。具有噪声小、气流稳定的特点,而且风流量较大（一般为 27 L/min）；NEC 组成的原装线性电路板,使调节符合标准温度（气流调整曲线）,从而获得均匀稳定的热量、风量；手柄组件采用消除静电材料制造,可以有效地防止静电干扰。

由于手机广泛采用粘合的多层印制电路板,在焊接和拆卸时要特别注意通路孔,应避免印制电路与通路孔错开。更换元件时,应避免焊接温度过高。有些互补型金属氧化物半导体（CMOS）器件对静电或高压特别敏感,易受损。这种损伤可能是潜在的,在数周或数月后才会表现出来。在拆卸这类元件时,必须放在接地的台子上,维修人员戴上导电的手套,不要穿尼龙衣服等易带静电的服装。在焊接时,应用接地的电烙铁。在焊接装卸时,所有电源都要关掉。

需要特别说明的是,在用热风枪焊接之前,一定要将手机电路板上的备用电池拆下（特别是备用电池离所焊接的元件较近时），否则，备用电池很容易受热爆炸，对人身构成威胁。

下面以拆焊表面安装集成电路为例介绍热风枪的使用技巧。

1）拆卸前的准备

① 烙铁、手机维修平台应良好接地。

② 记住集成电路的定位情况，以便正确恢复。

③ 根据不同的集成电路选好热风枪的喷头。

④ 往集成电路的引脚周围加注松香水。

2）拆卸技巧

① 调好热风枪的温度和风速。拆卸集成电路时温度开关一般调至3～6挡。风速开关调至2～3挡（拆卸小型电子元件时，风速开关应调至2挡以内；绝对不能调得过大，否则，易把小元件吹跑）。

② 用单喷头拆卸时，应注意使喷头和所拆集成电路保持垂直，并沿集成电路周围引脚慢速旋转，均匀加热，喷头不可触及集成电路及周围的外围元件，吹焊的位置要准确，且不可吹跑集成电路周围的外围小件。

③ 待集成电路的引脚焊锡全部熔化后，用小起子或镊子将集成电路掀起或镊走，且不可用力，否则，极易损坏集成电路的锡箔。

3）焊接技巧

① 将焊接点用平头烙铁整理平整，必要时，应对焊锡较少焊点进行补锡，然后，用酒精清洁干净焊点周围的杂质。

② 将更换的集成电路和电路板上的焊接位置对好，最好用放大镜进行调整，使之完全对正。

③ 先焊四角，将集成电路固定，然后，再用风枪吹焊四周。焊好后应注意冷却，不可立即拨动集成电路，以免其发生位移。

④ 冷却后，用放大镜检查集成电路的引脚有无虚焊，应用尖头烙铁进行补焊，直至全部正常为止。

（3）电烙铁的使用

与850热风枪并驾齐驱的另一维修工具是936电烙铁，936电烙铁分为防静电式（一般为黑色）和不防静电式（一般为白色），选购936电烙铁最好选用防静电可调温度电烙铁。在功能上，936电烙铁主要用来焊接，使用方法十分简单，只要用电烙铁头对准所焊元器件焊接即可，焊接时最好使用助焊剂，有利于焊接良好又不造成短路。

2．BGA IC 的拆卸、植锡和安装

随着全球移动通信技术日新月异的发展，众多的手机厂商竞相推出了外形小巧功能强大的新型手机。在这些新型手机中，普遍采用了先进的BGA封装IC，这种已经普及的技术可大大缩小手机的体积，增强功能，减小功耗，降低生产成本。但BGA封装IC很容易因摔引起虚焊，给维修工作带来很大的困难。

BGA封装的芯片均采用精密的光学贴片仪器进行安装，误差只有0.01 mm，而在实际的维修工作中，大部分维修工作者并没有贴片机之类的设备，光凭热风机和感觉进行焊接安装，成功的机率微乎其微，如果再不能掌握正确的拆焊方法，手机很可能报废。

下面具体介绍BGA IC的拆卸、植锡和安装方法，供维修时借鉴。

（1）植锡工具的选用

1）植锡板

市场上销售的植锡板大体分为两种：一种是把所有型号的 BGA IC 集在一块大的连体植锡板上，另一种是每种 IC 一块板，这两种植锡板的使用方法不一样。

连体植锡板的使用方法是将锡浆印到 IC 上后，把植锡板扯开，然后再用热风枪吹成球。这种方法的优点是操作简单成球快。缺点①是锡浆不能太稀；②是对于有些不容易上锡的 IC，例如软封的 FLASH 或去胶后的 CPU，吹球的时候锡球会乱滚，极难上锡，一次植锡后不能对锡球的大小及空缺点进行二次处理；③是植锡时不能连植锡板一起用热风枪吹，否则植锡板会变形隆起，造成无法植锡。

小植锡板的使用方法是将 IC 固定到植锡板下面，刮好锡浆后连板一起吹，成球冷却后再将 IC 取下。它的优点是热风吹时植锡板基本不变形，一次植锡后若有缺脚或锡球过大过小现象可进行二次处理，特别适合初学者使用。下面介绍的方法都是使用这种植锡板来植锡。

另外，在选用植锡板时，应选用喇叭型、激光打孔的植锡板。注意，现在市场上销售的很多植锡板都不是激光加工的，而采用的化学腐蚀法，这种植锡板除孔壁粗糙不规则外，其网孔没有喇叭型或出现双面喇叭型，采用这类钢片植锡板在植锡时成功率很低。

2）锡浆

建议使用瓶装的进口锡浆，多为 0.5～1 kg 一瓶。颗粒细腻均匀，稍干的为上乘，不建议购买注射器装的锡浆。在应急使用中，锡浆也可自制，可用熔点较低的普通焊锡丝用热风枪熔化成块，用细砂轮磨成粉末状，然后用适量助焊剂搅拌均匀后备用。

3）刮浆工具

刮浆工具没有特殊要求，只要使用时顺手即可。可选用 GOOT 6 件一套的助焊工具中的扁口刀。一般的植锡套装工具都配有钢片刮刀或胶条。

4）热风枪

最好使用有数控恒温功能的热风枪，容易掌握温度，去掉风嘴直接吹焊。

5）助焊剂

建议选用日本产的 GOOT 牌助焊剂，呈白色，其优点①是助焊效果极好；②是对 IC 和 PCB 没有腐蚀性；③是其沸点仅稍高于焊锡的熔点，在焊接时焊锡熔化不久便开始沸腾吸热汽化，可使 IC 和 PCB 保持在这个温度，这个道理与用锅烧水的道理一样，只要水不干，锅就不会升温烧坏。

另外，也可选用松香水之类的助焊剂，效果也很好。

6）清洗剂

用天那水最好，天那水对松香助焊膏等有极好的溶解性，不要使用溶解性不好的酒精。

（2）BGA 芯片的拆卸

1）BGA IC 的定位

在拆卸 BGA IC 之前，一定要搞清 BGA IC 的具体位置，以方便焊接安装。在一些手机的电路板上，事先印有 BGA IC 的定位框，这种 IC 的焊接定位一般不成问题。下面，主要介绍电路板上没有定位框的情况下 IC 的定位方法。

① 画线定位法

拆下 IC 之前用笔或针头在 BGA IC 的周围画好线,记住方向,作好记号,为重焊作准备。这种方法的优点是准确方便,缺点是用笔画的线容易被清洗掉,用针头画线如果力度掌握不好,容易伤及电路板。

② 贴纸定位法

拆下 BGA IC 之前,先沿着 IC 的四边用标签纸在电路板上贴好,纸的边缘与 BGA IC 的边缘对齐,用镊子压实粘牢。这样,拆下 IC 后,电路板上就留有标签纸贴好的定位框。重装 IC 时,只要对着几张标签纸中的空位将 IC 放回即可,要注意选用质量较好、粘性较强的标签纸来贴,这样在吹焊过程中不易脱落。如果觉得一层标签纸太薄找不到感觉的话,可用几层标签纸重叠成较厚的一张,用剪刀将边缘剪平,贴到电路板上,这样装回 IC 时手感就会好一点。

③ 闷测法

拆卸 BGA IC 前,先将 IC 竖起来,这时就可以同时看见 IC 和电路板上的引脚,先横向比较焊接位置,再纵向比较焊接位置。记住 IC 的边缘在纵横方向上与电路板上的哪条线路重合或与哪个元件平行,然后根据目测的结果按照参照物来定位 IC。

2）拆卸

认清 BGA 芯片位置之后应在芯片上面放适量助焊剂,既可防止干吹,又可帮助芯片底下的焊点均匀熔化,不会伤害旁边的元器件。去掉热风枪前面的套头用大头,温度开关一般调至 3～4 挡,风速开关调至 2～3 挡,在芯片上方约 2.5 cm 处作螺旋状吹,直到芯片底下的锡珠完全熔解,用镊子轻轻托起整个芯片。

需要说明两点,一是在拆卸 BGA IC 时,要注意观察是否会影响到周边的元件,如摩托罗拉 L2000 手机,在拆卸字库时,必须将 SIM 卡座连接器拆下,否则,很容易将其吹坏;二是摩托罗拉 T2688、三星 A188、爱立信 T28 等手机的功放及很多软封装的字库,这些 BGA IC 耐高温能力差,吹焊时温度不易过高(应控制在 200 ℃ 以下),否则,很容易将它们吹坏。

3）清理余锡

BGA 芯片取下后,芯片的焊盘上和手机板上都有余锡,此时,在电路板上加上足量的助焊膏,用电烙铁将板上多余的焊锡去除,并且可适当上锡使电路板的每个焊脚都光滑圆润(不能用吸锡线将焊点吸平)。然后再用天那水将芯片和机板上的助焊剂洗干净。吸锡时应特别小心,否则会刮掉焊盘上的绿漆和造成焊盘脱落。

（3）植锡操作

1）准备工作

对于拆下的 IC,建议不要将 IC 表面上的焊锡清除,只要不是过大,且不影响与植锡钢板配合即可。如果某处焊锡较大,可在 BGA IC 表面加上适量的助焊膏,用电烙铁将 IC 上过大的焊锡去除(最好不要使用吸锡线去吸,因为对于那些软封装的 IC,例如摩托罗拉的字库,如果用吸锡线去吸会造成 IC 的焊脚缩进褐色的软皮里面,造成上锡困难),然后用天那水洗净。

2）BGA IC 的固定

将 IC 对准植锡板的孔后(如果使用的是那种一边孔大一边孔小的植锡板,大孔一边应该与 IC 紧贴),用标签贴纸将 IC 与植锡板贴牢,IC 对准后,把植锡板用手或镊子按牢不动,然后另一只手刮浆上锡。

3）上锡浆

如果锡浆太稀,吹焊时就容易沸腾导致成球困难,因此锡浆越干越好,只要不是干得发硬成块即可。如果太稀,可用餐巾纸压一压吸干一点。平时可挑一些锡浆放在锡浆瓶的内盖上,让它自然晾干一点。用平口刀挑适量锡浆到植锡板上,用力往下刮,边刮边压,使锡浆均匀地填充于植锡板的小孔中。

注意特别"关注"一下 IC 四角的小孔。上锡浆时的关键在于要压紧植锡板,如果不压紧,使植锡板与 IC 之间存在空隙的话,空隙中的锡浆将会影响锡球的生成。

4）吹焊成球

将热风枪的风嘴去掉,将风量调至最小,将温度调至 330～340 ℃,也就是 3～4 挡位。晃动风嘴对着植锡板慢慢均匀加热,使锡浆慢慢熔化。当看见植锡板的个别小孔中已有锡球生成时,说明温度已经到位,这时应当抬高热风枪的风嘴,避免温度继续上升,过高的温度会使锡浆剧烈沸腾,造成植锡失败;严重的还会使 IC 过热损坏。如果吹焊成球后,发现有些锡球大小不均匀,甚至有个别脚没植上锡,可先用裁纸刀沿着植锡板的表面将过大锡球的露出部分削平,再用刮刀将锡球过小和缺脚的小孔中上满锡浆,然后用热风枪再吹一次即可。如果锡球大小还不均匀的话,可重复上述操作直至理想状态。重植时,必须将植锡板清洗干净并擦干。

（4）BGA IC 的安装

先将 BGA IC 有焊脚的那一面涂上适量助焊膏,用热风枪轻轻吹一吹,使助焊膏均匀分布于 IC 表面,为焊接作准备。再将植好锡球的 BGA IC 按拆卸前的定位位置放到电路板上,同时,用手或镊子将 IC 前后左右移动并轻轻加压,这时可以感觉到两边焊脚的接触情况。因为两边的焊脚都是圆的,所以来回移动时如果对准了,IC 有一种"爬到了坡顶"的感觉,对准后,因为事先在 IC 的脚上涂了一点助焊膏,有一定粘性,IC 不会移动。如果 IC 对偏了,要重新定位。BGA IC 定位完成后,就可以焊接了。和植锡球时一样,把热风枪的风嘴去掉,调节至合适的风量和温度,让风嘴的中央对准 IC 的中央位置,缓缓加热。当看到 IC 往下一沉且四周有助焊膏溢出时,说明锡球已和电路板上的焊点熔合在一起。这时可以轻轻晃动热风枪使加热均匀充分,由于表面张力的作用,BGA IC 与电路板的焊点之间会自动对准定位。注意在加热过程中切勿用力按住 BGA IC,否则会使焊锡外溢,极易造成脱脚和短路。焊接完成后用天那水将板洗干净即可。在吹焊 BGA IC 时,高温常常会影响旁边一些封了胶的 IC,往往造成不开机等故障。用手机上拆下来的屏蔽盖盖住都无用,因为屏蔽盖挡得住你的眼睛,却挡不住热风。此时,可在旁边的 IC 上面滴几滴水,水受热蒸发吸收大量的热,只要水不干,旁边 IC 的温度就会保持在 100 ℃ 左右的安全温度,这样就不会出事。当然,也可以用耐高温的胶带将周围元件或集成电路粘贴起来。

（5）常见问题的处理方法

1）没有相应植锡板的 BGA IC 的植锡方法

对于有些机型的 BGA IC,手头上如果没有这种类型的植锡板,可先试试现有的植锡板中有没有和那块 BGA IC 的焊脚间距一样,能够套得上的。即使植锡板上有一些脚空掉也没关系,只要能将 BGA IC 的每个脚都植上锡球即可。例如,GD90 的 CPU 和 FLASH 可用 V998 手机的 CPU 和电源 IC 的植锡板来套用。

2）胶质固定的 BGA IC 的拆取方法

很多手机的 BGA IC 采用了胶质固定方法,这种胶很难应付,要取下 BGA IC 相当困难,下面介绍几种常用的方法,供拆卸时参考。

① 对摩托罗拉手机有底胶的 BGA IC,用目前市场上出售的许多品牌的胶水浸泡基本上都可以达到要求。经实验发现,用香蕉水(油漆稀释剂)浸泡效果较好,只需浸泡 3～4 小时就可以把 BGA 取下。

② 有些手机的 BGA IC 底胶是 502 胶(如诺基亚 8810 手机),在用热风枪吹焊时,可以闻到 502 的气味,用丙酮浸泡较好。

③ 有些诺基亚手机的底胶进行了特殊注塑,目前没有比较好的溶解方法,拆卸时要注意拆卸技巧。由于底胶和焊锡受热膨胀的程度不一样,往往焊锡还没有溶化胶就先膨胀了。所以,吹焊时,热风枪调温不要太高,在吹焊的同时,用镊子稍用力下按,会发现 BGA IC 四周有焊锡小珠溢出,说明压得有效,吹得差不多时就可以平移一下 BGA IC,若能平移,说明底部都已溶化,这时将 BGA IC 揭起来就比较安全了。

需要说明的是,对于摩托罗拉 V998 手机浸泡前一定要把字库取下,否则,字库会损坏。因为 V998 手机的字库是软封装的 BGA,是不能用香蕉水、天那水或溶胶水浸泡的。因这些溶剂对软封的 BGA 字库中的胶有较强腐蚀性,会使胶膨胀导致字库报废。

3）电路板脱漆的处理方法

例如,在更换 V998 手机的 CPU 时,拆下 CPU 后很可能发现电路板上的绿色阻焊层有脱漆现象,重装 CPU 后手机发生大电流故障,用手触摸 CPU 有发烫迹象。这是由于 CPU 下面阻焊层被破坏,重焊 CPU 时发生了短路现象。这种现象在拆焊 V998 手机的 CPU 时很常见,主要原因是用溶剂浸泡的时间不够,没有泡透。另外在拆下 CPU 时,要边用热风吹边用镊子在 CPU 表面的各个部位充分轻按,这样对电路板脱漆和电路板焊点断脚有很好的预防作用。如果发生了"脱漆"现象,可以到生产电路板的厂家找专用的阻焊剂(俗称"绿油")涂抹在"脱漆"的地方,待其稍干后,用烙铁将电路板的焊点点开便可焊上新的 CPU。另外,市面上原装的 CPU 上的锡球都较大容易造成短路,而我们用植锡板做的锡球都较小。可将原来的锡球去除,重新植锡后再装到电路板上,这样就不容易发生短路现象了。

4）焊点断脚的处理方法

许多手机由于摔跌或拆卸时不注意,很容易造成 BGA IC 下的电路板的焊点断脚。此时,应首先将电路板放到显微镜下观察,确定哪些是空脚,哪些确实断了。如果只是看到一个底部光滑的"小窝",旁边并没有线路延伸,这就是空脚,可不做理会;如果断脚的旁边有线路延伸或底部有扯开的"毛刺",则说明该点不是空脚,可按以下方法进行补救。

① 连线法

对于旁边有线路延伸的断点,可以用小刀将旁边的线路轻轻刮开一点,用上足锡的漆包线(漆包线不宜太细或太粗,太细会使重装 BGA IC 时漆包线容易移位)一端焊在断点旁的线路上,一端延伸到断点的位置;对于往电路板夹层去的断点,可以在显微镜下用针头轻轻地在断点中掏挖,挖到断线的根部亮点后,仔细地焊一小段线连出。将所有断点连好线后,小心地把 BGA IC 焊接到位。

② 飞线法

对于采用上述连线法有困难的断点,首先可以通过查阅资料和与正常板比较的方法来确定该点是通往电路板上的何处,然后用一根极细的漆包线焊接到 BGA IC 的对应锡球上。焊接的方法是将 BGA IC 有锡球的一面朝上,用热风枪吹热后,将漆包线的一端插入锡球,接好线后,把线沿锡球的空隙引出,翻到 IC 的反面用耐热的贴纸固定好准备焊接。小心地焊好,IC 冷却后,再将引出的线焊接到预先找好的位置。

③ 植球法

对于周围没有线路延伸的断点,可以在显微镜下用针头轻轻掏挖,看到亮点后,用针尖挑少许植锡时用的锡浆放在上面,用热风枪小风轻吹成球,要求锡球用小刷子轻刷不会掉下,或对照资料进行测量证实焊点确已接好。注意,板上的锡球要做得稍大一点,如果做得太小,在焊上 BGA IC 时,板上的锡球会被 IC 上的锡球吸引过去使植球失败。

5)电路板起泡的处理方法

有时在拆卸 BGA IC 时,由于热风枪的温度控制不好,会使 BGA IC 下的电路板因过热起泡隆起。一般来说,过热起泡后大多不会造成断线,维修时只要巧妙地焊好上面的 BGA IC,手机就能正常工作。维修时可采取以下 3 种措施。

① 压平电路板。将热风枪调到合适的风力和温度轻吹电路板,边吹边用镊子的背面轻压电路板隆起的部分,使之尽可能平整。

② 在 IC 上面植上较大的锡球。不管如何处理电路板,线路都不可能完全平整,需要在 IC 上植较大的锡球便于适应在高低不平的电路板上焊接,可以取两块同样的植锡板并在一起用胶带粘牢,再用这块“加厚”的植锡板去植锡。植锡后会发现取下 IC 比较困难,这时不要急于取下,可在植锡板表面涂上少许助焊膏,将植锡板架空,IC 朝下,用热风枪轻轻一吹,焊锡熔化,IC 就会和植锡板轻松分离。

③ 为了防止焊上 BGA IC 时电路板原起泡处又受高温隆起,可以在安装 IC 时,在电路板的反面垫上一块吸足水的海绵,这样就可避免电路板温度过高。

项目习题 6

1. 简述手机常见维修工具有哪些。
2. 简述热风枪作用及使用时应注意的问题。
3. 简述手机 BGA 芯片植锡操作过程。
4. 简述拆卸表面安装集成电路前的准备工作。
5. 简述 BGA IC 的定位方法。
6. 简述焊点断脚的处理方法。
7. 简述胶质固定的 BGA IC 的拆取方法。

项目七 项目实践——GSM 移动终端电路识图

项目目的

1. 掌握 GSM 手机各部分电路常见英文标识含义；
2. 掌握 GSM 手机射频电路识图方法；
3. 掌握 GSM 手机音频处理电路识图方法；
4. 掌握 GSM 手机逻辑控制电路识图方法；
5. 掌握 GSM 手机"黑匣子"电路识图方法。

项目工具

1. GSM 手机射频电路图例；
2. GSM 手机音频处理电路图例；
3. GSM 手机逻辑控制电路图例；
4. GSM 手机"黑匣子"电路图例。

项目重点

1. GSM 手机射频电路识图方法；
2. GSM 手机音频处理电路识图方法；
3. GSM 手机逻辑控制电路识图方法。

任务 1 GSM 移动终端电路识图实践基础

[任务导入]

在 GSM 手机电路图中，除了使用图形符号表示电路元器件外，还要标注大量的英文缩写词（仅有少量中文字词），这些英文缩写词对识读电路图具有重要意义。以电路组成方框图为基础，以英文缩写词为线索，是识读电路图的重要方法。下面将讨论如何通过识读英文缩写词来识读手机的局部电路图。

1. 识读电路图中英文缩写词

为了说明英文缩写词在读电路图时的重要作用，下面看一个实际电路。图 7-1 是摩托罗拉 CD928 的发射变换模块方框图。在图中,集成电路内外电路单元使用小方块来表示,各电路单元采用特定的图形符号和缩写词表示,各引出脚的功能和名称也使用了特定字母或缩写词表示。由该方框图可知,在该电路模块内,设置有混频器、鉴相器和电荷泵等单元电路。其中,电荷泵使用中文缩写词表示;混频器使用图形⊗表示,在其旁边用英文缩写词"MIX"进行标注;而鉴相器仅使用英文"PHD"(或 PD)进行标注。还可以看到,在模块外部用"LPF"标注低通滤波器,用图形符号⊝和缩写词 TXVCO 表示发射压控振荡器。

在图 7-1 中,利用图形符号和文字标注,对该模块电路作了全面描述。由图知,混频器 MIX 输入两个信号,一个是 14 脚输入的 TXVCO 发射压控振荡信号,另一个是 1 脚输入的 RXVCO 接收压控振荡信号,利用混频器的混频功能,输出它们的差频信号,即参考中频信号。然后,参考中频信号送到 PHD 鉴相器;由 4 脚还输入 TXI/Q 调制信号,在图中标注为"MOD OUT",它是 TXI/Q 已调波的意思,该信号也送到鉴相器。鉴相器对两个输入信号进行鉴相比较,输出误差控制信号,再经过电荷泵电路处理后,由 8 脚输出;再经过外接的低通滤波器 LPF 滤波,取得含有数据信息的脉动直流电压、直流控制电压送到 TXVCO,使 TXVCO 输出频率稳定、准确的射频已调波,该已调波主要送到发射功率放大器,还有一部分由 14 脚反馈送回 MIX 电路。还可以看出,7 脚输入 DM CS 信号,它是模块电路的"片选"输入控制信号。

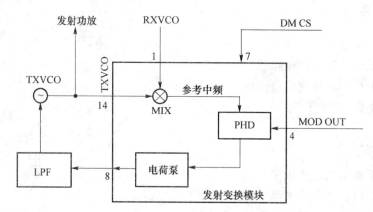

图 7-1　摩托罗拉 CD928 发射变换模块框图

此图表明,对于具有基本读图能力的学习者来说,只要图中给出必要的图形符号、缩写词,便可知道该电路的基本原理,就可看懂电路的基本电路程式和信号处理过程。但是,要看懂此图必须具备一定的基础,即应当熟悉发射变换模块电路的基本原理,认识常见的图形符号和缩写词;如果不具备这些必要的基础知识,就无法看懂电路图。对于大多数学习者来说,看电路图上的图形符号不太困难;而识读英文缩写词则往往比较困难,因为识读电路图时,主要精力往往用在对这些缩写词的识读。手机电路图所用的缩写词经常有别于其他家电电路图(例如,电视机、视盘机、录像机等);再加上各生产厂家经常因方法、习惯不同使用不同的字词。这就要求读者能够掌握各个厂家手机的标注规律、习惯;尤其要牢记集成电路主要引脚的名称、功能的缩写词,它将给看电路图带来极大的方便。

在电路图中,各种电路、端口、引脚、信号等使用了大量英文缩写词作标注。本任务对手机电路图中常见的英文缩写标注进行初步归纳、总结,可为使用英文缩写词读图提供有力的工具。

2. 识读供电电路

（1）电池供电电路

手机用电池作供电电源，经常用"V_{BATT}"、"V_{BAT}"、"BAIT"等表示，有时也用"B＋"、"V_B"、"V_{BB}"等表示。应当注意，在同一图内同时出现"V_{BATT}"、"V_B"、"B＋"时，它们的含义各不相同。例如，B＋表示电路单元的供电电压，V_{BATT}是本机电池的电压，BATT是外部充电电源的电压。在各生产厂家的手机电路图中，对电源处理模块的标志代号分别有一定的规律性。例如，摩托罗拉的电源模块标号是"U900"，并经常用缩写词"CAP"、"GCAP"等表示；诺基亚的电源模块标号是N100（特别是3810后的新型号机），经常用缩写词"CCONT"表示。在图中找到这些标注或代号，就找到了电源模块电路。在电池电路上有一个重要的信号线路，即电池信息信号线路，在图内多用BSI（诺基亚）、BID（松下）、BATT SER DATA（摩托罗拉）等标注。该信号与手机电路开机有一定关系，可以防止手机用户使用非原厂配件，也用于对手机电池类别进行检测，以确定合适的充电模式。

（2）开机信号线

识读开机电路就是识读开机信号电路，该电路通常连接到电源模块电路。开/关机按键的图形符号容易识读，多使用"ON/OFF"、"PWR ON/OFF"、"POW KEY"等表示；开机信号线多用"ON/OFF"、"POWER ON/OFF"、"PWR ON"、"XPWR ON"等标注。可以从这些标注开始寻找开机信号电路。各生产厂的缩写词往往有自己的规律。例如，摩托罗拉经常用"PWR SW"表示，诺基亚经常用"PWR ON"表示，松下经常用"POW KEY"表示，爱立信经常用"ON/OFF"表示等。

（3）电源电路各输出端电压

手机的电源电路包括逻辑/音频电源和射频电源。逻辑电源主要向CPU、各存储器、DSP电路和话音编译码等电路供电；射频电源主要向接收射频电路、发送射频电路供电，不同厂家使用不同的电源标记。例如，在摩托罗拉电源电路中，L275表示逻辑电源2.75 V，L是英文"Logic"的缩写；R275表示射频电源2.75 V，R是英文"Radio"的缩写。RX275、TX275分别表示接收、发射电源2.75 V。V1、V2、V3是V998手机的电源电路，V1多指－5 V电源，向负压电路供电；V2是逻辑电源2.75 V，向CPU、FLASH和EEPROM等供电；V3是向CPU供电的1.8 V电源。此外，还能看到一个"VBOOST"电源，它是一个5.6 V升压电源，控制开机。

在诺基亚手机电路中，多以"V_{BB}"、"V_{RX}"、"V_{SYN}"和"V_{XO}"等表示电源。这些缩写词的含义，可以参照前面内容来理解。例如，V_{RX}是指接收射频电源，V_{XO}是指基准振荡器电源等。在爱立信手机电路上，多使用"V_{DIG}"、"V_{RAD}"、"V_{VCO}"等表示电源，例如，V_{DIG}是指逻辑电源，V_{RAD}是指射频电源，V_{VCO}是频率合成电源等。过去，爱立信手机电源是由多路独立的电源电路组成，分别经过电压调节电路后输出，即使是输出电压值相同，也要单独调节和输出；现在，它已将各路电源电路集成于一个芯片，由专用的电源管理模块负责各路电压输出。

一些GSM手机设置专用的电压调节器，并由它向手机各单元电路供电。这些电压调节器的输出电压既可直接用微处理器进行控制，又可由微处理器通过电源管理模块的寄存器来控制。控制电压调节器的主要控制信号标注方法，各生产厂可能不同。例如，诺基亚用TX PWR信号控制V_{TX}电压调节器，用RX PWR信号控制V_{RX}电压调节器，用SYNTH PWR信号控制频率合成电源，用VCO PWR信号控制基准频率时钟调节器等。再如，摩托罗拉新推出的手机,在中频处理电路上设置两个 2.75 V 的电压调节器,该调节器受中频处理电路控制,用 RF_V1 电源向频率合成器供电,用 RF_V2 向其他射频电路供电。

3. 识读射频接收电路

（1）区别射频接收电路和射频发射电路

GSM 手机的射频接收电路工作频率在 935～960 MHz 之间,由接收天线到接收第一混频器之间的信号工作在 935～960 MHz;而射频发射电路工作频率在 890～915 MHz 之间。在射频电路上,看到这些数据的地方,就可以区分是接收电路还是发射电路。另外,通过射频电路上一些代表性的标注,就可以判断是接收电路还是发射电路。例如,在接收电路内经常遇到 RX、RX EN、RX ON、LNA、MIX、RX275、DE MOD、RXI/Q 等标注;在发射电路内经常遇到 TX、PA、PAC、APC(AOC)、TXVCO、MOD I/Q、TXI/Q、TX EN 等标注。

（2）天线电路

天线电路多设置在整机电路图的左上角。通过查找天线的图形符号▽,或它的缩写词 ANT,就可以找到天线电路。在天线后面连接天线开关、双工滤波器(或称为合路器)。应当熟悉有关标注,例如,OUPLEX 是双工滤波器;DIPLEXER 是双信器;RX 表示接收,TX 表示发射;在双工滤波器电路上可能看到 VC1—VC4,它是天线开关的控制端,由 VC1—VC4 几个端口向外找,可找到天线开关的控制电路;GSM 表示 900 MHz 系统,DCS 表示 1 800 MHz 系统。

（3）低噪声放大器

低噪声放大电路可以是分立元件电路,也可以集成于集成电路内。在电路图内,容易找到低噪声放大器。它的前级电路是接收天线、双工滤波器等,在其基极电路上都要设置隔直通交的交流耦合电容或滤波器;其输出端集电极经耦合电容(或滤波器)连接到混频器。在确定低噪声放大器时,勿与天线开关及其他开关混淆。

通过电路图上缩写词标注,可以寻找低噪声放大器。例如,在摩托罗拉手机低噪声晶体管或组件上,加有 RX EN、TX EN 信号等。RX EN 是接收电路启动控制信号,TX EN 是发射电路启动控制信号。当 RX EN 为高电平时,必有 TX EN 为低电平时,则接收电路工作;当 RX EN 为低电平时,必有 TX EN 为高电平,则发射电路工作。由 RX EN、TX EN 信号控制被控开关元件,再通过被控开关元件来控制低噪声放大器的工作状态。再如,在诺基亚手机低噪声放大电路图上,LNA 是指低噪声放大器;V_{LNA} 是指低噪声放大器电源;LNA IN 是指低噪声放大器的信号输入端;LNA_G 表示 GSM 系统的低噪声放大器,LNA_D 表示 DCS 系统的低噪声放大器(诺基亚手机的 1800 系统标注为 PCN);LNA AGC 表示自动增益(AGC)控制端或具有此功能的低噪声放大器等。

（4）混频电路

混频电路位于低噪声放大器后,其电路形式与低噪声放大器差不多,但混频器必须输入两个信号,即外来输入射频信号和本机振荡信号。摩托罗拉手机混频电路经常使用分立元件电路,其他生产厂的手机混频电路多使用集成电路。

混频器的英文缩写词是"MIX",MIX_275 是指混频器电源 2.75 V,MIX OUT 和 MIX IN 分别表示混频器的输出端、输入端,VCC MIX 是混频器的供电端。如果看到这些标注,就能容易地找到和确定混频器。

（5）中频处理和接收解调电路

中频放大器使用集成电路，并用"IF"、"VIF"等标注表示。IF VCC 表示中频电路的电源；IF IN 表求中频信号输入端，可能是中频放大器的输入端，或者中频解调电路的输入端。摩托罗拉手机经常用 SW VCC 表示中频模块输出的一个供电电源。

接收解调电路经常用 RXI/Q 标注，而 RXI/Q 信号则经常表示解调电路输出的模拟基带信号。找到 RXI/Q 缩写词，它应是解调电路输出端，或是下级电路已解调基带信号 RXI/Q 的输入端。在许多电路图上，用"DEMOD"、"DEMOD ULATION"等表示解调电路。注意，TXI/Q 和 RXI/Q 的含义不同；有时 RXI/Q 信号是 4 个分量，常用 RX IN、RX IP、RX QN、RX QP 等表示。

（6）频率合成器

GSM 手机的 PLL 频率合成器主要由基准振荡器、鉴相器、低通滤波器、分频器和压控振荡器（VCO）等组成。其中，基准振荡器的振荡频率多取 13 MHz，该信号也称为主时钟、逻辑时钟等。在摩托罗拉手机中，常采用 MAINCLK、MAGIC_13 MHz 等标注，其中 MAIN、M 等均是主时钟的意思；诺基亚手机常采用 RFC 标注；爱立信用 MCLK 标注；松下用主 13 MHz 标注。基准振荡器也是一个 VCO 电路，它受逻辑电路 DSP 模块控制，控制该 VCO 电路频率的控制电压经常用 AFC 表示，AFC 电压加到基准振荡器的变容二极管负极。找到 AFC 电压及 AFC 电压控制的石英晶体或变容二极管，就找到了基准时钟电路。爱立信手机多将 AFC 信号标注为 VCXO CONT，另外，各生产厂对基准时钟电路的电源使用不同的标注缩写词。诺基亚用 VXO 表示，其他公司多用 VCXO 或 VS_VCXO 表示。顺着该电源线，可以找到基准时钟电路。

鉴相器用 PHD、PD 标注，大多是被集成于中频模块电路中。有些手机的鉴相器输出端用 CP 表示。送到鉴相器的两个信号（标准信号和比较信号）的原始频率都比较高，为了提高鉴相精度，都要经过分频电路和可编程分频器，进行分频降频后，才能送到鉴相器。分频电路也要用小方框表示，多用数字或 N(n) 表示它们分频的阶数。在鉴相器输出端往往设置"电荷泵"电路，而后再连接分立元件低通滤波器（LFP），而且基本上都是使用双时间常数 RC 低通滤波器。

VCO 是由分立元件或组件电路构成。在手机射频电路上，出现变容二极管的地方，都是 VCO 电路，变容二极管用 ✝ 表示，该图形符号容易识读。晶体三极管 VCO 电路多采用电容三点式或改进型电容三点式 LC 振荡电路。谐振电容的数值都比较小。由于 VCO 的功能不同，可以采用不同的标注方法，例如，RXVCO、TXVCO、RF VCO、VHF VCO、UHF VCO、IF VCO 及 MAIN VCO 等，它们的供电电路也使用特定的标注方法。例如，摩托罗拉使用 SF OUT 表示中频模块输出的电源，专门向频率合成器供电；R VCO_250 表示 RXVCO电路的供电电源为 2.50 V。

在 PLL 频率合成器电路图中，本机振荡电路（VCO）经常缩写为 LO，L 是英文 Local 的缩写词，O 是 Oscillator 的缩写词，于是，RFLO IN 则表示射频本机振荡信号的输入端，IF LO 表示中频本机振荡信号，由这些信号线都能找到相应的振荡电路。另外，SYNDAT、SDAT 等表示控制频率合成器的数据信号，沿着信号线，可以找到频率合成器的可编程分频器（又称程控分频器）。

4. 识读射频发射电路

（1）射频功率放大器

射频功率放大器靠近发射天线 TX 端口，比较容易寻找和识读；再加上该电路有一些明显易读的标注方法，就更易寻找和识读了。例如，诺基亚、爱立信、松下等手机，以 PA 表示功率放大器，PA GSM 表示 GSM 系统的功率放大器；VAPC 表示自动功率控制；PIN 和 POUT 分别表示功率放大器的输入端、输出端；VCTL 是系统控制端，CTL GSM 是 GSM 系统控制端。而摩托罗拉则用 PA（功率放大器）、PAC（功率控制）、AOC（自动功率控制）和 PA B+（功放电路电源正端）等标注；还有用 TX KEY、DM CS 等表示发射电路的时隙控制信号。

（2）功率控制电路

通常，使用两种方法控制功率放大器的增益：一种是通过控制放大器的供电电源来控制输出功率；另一种是通过控制放大器的偏置电压来控制输出功率。使用后种方法，可以灵活地掌握控制输出功率的级数。另外，功率控制电路是通过反馈控制原理来控制输出功率。在功率放大器输出端，利用功率分配器或微带线耦合器作取样电路，将取样电平与参考电平相比较，可以取得直流的控制电平，送到功率放大器的输入端。

在射频电路中主要有以下常见的控制信号。接收启动（或称使能）控制信号是 RX EN（RX ON），发射启动（使能）信号是 TX EN（TX ON），自动频率控制信号是 AFC 等。摩托罗拉手机使用时隙控制信号 TX KEY 和 DM CS；诺基亚手机有接收电路自动增益控制信号 RXC，发射电路自动增益控制信号 TXC（有时是指发射功率控制参考电平），电源启动控制信号 TXP 等；爱立信手机有功率控制信号 PWRLEVL 等。

在手机电路上，还经常见到以下一些控制信号。RXVCO_CP 是 RXVCO 的控制信号，CP_TX 是 TXVCO 的控制信号，PWRLEY 是功率控制信号，BSEL（以及 BAND SELECT、BAND SEL 等）是频段切换控制信号，TXVCO HB 是 DCS TXVCO 切换控制信号，TXVCO LB 是 GSM TXVCO 切换控制信号，PAON（以及 PAEN、PACEN 等）是功放电路启动控制信号，PCN/GSM 是 DCS 与 GSM 系统切换控制信号，LO EN 是本振启动控制信号，SYN ON（以及 SYNENA、SENA、SYNEN 等）是频率合成启动控制信号，CTL PCN 是 DCS 系统控制信号，FR ACTRL 是低噪声放大器自动增益控制信号，RX ACQ 是接收自动控制信号，DCS SEL 是 DCS 系统切换控制信号，DCS TXVCO 是 DCS 系统的 TXVCO 切换控制信号，GSM TXVCO 是 GSM 系统的 TXVCO 切换控制信号。在上述这些控制信号中，带 CTL、CTRL、C 的都是特定的控制信号，带 EN、ON 的都是启动、使能控制信号，带 PWR 或 P 的都是功率或电源控制信号。

（3）发射变换模块电路和 TXVCO 电路

在摩托罗托、爱立信、松下、三星等 GSM 手机中，射频发射电路都设置发射变换模块电路。该电路可做成独立的模块结构，也可以和中频模块或前端模块集成在一块芯片上。仅仅在带有发射变换模块的发射电路中，才需要设置 TXVCO 电路，TXVCO 电路可使用集成电路，也可使用分立元件电路。它在电路结构方面与 RXVCO 电路相似，在电路上设置变容二极管，由反向偏置控制电压来控制变容二极管的结电容量。分立元件电路多属于改进型电容三点式振荡电路。在电路图中，TXI/Q 中频已调波送到鉴相器，由鉴相器输出的控制信号经常用 CP_TX 表示，表明它是控制 TXVCO 电路的直流控制信号。VCO_SW 是

TXVCO 的频段切换控制信号,VCO_VC 是 TXVCO 的信道控制信号,还经常用 VCONT、CONT 表示控制信号、控制端。

(4) 发射上变频器

仅有诺基亚手机的射频发射电路才设置上变频器,但是它都是把上变频器集成到一个复合射频模块中,容易在电路图上找到该电路的输入、输出端口。在射频模块引脚上,经常看到 TX MIXIN 的标注,从字面上看,它表示发射混频器的输入端,实际上它是发射上变频器的输入端。

(5) TXI/Q 调制电路

经音频处理电路输出的发射基带信号 TXI/Q 信号,送到射频电路的 TXI/Q 调制器。找到图中 TXI/Q 信号线后,便容易找到发射 I/Q 调制电路,即发射 I/Q 信号的中频调制电路。目前,有些手机没有使用 TXI、TXQ 来标注发射基带信号,而是用 4 个分量表示。例如,使用 I IN、I INB、Q IN、Q INB 表示,也可用 TX IN、TX IP、TX QN、TX QP 表示,或者用 ITA、ITB、QTA、QTB 等表示。发射调制电路的标注方法也较多。例如,MOD、MOD I/Q 等,则相应的 4 个信号可写为 MODQP、MODQN、MODIP、MODIN。调制 TXI/Q 信号的载波信号,可有多种来源。例如,可来自专用的外接 VCO 电路,可来自基准时钟的倍频信号,可来自中频 VCO 信号的分频信号等。利用基带 TXI/Q 对中频载波进行调制,可得到已调中频信号。

5. 识读音频电路

音频电路的一种划分方法是其分为接收音频电路和发送音频电路两部分;另一种划分方法是分为模拟音频处理电路和数字音频处理电路两部分,数字音频处理电路是重点。

(1) 音频接收电路

接收电路的终端是受话器、耳机、听筒、扬声器等,其图形符号使用◁表示。在元件旁边经常标注缩写词 EAR、SPK、EARPHONE 和 SPEAKER 等。多数初读图者都能容易地识读这些图形符号和文字,找到它们就找到了音频接收电路的终止端。各个生产厂使用的接收音频处理电路,多是采用自己开发的专用模块电路。由专用 PCM 编解码器完成 A/D 和 D/A 转换任务;微处理器不仅完成逻辑控制功能,还兼任繁重的音频数字信号处理任务。信道解码、去交织或话音解码等功能经常由一块芯片完成。但这些内部功能往往在其引脚标注上看不出来。把这种数字处理芯片看成"黑匣子"电路,会给识读电路图带来一些方便。各个生产厂推出的各系列机型往往延用固定的标注代表其功能、名称。例如,诺基亚手机的音频接收电路的代号经常使用"N250"、"N200"等;摩托罗拉手机的音频接收电路往往置于复合电路模块内,其代号多用"U900";爱立信手机使用"多模"集成电路;其代号多为 N800 等。

(2) 音频发送电路

音频发送电路的起端是送话器、话筒等,其图形符号可以使用◖来表示,在元件旁边经常标有英文缩写词 MIC。话筒信号经过话筒(MIC)放大器放大后,送到数字音频处理电路。在各个手机中,音频发送和音频接收电路往往集成于同一芯片中。例如,PCM 编码和解(译)码、DSP 电路话音编码和解码、信道编码和解码、交织和去交织、加密处理和解密处理等,可将上述这些编解码电路都集成于 1～2 块大规模集成电路内。

6. 识读逻辑控制电路

（1）微处理器

各个生产厂家自己推出的微处理器的基本功能是相同或近似的，但引脚的标注方法往往不同。识读微处理器引脚的名称、功能时，应抓住主要引脚的功能、名称、信号流向等，认真体会引脚标注的方法、习惯。例如，看诺基亚手机微处理器电路图时，可以看到不同于其他生产厂的一些标注：MAD 指中央处理器（实际是 MCU 和 DSP 功能之和），CCONT 指电源管理电路，COBBA 指话音处理电路，CONNE 指连接器，UI 指用户模组，MEMORIES 指存储器单元等。

（2）识读 SIM 卡电路

当 SIM 卡插进手机后，才能进行功能调节或打电话。在电路图中，SIM 卡电路容易寻找和识读。在 SIM 卡电路图上，经常遇到的英文缩写词 SIM VCC、SIM DATA（或 SIM I/O）、SIM RST、SIM CLK 等，它们分别表示 SIM 卡电路的供电电源、传输数据、复位信号和工作时钟等。在整机图中，SIM 卡电路往往仅给出 6～8 个紧密相连的端口，而没有给出具体的内部结构，有利于降低读图的难度。

（3）识读 LCD 显示电路

在整机图上，画 LCD 显示电路的方法和画 SIM 卡接口电路的方法相似，仅给出显示接口电路，这也使识读工作得到简化，容易寻找该电路。LCD 显示接口电路把微处理器与显示屏电路连接起来。在该接口电路上也经常看到一些英文缩写词。例如，VL 是显示器的供电电压（还经常兼作逻辑电路的电源），SCLK 是串行时钟输入信号，SDA 是串行数据输入信号，LCD CDX 是控制/显示数据输入信号，LCD CSX 是片选信号，OSC 是 LCD 的外时钟输入端，LED RSTX 是复位信号，LCD EN 是 LCD 启动控制等。

（4）键盘、背景灯和蜂鸣器等

键盘电路、背景灯照明电路和蜂鸣器等都比较容易识读。键盘电路的图形符号比较直观，容易识别，用文字标注时也比较简单。例如，ROW 是键盘行地址扫描线，COL 是键盘列地址扫描线。将行、列扫描线交叉组合起来，就构成了键盘电路。键盘背景灯和显示屏背景灯都是由一组并列连接的发光二极管（LED）组成，容易在电路图中找到它们。常见英文缩写词有 LIGHT（背景灯控制）、KBLI GHTS（键盘背景灯控制）等。蜂鸣器的图形画法也比较直观，容易识别。相关的英文标注有 BUZZ（蜂鸣器）、BUZZER（蜂鸣器控制信号）、VI_BRA（振动器控制）、SPARE（来电指示灯）、EARN 和 EARP（听筒正、负端）等。

任务 2 移动终端射频电路识图实践

［任务导入］

我们识读一个实用电路。图 7-2 是诺基亚 5110/6110 型手机的射频电路方框图。下面，分别识读射频接收电路和射频发送电路图。

1. 射频接收电路

该机的射频接收电路如图7-3和图7-4所示。由天线感应得到射频信号,送到合路器Z550的RX通道进行集中选频。允许935～960 MHz范围的信号顺利通过,抑制由天线引入的杂波干扰,防止输入过强信号而发生阻塞现象,尤其要防止发射信号对接收信号的干扰。被选取的射频接收信号由合路器Z550的RX通道输出,经耦合电容送到收/发电路模块N500的25脚进行射频放大,其增益受微处理器(D200)送来的PDATA0信号控制,以维持其20 dB的增益,经放大的射频信号从23脚输出,送到接收声表面波滤波Z500进行射频信号滤波。经滤波的射频接收信号再经微带Z507耦合到Z510,再送到收/发电路N500的7、8脚进行混频处理。此外,由第一本振电路产生1 006～1 031 MHz的第一本振信号(UHF VCO),送到收/发电路模块N500的12脚,经内部放大后也送到第一混频器。两种输入信号在第一混频器进行混频,取得差频信号,即71 MHz的接收第一中频信号,此信号经放大后从9、10脚输出。然后,该中频信号经中频声表面波滤波器Z621进行中频滤波,以便提高对接收信号的选择性,抑制高频信号干扰,抑制阻塞信号及其他杂乱信号干扰。然后,第一中频信号送到中频-频率合成模块N620的51、52脚。然后,第一接收中频信号在N620内进行中频放大,其增益受PCM编解码器N250的18脚输出信号RXC的控制,其增益为20 dB。同时,第二本振电路VHFVCO产生232 MHz振荡信号,并由N620的8脚输入,经内部放大,再经两个2分频器分频后,形成58 MHz振荡信号送到第二混频器。71 MHz的第一中频信号和58 MHz的第二本振信号都送入第二混频器,经差频运算取得13 MHz第二接收中频信号,并由N620的44脚输出。该信号再送到压电陶瓷滤波器Z620进行滤波,抑制邻频信号干扰后,再送到N620的34、35脚,再进行接收第二中频放大和RXI/Q信号解调,产生的基带信号RXI、RXQ由N620的29、30脚输出,送到PCM编解码器N250的22、23脚,作进一步处理和解码工作。

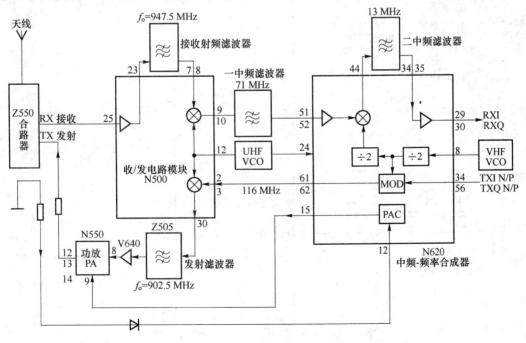

图 7-2 诺基亚 5110/6110 型手机射频电路方框图

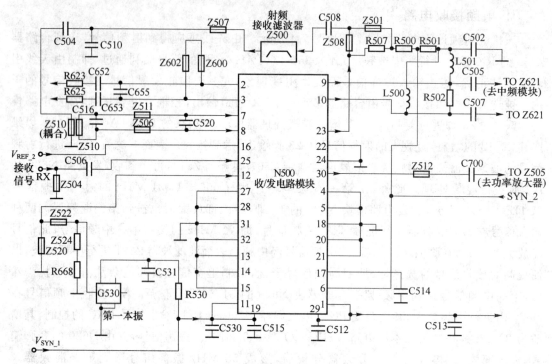

图 7-3　收/发电路模块（N500）外围电路图

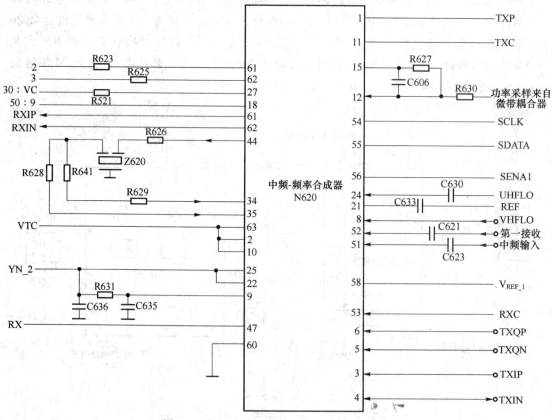

图 7-4　中频-频率合成器（N520）外围电路图

2. 射频发送电路

射频发送电路图可以继续参考图7-3和图7-4。由PCM编解码器N250输出发射基带信号，它们是TX IP、TX IN、TX QN、TX QP共4路信号，分别进入中频-频率合成模块的N620的3、4、5、6脚，经内部进行放大后送到TXI/Q调制器。同时，第二本振电路产生的232 MHz第二本振信号由8脚进入N620，经放大和分频后也送到TXI/Q调制器，由该调制器取得116 MHz发射已调中频信号。该已调信号进行发射中频放大，其电路增益受到从PCM编解码器N250的17脚输出信号（TXC）的控制。经放大的发射中频已调信号由N620的61、62脚输出，再经过外部LC低通滤波器滤波后，送到收/发电路模块N500的2、3脚。由第一本振电路产生的$1\,006\sim1\,031$ MHz的第一本振信号，由12脚进入收/发电路模块N500，经过内部放大后与输入的116 MHz发射中频已调信号进行混频，经过差频运算进行频谱搬移，取得射频发射已调信号，频率范围为$890\sim915$ MHz。此信号经放大后由N500的30脚输出。可见，在N500内的混频电路完成发射上变频器的功能。射频已调波送到射频滤波器Z505进行滤波，抑制来自上变频器的杂散信号，抑制本机振荡信号和中频信号，然后送到前置功放管V640进行激励放大，再将信号送到功率放大器N550进行功率放大。射频已调波加到功率放大器N550的8脚，经内部三级放大器放大后，由其12、13、14脚输出。经合路器Z550的TX通道送到天线发射出去。合路器可以抑制发射射频信号中的噪声和谐波干扰。另外，利用微带耦合器的次级Z551输出射频取样信号，取样功率信号经过检波二极管V551整流、C554滤波取得直流电压，可以送到中频-频率合成器N620内的功率控制器（PAC）。此外，基站检测到的手机发射功率强度也送到N620内，经过PAC电路对两输入电平进行比较，由N620的15脚输出发射功率控制信号，送到功率放大器N550的9脚，可将发射功率控制在基站所要求的范围内。功率放大器电路如图7-5所示。

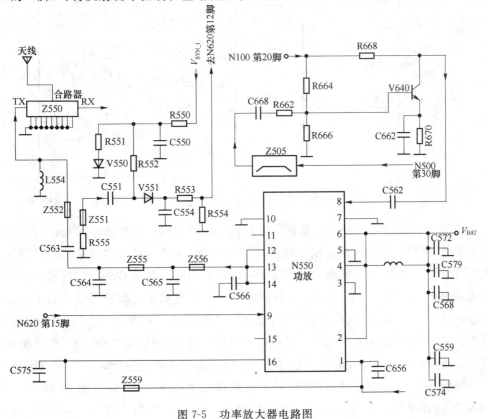

图7-5 功率放大器电路图

任务 3　移动终端音频处理/逻辑控制电路识图实践

[任务导入]

本任务将以双频手机爱立信 T18 机型的音频处理电路为例,讨论该机型的接收和发送音频信号的处理电路识图实践,以诺基亚 5110/6110 机型为例,讨论该机型的逻辑控制电路识图实践。

1. 音频处理电路识图实践

(1) 接收音频处理电路

利用中频模块 N500 内部解调电路,可将输入的已调波解调为两路模拟基带信号 RX IFN、RX IFP。经外电路送到多模转换器 N800 的 57、58 脚,同时,N500 还输出两路接收信号强度指示信号 RSSI2、RSSI3,其中 RSSI3 送到 N800 的 52 脚。另外,还有 13 MHz 基准时钟信号 MCLK 也送到 N800 的 38 脚,复位电压 RST 加到 10 脚。有关电路如图 7-6 所示。

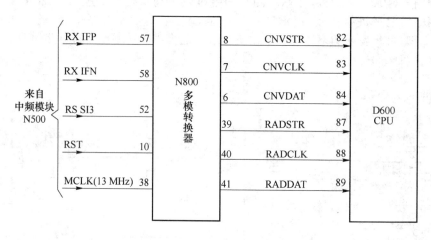

图 7-6　中频解调电路

在多模转换器内,对 TXI/Q 基带信号进行 GMSK 解调,可将基带模拟信号转换为数字基带信号,并将有关信号送到微处理器(CPU)D600。然后,将上述数字信号送到接收音频数字信号处理电路,它主要由微处理器 D600、话音编解码电路 D900 和多模转换器 N800 等组成,简化电路如图 7-7 所示。在微处理器 D600 内,对数字音频信号进行数字处理的主要内容包括:均衡处理,完成维特比算法,建立信道模型;完成解密和去交织,将数据变成1/8 短脉冲格式,再重组成 456 bit 信息,同时完成纠错处理;进行信道解码,利用信道模型进行维特比信道解码等。经处理的信号通过串行总线送到话音解码器 D900。然后,话音解码器 D900 对数字话音信号进行话音解码,对话音数据量进行去压缩,恢复为 PCM 码。最后,PCM 码送到多模转换器 N800 的 D/A 转换器(称 PCM 解码器),将其转换为模拟话音信号。在 N800 内设置有模拟音频放大器,对音频信号进行模拟放大后,产生 EARP、EARN 和 AFMS 信号。其中,EARP、EARN 音频信号驱动机内听筒发声;而 AFMS 信号送到外部连接器 J602,可作为外音频信号使用。

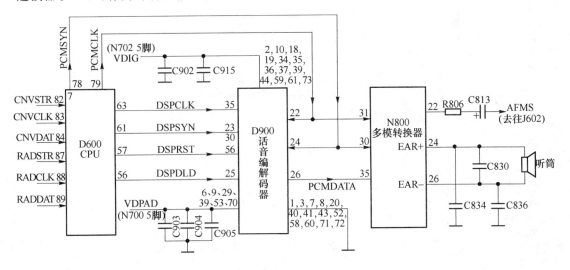

图 7-7　接收音频处理电路

（2）发送音频处理电路

发送音频处理电路主要由多模转换器 N800、话音编码器 D900 和微处理器 D600 等组成,有关电路如图 7-8 所示。话筒将话音转变为话音电信号,经过 *RC* 网络耦合到多模转换器 N800 的 14、15 脚。N800 的 13 脚向话筒提供所需的偏压。若在免提状态下使用,可从外部连接器 J602 输入音频信号 ATMS,该信号加到 N800 的 11 脚,可以进行发送。模拟音频信号在 N800 内进行模拟放大,进行 A/D 转换,可以得到 64 kbit/s 的 PCM 脉冲编码调制信号,然后将信号以 20 ms 分块为单位,送到话音编码器 D900 进行话音压缩编码。数字音频信号经过数据压缩后,使数据速率降低为 13 kbit/s;然后,音频信号再送到微处理器 D600,进行信道编码、交织、加密及脉冲格式化等处理,取得 1/8 bit 格式的短脉冲,并通过波形发生器生成模拟的 TXI/Q 信号,包括 TXMOD IP、TXMOD IN、TXMOD QP、TXMOD QN 共 4 个信号。最后,将这些信号送到射频电路的中频模块 N500,在 TXI/Q 调制器内调制为发送中频已调波。

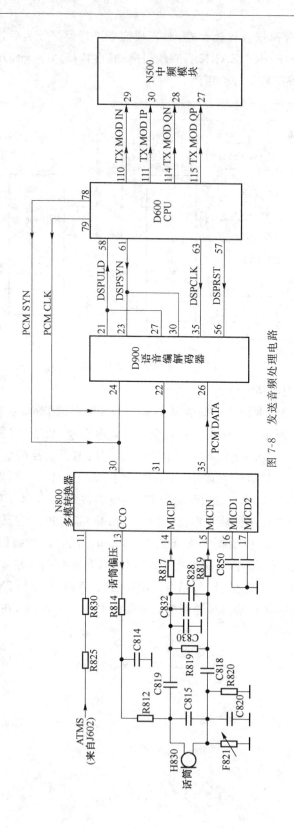

图 7-8　发送音频处理电路

2. 逻辑控制电路识图实践

（1）逻辑控制中心

该电路方框图如图 7-9 所示。逻辑控制电路的主要作用是控制数字信号的处理、收/发基带信号之间的转换，由射频电路检测到的接收信号及数据，监控射频电路正常运行。可以控制整机开关状态；控制整机显示及指示状态；扫描键盘输入信息；搜索空闲信道；产生收发状态下 VCO 电路的控制信号；监控外部设备的接入；根据接收信号场强，输出相应的发射功率控制信号；控制收发信前端模块和中频-频率合成模块；还可以通过运行存储器内部的软件及调用存储器内的数据库，达到监控整机的目的。

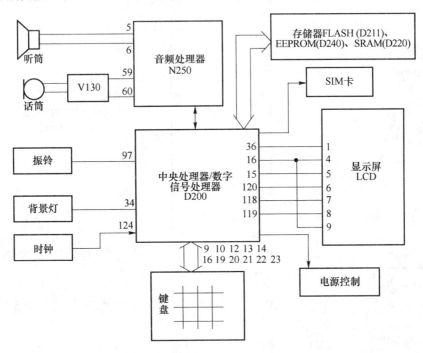

图 7-9　诺基亚 5110/6110 手机逻辑控制电路图

1）微处理器

该机已将逻辑控制、数字信号处理、CPU 及接口电路等都集成于一个芯片中，它与FLASH（D211）、SRAM（D200）、EEPROM（D240）等组成整机的逻辑控制中心；并与 PCM编解码器（N250）组成完整的数字话音信号处理系统。微处理器电路如图 7-10 所示。

2）外配存储器

外配了 FLASH 程序存储器 D211，它的功能是存储手机生产时已预置的整机运行系统程序数据，例如开机、关机程序数据，LCD 字符调出程序数据，与系统网络通信控制及检测程序数据等。它与微处理器的联系已经标注在图 7-10 中。外配了 EEPROM 电可擦写存储器 D240，它的功能是存储手机生产时已预置的原始数据，但其数据可通过本机按键盘进行修改，也可通过本机运行时自动擦写。可以擦写手机设置的使用菜单程序。它与 CPU的联系，已经标注在图 7-10 中。外配了 SRAM 存储器 D200，它的功能是为 CPU D200 作中转存储。它存储的数据可随时进行读写；但模块在关机断电后，内部存储的数据同时消失。

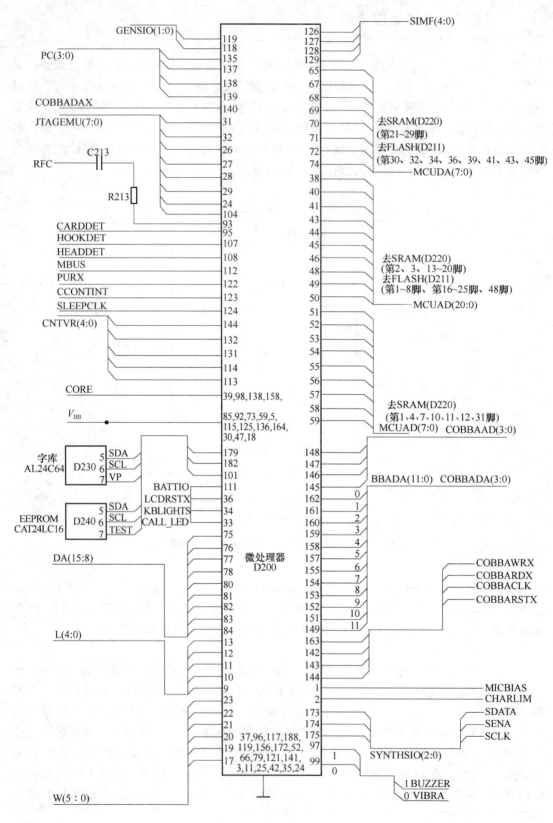

图 7-10 微处理器电路图

3）逻辑控制电路的基本运行条件

逻辑控制电路的基本运行条件是电源供电电压、工作时钟和复位信号。本机 D200 的供电电压是由电源处理器 N100 提供的逻辑电压 VL 和 VSL，送到逻辑控制电路的各模块电路。工作时钟是由 VCTCXO 电路 G600 产生的 13 MHz 基准频率振荡信号，加到 D200 的 124 脚；该信号还要送到中频-频率合成模块 N620、PCM 编解码器 N250 等模块。复位信号是加到 D200 的 112 脚，该信号是来自电源模块 N100 的 54 脚。

（2）PCM 编解码器

PCM 编码器 N250 的主要作用是进行数字信号与模拟信号之间的转换。主要引脚的功能如图 7-11 所示。由 N250 的功能所决定，它设置在射频电路与音频/逻辑电路之间的过渡地带，设置有多个接口。例如，与射频电路之间的接口，与话筒之间的接口，与听筒之间的接口等。

在接收信号时，由射频电路送来的接收基带信号 RXI/Q 加到 N250 的 22、23 脚，在 N250 内部进行 GMSK 解调，将模拟信号转换为数字信号，形成 270.833 kbit/s 的数字信号。然后送到微处理器 D200，作进一步数字信号处理，进行信道解码、去交织、解密等。然后，再送到 N250 进行 PCM 解码，即把数字话音信号还原为模拟信号；最后，经过 N250 内置的音频放大器进行话音放大，并由 5、6 脚输出，推动听筒发声。

在发射信号时，话筒将话音转换为话音电信号，并加到 PCM 编解码器 N250 的 59、60 脚。在 N250 内进行音频放大后，再进行 PCM 编码，将模拟话音信号转换为 64 kbit/s 的音频数字信号。然后，将此发送数字信号送到微处理器 D200，作进一步数字处理，进行信道编码、交织、加密等；然后，再送到 N250 内，进行 GMSK 调制，将数字信号转换为模拟发射基带信号 TXIP、TXIN、TXQP、TXQN，并由 N250 的 13、14、15、16 脚输出，送到射频电路作进一步处理。

N250 还产生射频电路的一些控制信号，以便控制射频电路正常工作。

（3）实时时钟电路

实时时钟电路如图 7-12 所示，它主要由微处理器 D200、32.768 kHz 的石英晶体 B100 以及电源处理器 N100 组成，用于产生实时时钟信号。另外，图中后备电池 G100 及其外围电路组成供电电路，使手机卸下电池时机内的时钟电路能继续工作。工作原理如下，当手机装有电池时，电源处理器 N100 输出稳定电压，对后备电池 G100 充电，同时向实时时钟电路供电，使实时时钟继续工作；当手机卸下电池时，后备电池通过 N100 向实时时钟电路供电，使时钟不停顿地工作。

（4）SIM 卡接口电路

用户识别模块 SIM 卡接口电路，如图 7-13 所示。开机时，手机自动将 SIM 卡的用户资料信息发射到基站，基站进行鉴权识别，确定用户能否入网和获得服务。若经鉴别属于合法用户时，可发回信号给手机。SIM 卡还可以存储一些个人资料，如电话簿等。

该机的 SIM 卡接口电路直接由电源处理器 N100 供电，由 V104 进行稳压。在 V104 内部是 4 个稳压二极管，可稳定输出电压。SIM 卡设置有 SIM DAT、SIM CLK、SIM RST 等端口，与 V104 和 N100 的引脚相接，这些信号经 N100 传输到微处理器 D200。

（5）键盘扫描电路

微处理器 D200 设置 11 个引脚，通过键盘扫描线可组成键盘电路，该机没有使用全部

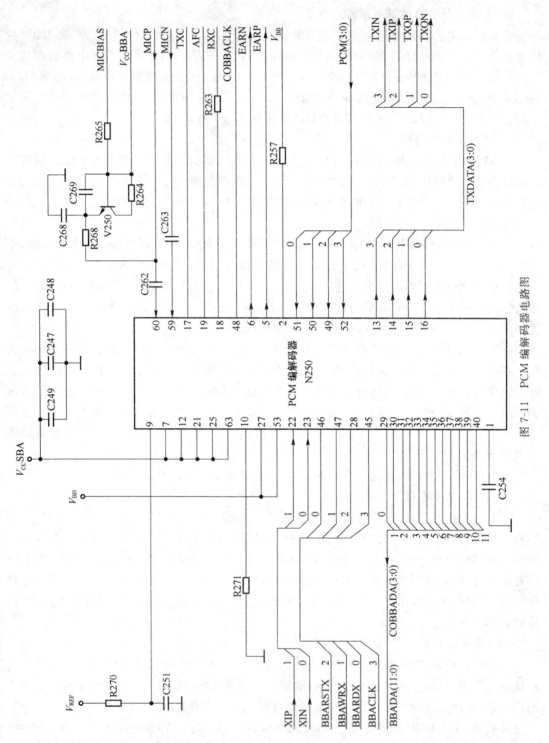

图 7-11 PCM 编解码器电路图

引脚。它使用 9、10、12、13 脚作为键盘列扫描线（COL）端口。使用 19、20、21、22、23 脚作为键盘行扫描线（ROW）端口。由 4 条列线和 5 条行线组成 4×5 点阵，每个交叉点可设置一个按键，最多设置 20 个按键。按键电路如图 7-14 所示。

在待机状态下，D200 对键盘没有扫描信号，输出保持低电平，输入保持高电平。当按下

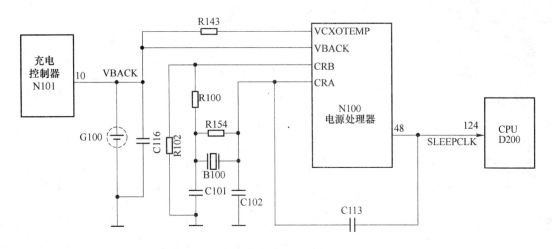

图 7-12 实时时钟电路

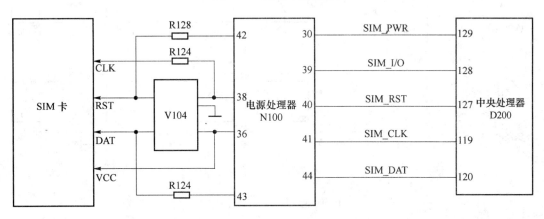

图 7-13 SIM 卡接口电路

某个按键时,其中一个输入端将变为低电平,产生一个中断信号送到 D200,D200 开始运行键盘扫描程序,检测按键位置,执行该键所对应的程序,完成相应的功能。

(6) LCD 显示电路

由电源处理器(PSL)N100 输出的 VL 电压(2.8 V)向 LCD 驱动集成电路供电。显示屏的复位信号、运行时钟、LCD 数据等都是由 D200 提供;LCD 的对比度自动控制信号是由 D200 调出 FLASH (D211)的程序数据和 EEPROM D240 的程序数据,送到 LCD 屏可稳定屏的对比度。图 7-15 是 LCD 显示屏电路方框图。

(7) 显示屏和键盘的背景灯电路

液晶显示屏的背景灯和键盘的背景灯各由 6 个发光二极管(LED)组成,都是受微处理器 D200 的 34 脚控制。由 V23 构成显示屏照明驱动电路,由 V17 构成键盘照明驱动电路,控制 LCD 发光。控制 D200 的 34 脚输出的控制电平是由 EEPROM D240 内调出的,背景灯的开与关受到 EEPROM 的控制。显示屏和键盘背景灯电路如图 7-16 所示。

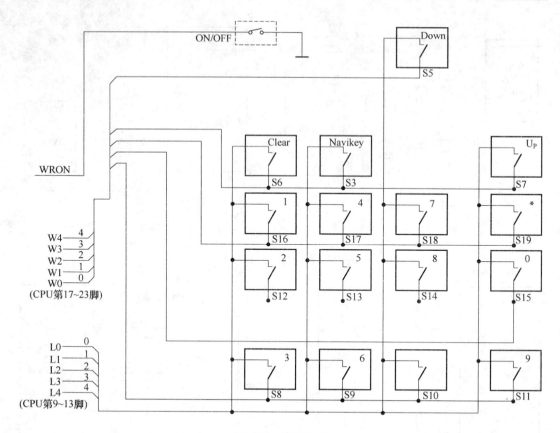

图 7-14　按键电路

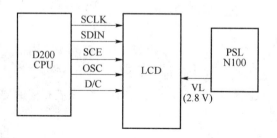

图 7-15　LCD 显示屏电路

（8）听筒电路和话筒电路

听筒是听筒电路的终端负载,驱动听筒发声的模拟音频信号来自 PCM 编解码器 N250 的 5、6 脚。在听筒与 N250 的 5、6 脚之间的 RC 网络完成滤波和耦合功能。话筒是话筒电路的声源器件,话筒将话音转换为话音电信号后,经过平衡式低通滤波网络。送到 PCM 编解码器 N250 的 59、60 脚,以便进行 PCM 编码。LD 是话筒供电控制电压。听筒电路和话筒电路如图 7-17 所示。

（9）振铃电路

振铃电路如图 7-18 所示,V25、V26 是振铃器音频驱动放大器,由 VBATT 电池电源供电。由微处理器 D200 的 97 脚输出振铃信号,经过 V25、V26 驱动放大后,可推动蜂鸣器发出呼叫声。D200 的 97 脚输出的振铃信号,是受 EEPROM 内存程序所控制。

138

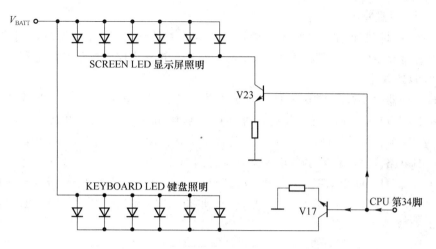

图 7-16 显示屏和键盘背景灯电路

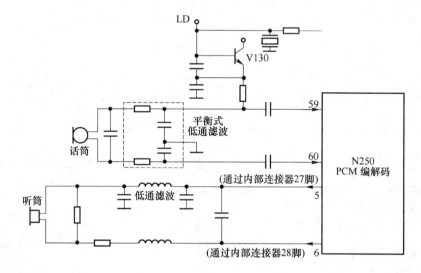

图 7-17 听筒电路和话筒电路

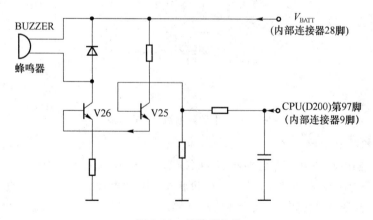

图 7-18 振铃器电路

（10）电源控制电路

本机的电源控制电路主要由电源处理器 N100、微处理器 D200 和充电控制器 N101 组成。下面着重介绍电源处理器 N100 的功能、开/关机控制电路和本机充电电路。

1）电源处理器 N100

电源处理器（N100）经常用缩写词 PSL 标注。它以芯片内稳压器为核心，与芯片内 A/D 转换器和 D/A 转换器相结合，再配以外围电路就组成了整机供电电路。该电源处理器 N100 还是 SIM 卡与微处理器 D200 联系的接口电路。图 7-19 为该电源处理器的主要引脚标注和外围电路。该电路输出多路直流电压。例如，N100 的 55 脚输出逻辑电压 2.8 V，可向 D211（FLASH）、D200（SRAM）、D200（CPU）、N250（PCM 编解码器）等模块供电；另外，还向收/发电路 N500、中频-频率合成模块 N620、第一和第二本振电路、13 MHz 晶振（G600）电路等供电。

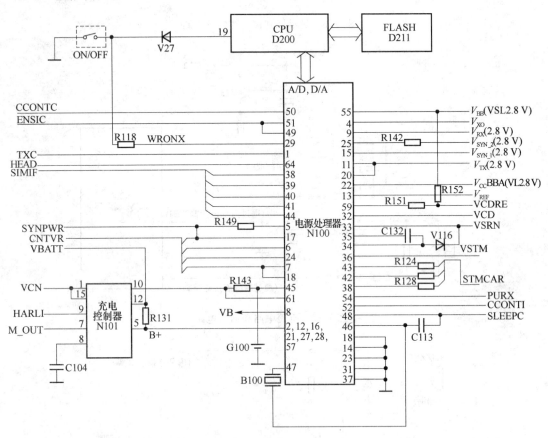

图 7-19　电源处理器外围电路图

2）开/关机控制电路

开/关机控制电路是由电源处理器 N100、CPU D200、电源键 ON/OFF、二极管 V27 等组成。当按下电源键 ON/OFF 时，手机进入开机状态。此时电源处理器 N100 的 29 脚从高电平转变为低电平，此低电平开机触发信号使 N100 输出 2.8 V 逻辑电压、复位电压，使 13 MHz 晶振（G600）基准频率振荡器起振，使逻辑电路满足基本运行条件。同时 CPU D200 的 19 脚通过隔离二极管 V27 由高电平变为低电平，该信号使 D200 检测到符合整机运行的要求后，调出存储器内的开机程序数据,送到 N100 内,经 D/A 转换器转换为模拟控制信号,使 N100 维持输出各个电压。再按下电源键时进入关机状态。此时,电源键断开,使隔离二极管 V27 正偏导通,D200 的 19 脚呈低电平,将关机请求信号送入 D200,D200 检测到该信号后,开机维持信号撤消,将关机程序调入 N100 内,经 D/A 转换器转换为模拟控制信号,N100 原各个输出电压消失,实现关机。当关机按键按下时间少于 0.2 s 时,D200 的 19 脚维持低电平时间也少于 0.2 s,手机软件识别为挂机或退出操作,作挂机或退出处理。

3)本机充电电路

本机充电电路主要由充电控制器 N101、电源处理器 N100 及微处理器 D200 组成。如图 7-20 所示,当进行充电时,充电控制器 N101 将充电请求信号发送到电源处理器 N100,再由 N100 将该信号传送给 CPU D200,由 D200 检测充电数据是否符合要求。当数据检测通过后,D200 把允许充电的信令数据送回 N100,再由 N100 输出脉宽调制信号,控制 N101 进入本机充电状态。在充电过程中,D200 时刻监测充电状态。当电池充电满足后,D200 也已经检测到时,D200 的充电临测器输出关闭充电控制信号。此关闭控制信号先送到电源处理器 N100,再由 N100 关断充电控制器 N101,关闭本机充电电源。

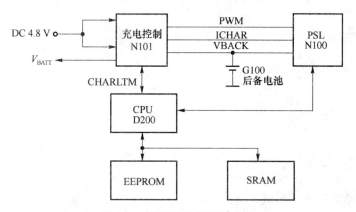

图 7-20 本机充电控制示意图

项目习题 7

1. 简述摩托罗拉 CD928 发射变换模块框图各英文缩写的含义。

2. 简述电池供电电路的识别方法。

3. 简述射频接收电路和射频发射电路的区分方法。

4. 简述中频处理和接收解调电路的区分方法。

5. 简述频率合成电路的区分方法。

6. 简述射频功率放大器电路的区分方法。

7. 简述功率控制电路的区分方法。

8. 简述发射变换模块电路和 TXVCO 电路的区分方法。

9. 简述 TXI/Q 调制电路的区分方法。

10. 简述 SIM 卡电路的识读方法。

11. 简述 LCD 显示电路的识读方法。

项目八　项目实践——移动终端信号测试与故障检修

项目目的

1. 掌握手机常见电压/波形/频率测试方法；
2. 掌握手机常见电路分析与测试方法；
3. 掌握手机故障常见维修方法。

项目工具

1. 诺基亚 3210 测试手机；
2. 万用表；
3. 示波器；
4. 频率计。

项目重点

1. 手机常见信号电压测试；
2. 手机常见信号波形测试；
3. 手机常见信号频率测试；
4. 手机不开机检修；
5. 手机不入网检修；
6. 手机显示故障检修。

任务 1　移动终端常见供电电压/信号波形/信号频率测试

［任务导入］

GSM 手机是传输信号和处理信号的通信设备,在手机维修过程中,不可避免地要对手机的各种信号进行测试,以判断故障的部位。GSM 手机的信号有其独特的一面,也就是说,它的很多信号是不确定的,若对手机及其信号没有足够的了解,即使再高级的设备也很难测到这些信号,为便于维修,本任务将系统分析手机电路中常见信号及其测试。

维修不开机、不入网、无发射、不识卡、不显示等故障,需要经常测量相关电路的供电电压是否正常,以确定故障部位。这些供电电压,有些为稳定的直流电压,有些则为脉冲电压。一般来说,直流电压可用万用表测量,也可用示波器测量。用万用表测量是最为方便和简单的,只要所测电压与电路图上的标称电压相当,即可判断此部分电路供电正常。而脉冲电压一般需用示波器测量,用万用表测量,则会与电路图中的标称值有较大的出入。脉冲电压大都是受控的(有些直流电压也可能是受控的),也就是说,受控脉冲电压只有在启动相关电路时才输出,否则,用示波器也测不到。

手机中很多关键测试点,用万用表测量很难确定信号是否正常,此时,必须借助示波器进行测量。示波器是反映信号变化过程的仪器,它能把信号波形变化直观地显示出来。手机中的脉冲供电信号、时钟信号、数据信号、系统控制信号、RXI/Q、TXI/Q 以及部分射频电路的信号都能在示波器的显示屏上看到。通过将实测波形与图纸上的标准波形(或平时积累的正常手机波形)作比较,就可以为维修工作提供判断故障的依据。

检修手机射频电路故障时,需要经常测量射频电路信号、中频信号、13 MHz 信号、VCO信号、发射信号的频率,此时必须用频率计或频谱分析仪才能进行测量,由于射频电路的信号幅度很低,而频率计的灵敏度不高,因此,测量射频电路信号频率,一般来说,需要借助频谱分析仪才能准确地测量到。

下面分别介绍常见供电电压、信号波形、信号频率的测试方法。

1. 常见供电电压测试

(1) 外接电源供电电压

维修手机时,经常需要用外接电源来代替手机电池,以方便维修工作,这个外接电源在和手机连接前,应调到和手机电池电压一致,过低会不开机,过高则有可能烧坏手机。

外接电源和手机的连接要连到手机的电源 IC 或电源稳压块。外接稳压电源输出的是直流电压,且不受控。测量十分简单,只需在电源 IC 或稳压块的相关引脚上,用万用表即可方便地测到。如果所测的电压与外接电源供电电压相等,可视为正常,否则,应检查供电支路是否有断路或短路现象。

(2) 开机信号电压

手机的开机方式有两种,一种是高电平开机,也就是当开关键被按下时,开机触发端接到电池电源,是高电平启动电源电路开机;一种是低电平开机,也就是当开关键被按下时,开机触发线路接地,是低电平启动电源电路开机。

爱立信手机,三星手机和摩托罗拉 T2688 手机都是高电平触发开机。摩托罗拉、诺基亚及其他多数手机都是低电平触发开机。如果电路图中开关键的一端接地,则该手机是低电平触发开机,如果电路图中开关键的一端接电池电源,则该手机是高电平触发开机。

开机信号电压是一个直流电压,在按下开机键后应由低电平跳到高电平(或由高电平跳到低电平)。开机信号电压用万用表测量很方便,将万用表黑表笔接地,红表笔接开机信号端(如三星 A188 手机中 U608 的 2、5 脚),按下开机键后,电压应有高低电平的变化,否则,说明开机键或开机线不正常。

(3) 逻辑电路供电电压

逻辑电路供电电压基本上都是不受控的,即只要按下开机键就能测到,逻辑电路供电电压一般是稳定的直流电压,用万用表可以测量,电压值就是标称值。

（4）射频电路供电电压

手机的射频电路供电电压比较复杂，既有直流供压，又有脉冲供电电压，而且这些供电电压大多是受控的。为什么会这样呢？分析起来有两点：一是为了省电；二是为了与网络同步，使部分电路在不需要时不工作，否则，若射频电路都启动，手机功能就会紊乱。可能有人会问，逻辑电路为什么不采用这种供电方式呢？因为逻辑电路是手机的指挥中心，在任一时刻失去供电电压，整机就会瘫痪。

射频电路的受控电压一般受 CPU 输出的接收使能 RX ON（RX EN）、发射使能 TX ON（TX EN）等信号控制，由于 RX ON、TX ON 信号为脉冲信号，因此，输出的电压也为脉冲电压，一般需用示波器测量，用万用表测量结果要小于标称值。

测量接收电路的供电应启动接收电路，测量发射电路的供电应启动发射电路。手机在待机状态下，接收电路每隔一定时间启动一次，发射电路则不启动，手机拨打电话或"112"时，则接收和发射电路可以同时启动。所以，在测量时若测不到供电电压，应检查是否启动了相应的电路。应在手机开机后的 30 s 内进行检测。

（5）SIM 卡电路供电电压

手机的 SIM 卡有 6 个触点，其中标注为 SIM VCC 或 Vcc 的触点为 SIM 卡供电端。由于有两种不同工作电压的 SIM 卡，即 3 V SIM 卡和 5 V SIM 卡，所以，在手机内部存在 3 V SIM 卡电路及 5 V SIM 卡电路。测量 SlM VCC 电压最好选在开机瞬间用示波器进行测量，图 8-1 是爱立信 T28 手机所测的 SIM VCC 波形 。用万用表测量的 SIM VCC 电压，要远远小于 3 V 或 5 V。

图 8-1　SIM VCC 电压波形

（6）显示电路供电电压

显示电路采用直流供电，手机开机后，即可用万用表方便地进行测量，下面以爱立信 T28 手机为例进行分析。

爱立信 T28 手机的显示屏通过 5 个触点和电路相连，如图 8-2 所示。

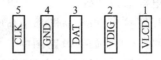

图 8-2　爱立信 T28 手机的显示屏触点示意图

图中，1 脚 VLCD 为显示屏对比度控制端，电压为 6 V，无此电压，LCD 无显示，太高则 LCD 发暗。2 脚为显示屏直流供电端，电压为 2.8 V。这两处电压可方便地用万用表测量。3 脚为 DAT 数据输入端，来自 CPU。4 脚接地。5 脚为时钟输入端，来自 CPU。DAT、CLK 两脚需用示波器观察其波形（2.8 V 的方波），用万用表测量无法确保电路工作是否正常。

（7）其他电路供电电压

其他电路，如听筒电路、振铃电路、振子电路的供电较简单，一般直接由电池电压供电，可方便地用万用表测量。送话器电路一般由音频电路为其提供偏压，也可方便地用万用表进行测量。

2. 常见信号波形测试

（1）射频电路常见信号波形的测试

1）脉冲供电电压波形

手机较多地采用脉冲供电电压，如摩托罗拉 V998 手机的 MIX275、TVCO_250、SF_OUT、RVCO_250、DCS_VCO、PAC_275 等供电电压都是脉冲电压，这些信号只有用示波器在启动相关电路时才能测到，用万用表测量，结果要远小于标称值。

2）13 MHz 时钟信号波形

手机基准时钟振荡电路产生 13 MHz 时钟，一方面为手机逻辑电路工作提供了必要条件，另一方面为频率合成电路提供基准时钟。无 13 MHz 基准时钟，手机将不开机，13 MHz 基准时钟偏离正常值，手机将不入网。因此，维修时测试该信号十分重要。13 MHz 信号在手机开机后即可方便地测到。另外，手机中的 32.768 kHz 信号也可方便地用示波器进行测量，波形为正弦波。

3）发射 VCO 控制信号

在发射变频电路中，TXVCO 输出的信号一路送到功率放大电路；另一路与 RXVCO 信号进行混频，得到发射参考中频信号。发射已调中频信号与发射参考中频信号在发射变换模块中的鉴相器中进行比较，在经一个泵电路（一个双端输入，单端输出的转换电路），输出一个包含发送数据的脉动直流控制电压信号。去控制 TXVCO 电路，形成一个闭环回路。这样，由 TXVCO 电路输出的最终发射信号就十分稳定。

在维修不入网、无发射故障时，需要经常测量发射 VCO 的控制信号，如爱立信 T28 手机，发射 VCO 控制信号由 N234 的 63 脚输出，用示波器测试该脚波形时，需拨打"112"以启动发射电路。其波形如图 8-3 所示。波形幅度约为 1.2 V，周期为 4.6 ms。

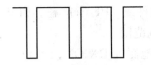

图 8-3 发射 VCO 控制信号波形

4）一本振 VCO 控制信号

一本振 VCO 控制信号是判断一本振 VCO 是否正常工作的重要依据。爱立信 T28 手机 D300 的 3 脚即为一本振 VCO 控制输出端，D300 的 3 脚波形如图 8-4 所示。波形幅度约为 1.7 V，周期为 1.17 s。

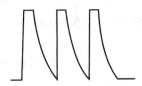

图 8-4 D300 的 3 脚输出的一本振 VCO 控制信号

以上波形是用数字存储示波器测试的波形,用普通示波器测量时,应将示波器置为最长时间/格,这时可看到一个光点从左向右慢慢移动,每走一段距离向上跳动一下。

另外,二本振 VCO 的控制信号也可以通过示波器进行测量。

5) RXI/Q、TXI/Q 信号

维修不入网故障时,通过测量接收机解调电路输出的接收 RXI/Q 信号,可快速判断出是射频接收电路故障还是基带单元故障。RXI/Q 信号波形如图 8-5 所示。波形幅度约为2.8 V。

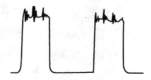

图 8-5　RXI/Q 信号波形

真正的接收信号是在这个脉冲波的顶部,若能看到该信号,则解调电路之前的电路基本没问题。

发射调制信号(TX MOD)一般有 4 个,也就是常说到的 TXI/Q 信号,是发信机基带部分加工的"最终产品"。

使用普通的模拟示波器测量 TXI/Q 信号时,将示波器的时基开关旋转到最长时间/格,拨打"112"。如果能打通"112",这时就可以看到一个光点从左到右移动;如果不能打通"112",波形一闪就不再出现。TXI/Q 波形与 RXI/Q 类似。

(2) 逻辑电路常用测试信号

1) 接收使能 RX ON、发射使能 TX ON 信号

RX ON 是接收机启闭信号,测试该信号的作用一是可间接判别手机的硬件好坏,硬件有问题,开机后 RX ON 出现的次数多,持续的时间长;二是可间接判别接收机系统在射频部分是否能将射频信号变为基带信号的任务,若不能完成,则接收机有问题。

TX ON 是发射启闭信号,维修无发射故障时,测量 TX ON 信号很有必要。如果 TX ON 信号无法测出,说明手机的软件或 CPU 有问题。如果 TX ON 只瞬间出现,但仍无法打电话,说明故障已缩小到了发信机范围。

使用数字存储示波器可方便地测到 RX ON、TX ON 信号,正常情况下的波形如图 8-6所示。波形幅度约为 3 V,周期为 4.6 ms,测试时要拨打"112"以启动接收和发射电路。

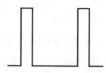

图 8-6　RX ON、TX ON 信号波形

使用普通的模拟示波器,要将时基开关拨到最长时间/格,测到的信号是一个从左向右移动并不断向上跳动的一个光点。

2) CPU 输出的频率合成器数据 SYN DAT、时钟 SYN CLK 和使能 SYN EN(SYN ON)信号

CPU"通过 3 条线"(即 CPU 输出的频率合成器数据 SYN DAT、时钟 SYN CLK 和使能 SYN EN 信号)对锁相环发出改变频率的指令,在这 3 条线的控制下,锁相环改变输出的控制电压,用这个已变大或变小的电压去控制压控振荡器的变容二极管,就可以改变压控振荡器输出的频率。图 8-7 是爱立信 T28 手机的 SYN ON 测试波形图。波形幅度约为 3 V,周期为 0.8 ms。

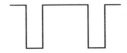

图 8-7　爱立信 T28 SYN ON 的测试波形

3) 卡数据 SIM DAT、卡时钟 SIM CLK 和卡复位 SIM RST 信号

维修不识卡故障时,通过测量卡数据 SIM DAT、卡时钟 SIM CLK 和卡复位 SIM RST 信号可快速地确定故障点。卡数据 SIM DAT、卡时钟 SIM CLK 和卡复位 SIM RST 信号波形类似。图 8-8 是爱立信 T28 手机的 SIM DAT 信号波形,波形幅度约为 3 V。测量要在开机时进行,否则,很难测到该信号。

图 8-8　爱立信 T28 手机卡数据 SIM DAT 信号波形

4) 显示数据 SDATA 和时钟 SCLK 波形

CPU 通过显示数据 SDATA 和显示时钟 SCLK 与显示屏进行通信,若不正常,手机就不能正常显示。图 8-9 是爱立信 T28 手机的显示数据和显示时钟波形,波形幅度约为 3 V。手机开机后就可以测到该波形。

图 8-9　爱立信 T28 手机的显示数据波形

5) 脉宽调制(PWM)信号

手机中脉宽调制信号不多,脉宽调制信号的特点是,波形一般为矩形波,脉冲占空比不同,经外电路滤波后的电压也不同,此信号也能方便地用示波器测量。如爱立信 T28 手机的显示对比度控制电路就采用了脉宽调制控制方式,D600 的 M13、B14 脚输出的信号即为脉宽调制信号,M13 脚(在 C636 电容上测)波形如图 8-10 所示。波形幅度约为 3 V,图中虚线为对比度变化时所出现的波形。

(3) 其他电路信号波形的测试

1) 受话器两端的信号

主要在受话时,在受话器两端应能测到音频波形。波形如图 8-11 所示。

2) 振铃两端的信号

将手机设置在铃声状态,在接收到电话时,振铃两端应有音频波形出现(约为 3 V)。

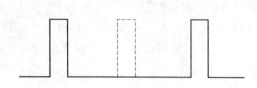

图 8-10　D600 的 M13 脚输出的波形

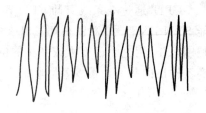

图 8-11　受话器两端的音频信号波形

3）照明灯驱动信号

手机的照明灯电路采用的电路主要有两种形式，下面以爱立信 T18 手机和爱立信 T28 手机为例进行说明。爱立信 T18 手机的键盘灯电路主要由发光二极管 H551～H560，控制开关管 V614、V615 等元件组成。发光二极管的点亮和熄灭是由微处理器（CPU 的 69 脚）来控制的，当开关管 V614、V615 导通时，发光二极管点亮。

键盘灯驱动信号（CPU 的 69 脚）波形如图 8-12 所示。波形幅度约为 3 V，周期为 16.4 μs。从波形图中可以看出，CPU 的 69 脚发出的驱动信号是脉冲式的，而不是直流电压。但为什么没看见发光二极管一亮一暗呢？这是利用了人眼的"视觉暂留"特点，也就是说，在人眼看到光，光消失之后的很短时间内，眼睛里仍有光感的残留。另外，发光二极管发光还没有完全停止，电流又流过了它，又要发光，这样看上去灯就一直亮着。

图 8-12　爱立信 T18 手机键盘灯驱动信号波形

爱立信 T28 手机的键盘照明电路较为特殊，它采用了"电致发光"技术，发光的原理是荧光粉在交变电场的作用下被激发而发光。电致发光可发红色、蓝色或绿色的光。T28 手机发出的是绿色的光。

T28 手机较为省电，很大程度上取决于该机采用了"电致发光"技术，一般手机的发光二极管有几个，亮起来要耗电 50 mA 左右，而 T28 手机只耗电 10 mA 左右。

电致发光需要的驱动电压较高，T28 手机采用了 170 V 峰-峰值的双向三角波，由 N750 的 6、8 脚产生，如图 8-13 所示。N750 的 6、8 脚波形如图 8-14 所示。波形幅度约为 170 V，周期为 4 ms。

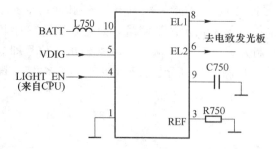

图 8-13　爱立信 T28 手机键盘和照明电路

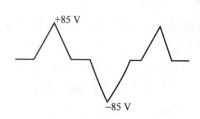

图 8-14　N750 的 6、8 脚信号波形

3. 常见信号频率测试

（1）测试前的准备

在 GSM 接收机频段内有 124 个信道，输入到手机的射频信号到底是多少呢？如果不知道这一点，用频谱分析仪也很难对射频接收信号和发射信号进行检测。有两个方法解决，一是利用升级后的摩托罗拉手机来了解当地基站的射频信号的频率，二是用射频虎配合测试卡或硬件虎设置信道。下面分别介绍。

1）利用升级后的摩托罗拉手机进行检测

每个地区都有一些蜂窝基站，而每个蜂窝基站都有一些工作在不同信道上的接收机与发射机。蜂窝基站的发射机发出的射频信号就是手机接收到的射频信号。要利用基站的射频信号，就必须知道自己所在地区蜂窝基站所工作的信道，这一点是比较容易办到的。利用摩托罗拉升级以后的手机，在菜单中找到工程模式菜单，选择 Active cell 选项，这时手机就会出现如图 8-15 所示的画面。

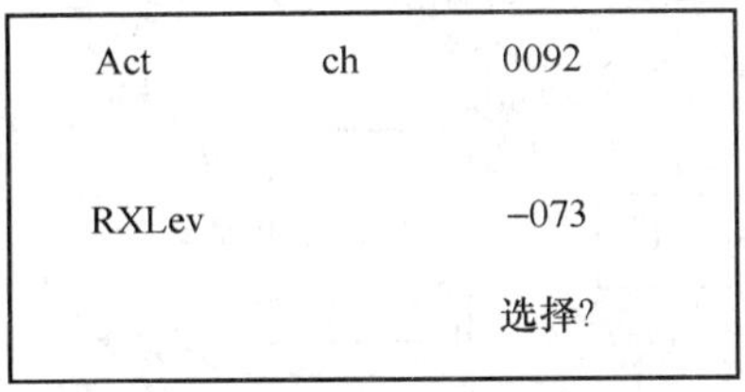

```
Act          ch        0092


RXLev                 −073

             选择？
```

图 8-15　蜂窝信道查找示意图

图中，Act ch 后面指示的数字就是当前蜂窝基站所处的蜂窝信道。知道蜂窝基站所处的信道后，即可计算出当地蜂窝基站发射的射频信号的频率。这时将频谱分析仪的中心频率调节到这个蜂窝基站的频率点上就可以进行测试了。

2）利用射频虎配合摩托罗拉测试卡和硬件虎设置信道

① 对于摩托罗拉手机，可将射频虎输出的频率调到 947 MHz，插入摩托罗拉测试卡，将故障机设置在测试状态，再输入测试指令"45060♯"，把频段设在 60 信道（60 信道的接收频率为 947 MHz、发射频率为 902 MHz），启动接收机电路，进行以上处理后，就可以用频谱分析仪对信号进行检测。

② 对于其他系列手机，由于无测试卡，需用硬件虎和射频虎相配合，将射频虎输出的频率调节到 947 MHz 的频率上，将手机与硬件虎连接好，并启动软件，使手机固定在 GSM 的60 信道上即可。

（2）射频电路信号频率的测试

1）低噪声放大器的测试

低噪声放大器基本电路如图 8-16 所示。图中只画出一个通道的方框图，对于双频手机的低噪声放大器，要多一个通道。

在低噪声放大器（LNA）的一前一后都有一个射频带通滤波器（BF）。若是 GSM 接收机，则只允许 935～960 MHz 的射频信号通过。这些滤波器通常会带来 2～3 dB 信号衰减，而低噪声放大器的增益通常在 10 dB 左右。检修低噪声放大器可以使用万用表或示波器，但万用表只能检测低噪声放大器的偏压控制和工作电源。如果手机不是处于测试状态，则

用万用表所检测到的参数也是不准确的。用示
波器只能检测到低噪声放大器的直流控制信号
是否正常，而不能判断低噪声放大器电路的交
流部分工作是否正常。要真正检查判断低噪声
放大器是否工作正常，最好的方法就是用频谱
分析。用频谱分析仪检测低噪声放大器电路时
有这样几个测试点：低噪声放大器的输入端；低
噪声放大器的输出端，低噪声放大器前面的射
频滤波器的输入/输出端和低噪声放大器后面

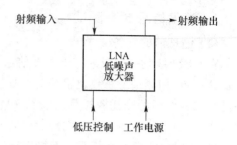

图 8-16　低噪声放大器示意图

的射频滤波器的输入/输出端。假如从天线输入的信号是−80 dBm，那么，在图 8-17 中所示
的测试点所检测到的信号强度应大致与图 8-17 所示相等，否则电路或器件肯定有问题。在
用频谱分析仪检测低噪声放大器电路时，应注意频谱分析仪所检测到的射频信号的频率与
幅度是否正常。若信号的幅度相差太大，则相应的器件或电路肯定有问题。

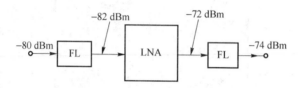

图 8-17　低噪声放大器信号测试示意图

2）混频器的测试

混频器在接收机电路中是一个核心电路，若其工作不正常，将导致手机无接收、接收差
等故障，图 8-18 是混频器电路结构示意图。

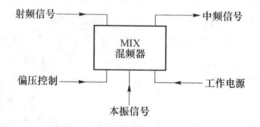

图 8-18　混频器结构示意图

混频器位于低噪声放大器之后，混频器将射频信号与 VCO 信号（本振信号）进行差频，
得到接收中频信号。在双频手机中，通常会有两个混频电路，它们的工作原理是一样的，输
出的中频信号是一样的，只是工作在不同的频段而已。与低噪声放大器所不同的是，混频器
有两个输入信号、一个输出信号。两个输入信号是低噪声放大器输出的射频信号与 VCO
电路输出的本机振荡信号。输出信号是中频信号。用频谱分析仪检测的信号也就是这 3 个
信号。中频信号始终是一个固定的信号，本机振荡信号是一个比接收高频高于一个中频或
低于一个中频的信号。本机振荡信号的幅度通常在 0 dBm 左右，而中频信号通常是随输入
的射频信号而定的。假如天线输入的射频信号是−80 dBm，那么，混频器输出的一中频信
号的幅度也是−80 dBm 左右。这样低幅度的信号检测判断时有一定的困难，所以，为了快
速地判断混频电路是否工作正常，应给故障机加上一个射频信号源。只要给故障机加上一

个射频信号源(如使用射频虎),通常在加电开机后 30 s 内即可判断出混频电路是否工作正常。但要明白的是,并不是说没有信号源就无法修机,也不是没有频谱分析仪就无法修机;而是说,用它们可以方便、准确、快速地找出故障点。在混频电路中,射频频率随手机所处区域的不同而不同,本机振荡信号频率则随之改变,但中频信号始终是一个固定频率的信号。中频信号是混频器对射频信号和本机振荡信号进行差频所得。表 8-1 给出了部分手机的中频及本机振荡信号频率。

表 8-1 部分手机的中频及本机振荡信号频率/MHz

机型	接收 一中频	接收第 二中频	一本振(GSM 60 信道)	二本振
摩托罗拉 CD928	215		732	430
摩托罗拉 V998、P7689、A6188	400		1 347	800
摩托罗拉 T2688	225	45	1 172	540
诺基亚 8810、5110、6110、3210	71	13	1 018	464
诺基亚 8210、8850、3310、8250		3 788		
爱立信 788、T18	175	6	772	169
松下 GD90、GD92	225	45	1 172	540
西门子 3508、3618、3568	225	45	1 172	540
三星 2400、2488	246	13	1 193	259
三星 600、800	225	45	1 172	540
三星 A100、A188、A388	400	14.6	1 347	770.8
三星 A288	225	45	1 172	540

3) 本振电路的测试

本机振荡电路在手机接收电路中是一个重要的电路,属于频率合成系统。接收射频电路中的本机振荡电路可能会有几个:用于接收第一混频的射频 VCO(RX VCO、UHF VCO)电路,用于接收第二混频的中频 VCO(IF VCO、VHF VCO)电路,用于接收解调的本机振荡电路。用于第一混频的射频 VCO 电路的频率是随信道的变化而变化的,只有当手机处于测试状态或固定在一个地方建立通话时,其频率才是固定的。这对于检测射频 VCO 电路有些麻烦,当手机开机时或在待机状态下,由于手机不停地扫描信道,所以射频 VCO 信号是跳变的。在用频谱分析仪检测射频 VCO 信号时,需将频谱分析仪的中心频率设置在 VCO 信号范围的中心点上,并将频率分析仪的扫描宽度调节在 2 或 5 的位置,即可对射频 VCO 信号进行比较好的测试。而中频 VCO 以及用于解调的 VCO 信号频率则通常是固定的。用频谱分析仪检测射频 VCO 电路,主要是要判断射频 VCO 电路是否有信号输出,其输出的信号频率是否准确以及其信号幅度是否正常。

4) 接收中频电路的测试

中频放大电路比较简单,中频放大电路有集成电路的,也有分立元件的。检测中频放大器主要是检查中频放大器对中频信号的放大是否正常,只需要用频谱分析仪检测中频放大器的输入输出端的信号幅度,即可判断出中频放大器是否正常,分立元件的中频放大器增益一般为 10 dB。图 8-19 是摩托罗拉 L2000 手机的接收中频信号。

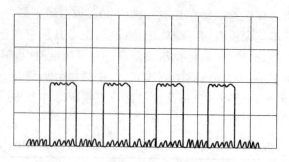

图 8-19 摩托罗拉 L2000 接收中频信号

5）发射中频电路的测试

发射中频电路通常是指 TXI/Q 调制电路。在这个电路中，逻辑音频电路输出的发射模拟基带信号调制在发射中频载波上，得到发射已调中频信号。对于大多数手机，由于采用了带发射 VCO 电路的发射电路结构，发射中频电路被集成在芯片中，TXI/Q 调制后的发射已调中频信号直接在芯片中进行处理，因此，无法检测到发射已调中频信号。在可以检测发射中频的射频电路中（如诺基亚 5110 等手机），通常会有一个中频处理模块，发射已调中频信号就是从中频模块输出的。

6）发射 VCO 电路的测试

TXVCO 是发射 VCO 电路，发射 VCO 电路直接工作在相应信道的发射频点上，在逻辑电路的控制下，发射 VCO 可在发射频段内的信道间进行转换。在双频手机电路中，发射 VCO 电路通常可以工作在 GSM、DCS 两种模式下。发射 VCO 电路输出的信号送到两个电路中：一个是功率放大器，另一个是发射变换电路。目前多采用 TX VCO 组件电路。要检测 TXVCO 信号，需启动发射电路，通常的做法是输入"112"，按发射键。对于摩托罗拉手机，可以用测试卡，使手机进入测试状态；输入 11001♯、310♯，使手机进入发射状态。如果手机关机，可以先把功放拆下。手机的发射信号为 890～915 MHz，分为 124 个信道，所以键入 11001♯、310♯之后，正常情况下，手机输出 890 MHz，当输入 110124♯、310♯时输出 915 MHz。

图 8-20 是摩托罗拉 L2000 手机 TXVCO 输出的频谱。

图 8-21 是摩托罗拉 L2000 手机一种不正常的频谱，此频谱与图 8-20 相比少了发射调制信号，可能是中频 IC 损坏或 CPU 损坏。

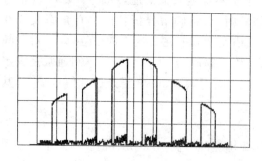

图 8-20 摩托 L2000 手机 TX VCO 输出的频谱

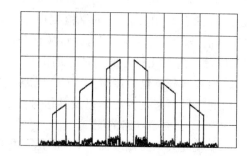

图 8-21 不正常的发射频谱

7）功率放大电路的测试

功率放大器是手机射频电路中比较容易发生故障的电路。功率放大器电路通常包含发射驱动放大器和发射功率放大器，也有许多手机使用一个集成的功率放大器组件。用频谱分析仪检测功率放大器时，最好使用频谱分析仪的探头感应测试；否则，可能会导致频谱分析仪的输入端口损坏。当判断功率放大器的性能时，在有条件的的情况下，应将发射功率设置在比较小的级别上。

8）13 MHz 基准时钟的测试

用 AT5010 频谱分析仪测试信号之前，要将频率调整旋钮调在 13 MHz，扫描宽度设在 0.2 MHz/DIV，衰减为－20 dB。按下两个 10 dB 键，示波管上频谱示意图如图 8-22 所示。

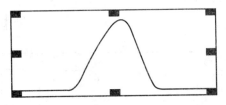

图 8-22　13 MHz 基准时钟信号频谱

任务 2　诺基亚 3210 手机电路分析与测试实践

[任务导入]

为检验前面所学的手机电路工作原理、识图方法和信号测试方法，此任务将通过移动终端具体机型诺基亚 3210 手机来练习，以在实践中提高操作水平。

1. 3210 型 GSM 手机的基本参数

(1) 接收一中频——GSM 900 频段：71 MHz；DCS 1 800 频段：187 MHz。

(2) 接收二中频——GSM 900 频段：13 MHz；DCS 1 800 频段：71 MHz。

(3) 接收三中频——GSM 900 频段：无；DCS 1 800 频段：13 MHz。

(4) 发射中频——GSM 900 频段：116 MHz；DCS 1 800 频段：232 MHz。

(5) 一本振频率——GSM 900 频段：2 012～2 062 MHz(接收)，2 012～2 062 MHz(发射)；

DCS 1 800 频段：1 992～2 067 MHz(接收)，1 942～2 017 MHz(发射)。

(6) 二本振频率——GSM 900 频段：464 MHz；DCS 1 800 频段：464MHz。

(7) 基准振荡频率——13 MHz。

(8) 系统逻辑时钟——13 MHz。

(9) 待机电流——平均 30 mA。

(10) 发射电流——平均＜400 mA，峰值 800 mA。

(11) 电池电压——2.4 V。

2. 3210 型 GSM 手机电路分析

3210 型 GSM 手机整机电路框图如图 8-23、图 8-24 所示。它主要由接收部分、发射部分、逻辑控制部分、电源部分以及其他辅助部分组成。下面分别对各组成部分进行分析。

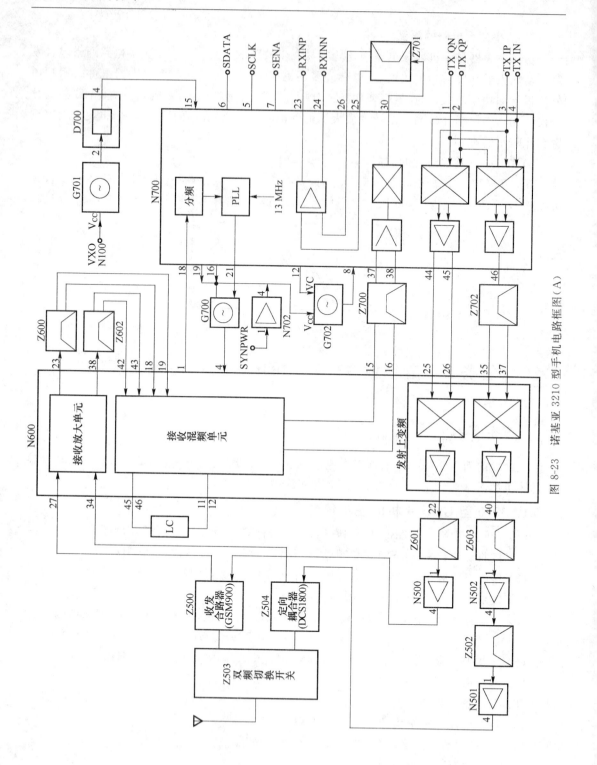

图 8-23 诺基亚 3210 型手机电路框图（A）

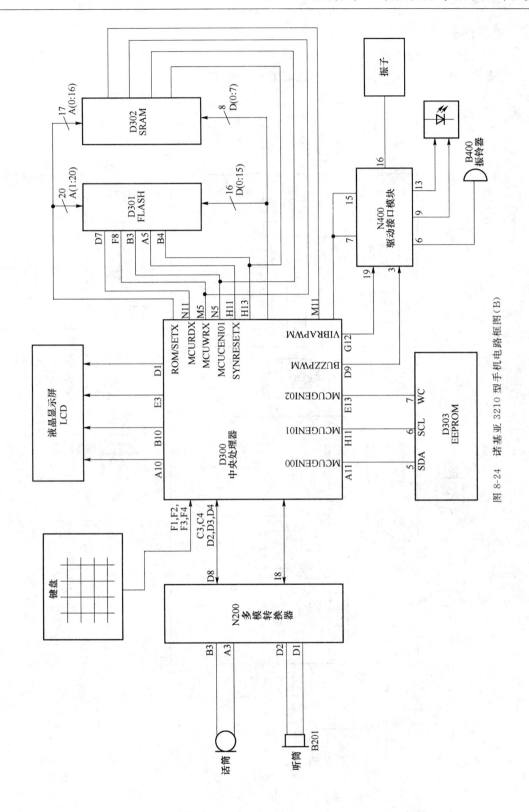

图 8-24 诺基亚 3210 型手机电路框图（B）

接收部分

（1）组成电路分析

诺基亚 3210 型手机的接收部分电路框图如图 8-25 所示。

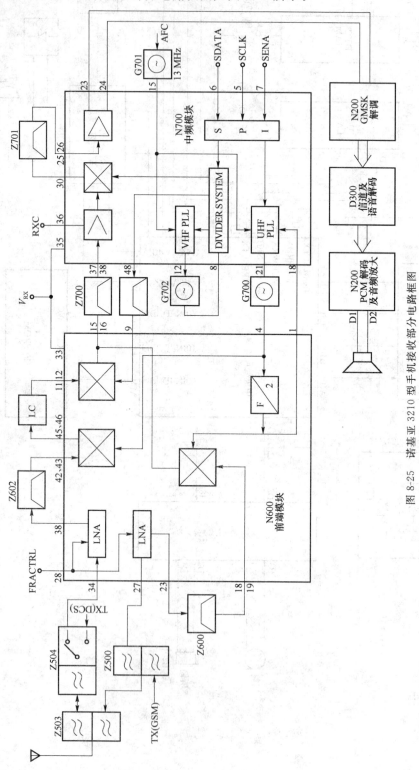

图 8-25 诺基亚 3210 型手机接收部分电路框图

1）天线开关电路

如图 8-26 所示，天线开关电路的主要作用是完成 GSM 900、DCS 1 800 频段内信号的自动切换及各频段内收、发信号的自动转换。其中 Z500 为 GSM 900 频段收发合路器，完成 GSM 900 频段内收、发信号的自动转换。Z503 为双频切换开关，完成 GSM 900、DCS 1 800 频段信号的自动切换。Z504 为 DCS 1 800 频段定向耦合器，受控对 DCS 1 800 频段内收、发信号的转换。N503 为 DCS 1 800 频段收、发信号转换控制管，它的 3 脚与 DCS 1 800 频段定向耦合器（Z504）的 VC 端相连，5 脚为 VRX_1 信号输入端，该信号由电源模块（N100）的 E1 端提供。当 VRX_1 信号为高电平时，它控制 Z504 选通 DCS 1 800 频段的正常接收信号；当 VRX_1 信号为低电平时，它控制 Z504 选通 DCS 1 800 频段的正常发射信号。V500、X501 为天线接口。

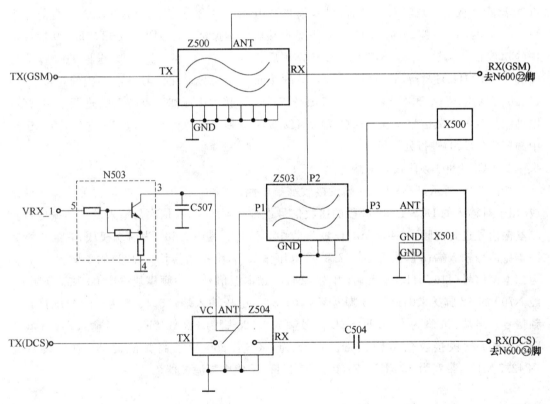

图 8-26　诺基亚 3210 型手机天线开关电路

2）接收前端电路

诺基亚 3210 型手机的接收前端电路包括 GSM 900 与 DCS 1 800 频段接收前端电路以及接收前端双频段切换控制电路。

① GSM 900 频段接收前端电路

如图 8-27 所示，GSM 900 频段接收前端电路主要由 N600、Z600、Z700 以及相关外围元件组成。其用于对接收的 GSM 900 频段信号进行高频放大，与输入的一本振信号进行混频，产生 71 MHz 的接收中频信号。其中 N600 为前端模块，其 4 脚为一本振信号输入端；8

脚为 VSYN_1(2.8 V)电压输入端,由稳压模块(N702)的 4 脚提供;13、33 两脚为 VRX_1(2.8 V)电压输入端,由电源模块(N100)的 E1 端提供;15、16 两脚为 71 MHz 接收中频信号输出端;24 脚为 MODE_SEL 控制信号输入端,由中央处理器(D300)提供;27 脚为 GSM 900 频段接收信号输入端;28 脚为 FRACTRL 信号输入端,根据中央处理器(D300)的要求自动控制前端模块内高频放大器的增益。Z600 为 GSM 900 频段高频滤波器,其中心频率为 947.4 MHz,带宽为 25 MHz。Z700 为 71 MHz 接收中频滤波器。

由天线开关电路送来的 GSM 900 频段接收信号,经耦合电容 C604、C633 后送至前端模块(N600)的 27 脚,在 N600 内对输入的接收信号进行高频放大,其放大倍数受中央处理器(D300)送来的 FRACTRL 信号控制。放大后的信号再从前端模块(N600)的 23 脚输出,经由 L616、C641 等组成的槽路匹配电路后,送至接收声表面滤波器(Z600)的输入端。经 Z600 滤除杂散信号及阻塞信号后,以双模形式分别经耦合电容 C603、C601 送回至前端模块(N600)的 18、19 脚。同时,GSM 900 频段接收一本振信号(2 012~2 062 MHz)从前端模块(N600)的 4 脚输入,经 N600 内部二分频后再与从 N600 的 18、19 脚送回的接收信号(935~960 MHz)进行混频,产生 71 MHz 的接收中频信号。此信号从前端模块(N600)的 15、16 脚输出,经耦合电容 C618、C617 送至 71 MHz 接收中频滤波器(Z700)进行中频滤波,以抑制其他的杂散信号。滤波后的 71 MHz 接收中频信号再经耦合电容 C701、C704 送至中频模块(N700)进行处理。

② DCS 1 800 频段接收前端电路

如图 8-28 所示,DCS 1 800 频段接收前端电路由 N600、Z602、Z700 及相关外围元件组成,用于对输入的 DCS 1 800 频段的接收信号进行高频放大,再依次与输入的一本振信号及二本振信号进行混频,产生 71 MHz 的接收中频信号。其中 N600 为前端模块,它的 4 脚为一本振信号输入端;8 脚为 V_{SYN_1}(2.8 V)电压输入端,由稳压模块(N702)的 4 脚提供;9 脚为二本振信号(116 MHz)输入端,由 464 MHz 二本振信号经中频模块(N700)内部分频后,经 N700 的 48 脚送来的;13、33 脚为 V_{RX_1}(2.8 V)电压输入端;15、16 脚为 71 MHz 接收中频信号输出端;24 脚为 MODE_SEL 信号输入端;28 脚为 FRACTRL 信号输入端;34 脚为 DCS 1 800 频段接收信号输入端。Z602 为 DCS 1 800 频段高频滤波器,中心频率为 1 842.7 MHz,带宽为 75 MHz;Z700 为 71 MHz 接收中频滤波器。

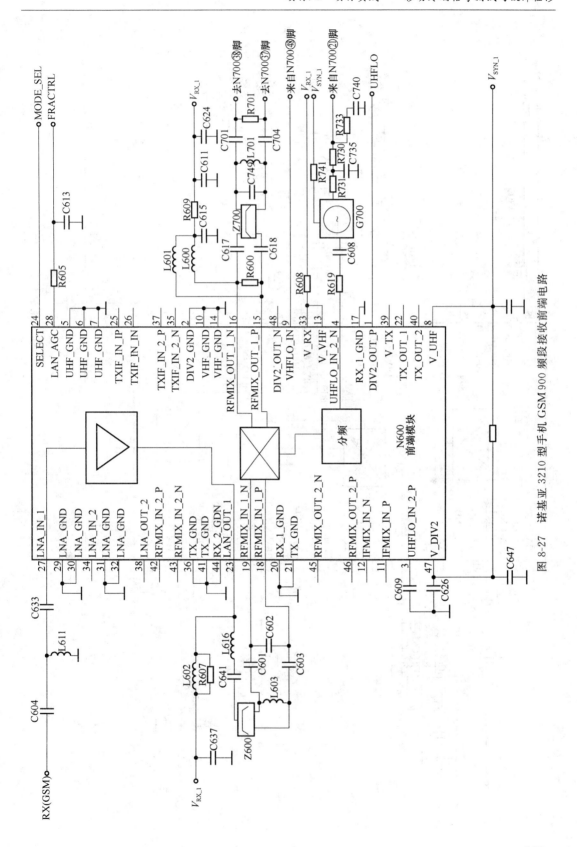

图 8-27 诺基亚 3210 型手机 GSM 900 频段接收前端电路

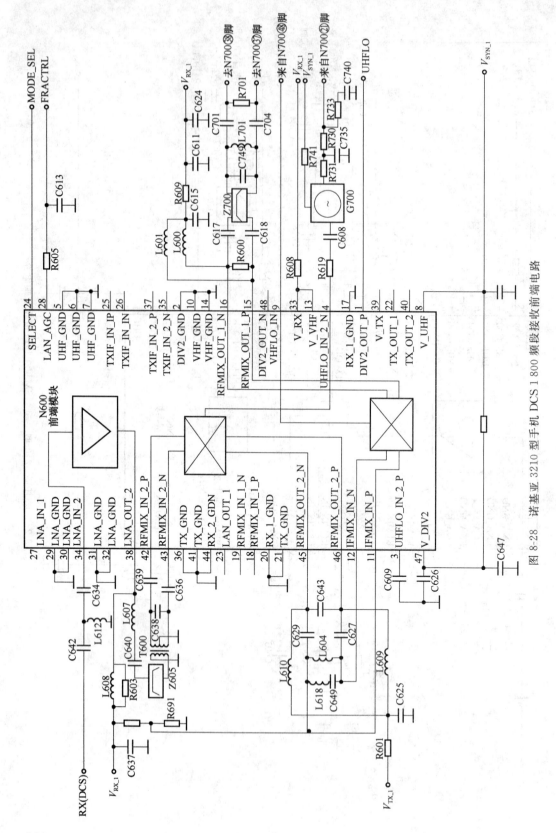

图 8-28　诺基亚 3210 型手机 DCS 1 800 频段接收前端电路

由天线开关电路送来的 DCS 1 800 频段接收信号,经 C642、C634 后送至前端模块(N600)的 34 脚进行高频放大,其放大倍数受中央处理器(D300)送来的 FRACTRL 信号控制。经放大后的信号再从 N600 的 38 脚输出,经由 L607、C640 组成的槽路匹配电路后,送至 DCS 1 800 频段高频滤波器(Z602)的输入端。经 Z602 滤除杂散信号及阻塞信号后,再经互感器(T600)分为两路,经 C639 和 C636 送回 N600 的 42、43 脚。同时,由一本振电路产生的 DCS 1 800 频段接收一本振信号(1 992~2 067 MHz)从前端模块(N600)的 4 脚输入,在 N600 内部与从 42、43 脚输入的接收信号(1 805~1 880 MHz)进行混频,产生 187 MHz 的接收中频信号。此信号从前端模块(N600)的 45、46 脚输出,经由 C627、C629、C649、L604、L618 等组成的滤波电路滤波后再由 11、12 脚送回 N600,在 N600 内部再与从 9 脚输入的 116 MHz 载波信号混频,差出 71 MHz 的接收中频信号,此信号从前端模块(N600)的 15、16 脚输出,经 71 MHz 滤波器(Z700)滤除杂波后再送至中频模块(N700)进行处理。

③ 接收前端双频段切换控制电路

如图 8-29 所示,接收前端双频段切换控制电路主要由前端模块(N600)、中央处理器(D300)及相关外围元件组成。其主要作用是完成 GSM 900 频段与 DCS 1 800 频段接收前端电路的工作切换。N600 的 24 脚为双频段切换控制信号(MODE_SEL)输入端,该控制信号由中央处理器(D300)提供。中央处理器(D300)通过向前端模块(N600)的 24 脚输入不同的控制信号,来控制接收前端电路分别工作于 GSM 900 频段或 DCS 1 800 频段。

3) 一本振电路

如图 8-30 所示,一本振电路由 G700、N702、N600、N700 及相关外围元件组成。其作用是受控产生相应的一本振信号,供手机 GSM 900 频段与 DCS 1 800 频段的收、发电路使用。G700 为一本振振荡模块,其供电电压(V_{CC})由稳压模块(N702)4 脚输出的 V_{SYN_1}(2.8 V)电压提供,控制电压(V_C)由中频模块(N700) 21 脚输出的锁相环误差控制电压提供。改变加在 G700 控制端的电压,即可改变其振荡频率。N702 为稳压模块,主要向一本振电路、二本振电路及中频模块(N700)提供 2.8 V 电压。它的 1 脚为控制端,其控制信号(SYNPWR)由中央处理器(D300)提供;2、5 脚为接地端;4 脚为 2.8 V 稳压输出端;6 脚为供电端,其供电电压(V_{CC})由 ADC_OUT_2(3.2 V)电压提供。N600 为前端模块,它的 1 脚为一本振信号取样输出端;4 脚为一本振信号输入端。N700 为中频模块,它的 5 脚为频率合成器时钟(SCLK)信号输入端,该信号由中央处理器(D300)的 B1 端提供;6 脚为频率合成器数据(SDATA)信号输入端,该信号由中央处理器(D300)的 B2 端提供;7 脚为频率合成器使能(SENA)信号输入端,该信号由中央处理器(D300)的 B3 端提供;15 脚为 13 MHz 基准频率信号输入端;18 脚为一本振取样信号输入端;21 脚为一本振电路锁相环误差控制电压输出端。该振荡电路在 GSM 900 频段与 DCS 1 800 频段的收、发状态下都工作。当手机工作在 GSM 900 频段且处于接收状态时,其振荡频率为 2 012~2 062 MHz;处于发射状态时,其振荡频率为 2 012~2 062 MHz。当手机工作在 DCS 1 800 频段并处于接收状态时,其振荡频率为 1 992~2 067 MHz;处于发射状态时,其振荡频率为 1 942~2 017 MHz。其工作状态及振荡频率均由逻辑控制部分控制。开机后,稳压模块(N702)向一本振振荡模块(G700)供电,令其工作,产生的一本振信号由 G700 的 OUT 端输出。经耦合电容 C608、限流电阻 R619 送至前端模块(N600)的 4 脚(一本振信号输入端),经 N600 内部放大处理后分为两路送出:一路送至相应的接收或发射混频器,用以产生相应的接收中频信号或发射信号;另一

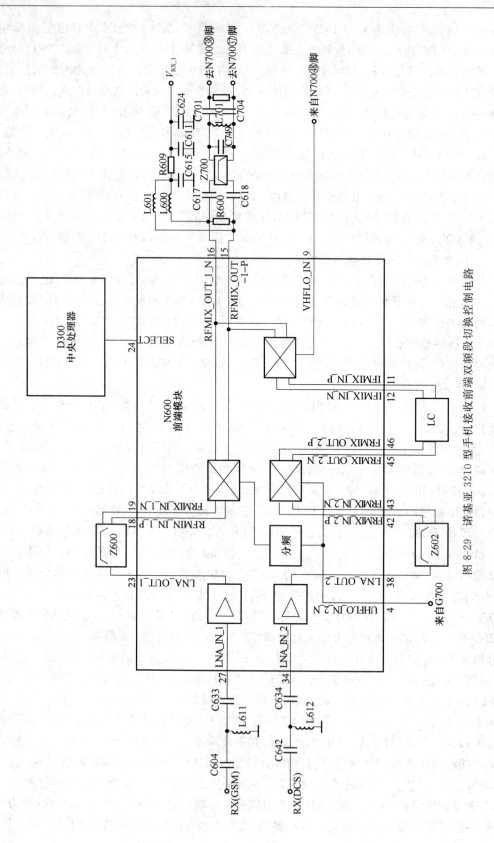

图 8-29　诺基亚 3210 型手机接收前端双频段切换控制电路

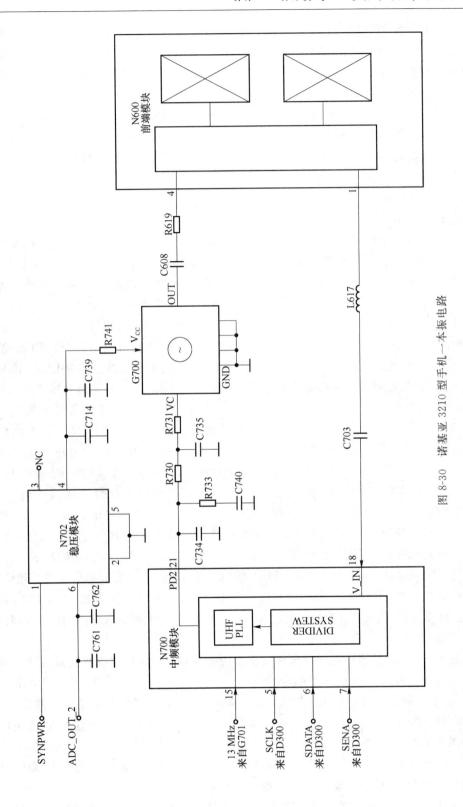

图 8-30 诺基亚 3210 型手机一本振电路

路则经 N600 内部取样电路取样后,从前端模块(N600)的 1 脚输出,经电容 C703 送至中频模块(N700)的 18 脚,作为一本振频率的取样信号供 N700 内部的频率合成器进行鉴相处理。中央处理器(D300)则通过 SCLK、SDATA 及 SENA 等信号线,令中频模块(N700)内部的频率合成器按照频率合成数据的信令进行编程,对输入的一本振信号进行分频,然后再送至鉴相器与从 N700 的 15 脚输入的 13 MHz 基准频率进行鉴相比较。产生的相位误差控制电压由中频模块(N700)的 21 脚输出,经 R730、R731、R733、C734、C735、C740 等组成的环路滤波器滤波后,加至一本振振荡模块(G700)的控制端,令其在不同的工作状态下产生相应的一本振信号。

4)二本振电路

如图 8-31 所示,二本振电路主要由 G702、N702、N700 及相关外围元件组成。其主要作用是产生 464 MHz 的二本振信号,供手机 GSM 900 频段与 DCS 1 800 频段的收、发中频电路使用。G702 为二本振振荡模块,其供电电压(V_{cc})由稳压模块(N702)4 脚输出的 VSYN_1(2.8 V)电压提供,控制电压(V_c)由中频模块(N700)12 脚输出的锁相环误差控制电压提供。改变加在 G702 控制端的电压,即可改变其振荡频率。N702 为稳压模块,其引脚功能见一本振电路分析。N700 为中频模块,它 5 脚为频率合成器时钟(SCLK)信号输入端,该信号由中央处理器(D300)的 B1 端提供;6 脚为频率合成器数据(SDATA)信号输入端,该信号由中央处理器(D300)的 B2 端提供;7 脚为频率合成器使能(SENA)信号输入端,该信号由中央处理器(D300)的 B3 端提供;8 脚为 464 MHz 二本振信号输入端;12 脚为二本振电路锁相环误差控制电压输出端;15 脚为 13 MHz 基准频率信号输入端 C744、C748、R711 及 R715 构成环路滤波器。二本振电路在 GSM 900 频段与 DCS 1 800 频段的收、发状态下均工作。当稳压模块(N702)4 脚输出的 VSYN_1(2.8 V)电压加至二本振振荡模块(G702)的 V_{cc} 端时,G702 便开始工作,产生的 464 MHz 二本振信号从 G702 的 OUT 端输出,送至中频模块(N700)的 8 脚。在 N700 内部进行放大后分成两路送出:一路经 N700 内部各分频器分频后,获得 116 MHz、58 MHz 及 116/232 MHz 载波频率,供相应的接收或发射混频器使用,用以产生相应的接收中频信号或发射中频信号;另一路则经 N700 内部取样电路取样后,送至其内部的频率合成器,并在中央处理器(D300)的控制下进行分频,分频后的信号再送至鉴相器与从 N700 的 15 脚输入的 13 MHz 基准频率信号进行相位比较,产生的误差控制电压从中频模块(N700)的 12 脚输出,经由 C741、C748、R711 及 R715 构成的环路滤波器滤波后,加至二本振振荡模块(G702)的控制端,令其振荡频率稳定在 464 MHz。

5)接收中频处理电路

如图 8-32 所示,接收中频处理电路主要由中频模块(N700)、陶瓷滤波器(Z701)及相关外围元件组成。其主要作用是将 GSM 900 频段或 DCS 1 800 频段接收前端电路送来的 71 MHz 接收中频信号进行放大、变频及正交解调处理,形成接收 I/Q 信号。其中,中频模块(N700)的 8 脚为 464 MHz 二本振信号输入端;13、22 脚为 VCP 电压输入端,由电源模块(N100)的 H7 端提供;16、19 脚为 V_{SYN_1}(2.8 V)电压输入端,由稳压模块(N702)的 4 脚提供;23、24 脚为接收 I/Q 信号(RXI、RXQ)输出端;25、26 脚为 13 MHz 接收中频信号输入端;30 脚为 13 MHz 接收中频信号输出端;35 脚为 V_{RX_2}(2.8 V)电压输入端,由电源模块(N100)的 E2 端提供;36 脚为接收控制信号(RXC)输入端,由多模转换器(N200)提供;37、38 脚为 71 MHz 接收中频信号输入端;41 脚为 V_{REF}(1.5 V)电压输入端,由电源模块

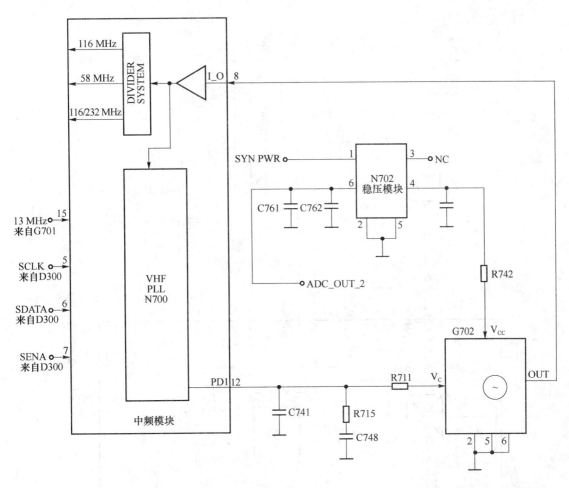

图 8-31　诺基亚 3210 型手机二本振电路

(N100)的 D4 端提供。Z701 为 13 MHz 接收中频滤波器,用于对 13 MHz 接收中频信号进行滤波,以抑制邻频信号干扰。71 MHz 接收中频信号经 71 MHz 滤波器(Z700)滤波后,从中频模块(N700)的 37、38 脚输入,在其内部进行中频信号放大,它的放大是受 36 脚输入的 RXC 信号控制,其增益约为 20 dB,以供下一次变频使用。同时,由二本振电路产生的 464 MHz二本振信号,从中频模块(N700)的 8 脚输入,经内置分频器 8 分频获得 58 MHz 的载波信号,此载波信号再与放大后的 71 MHz 接收中频信号混频,通过差运算实现频谱搬移产生 13 MHz 的接收中频信号。此信号从中频模块(N700)的 30 脚输出,送至陶瓷滤波器(Z701)进行滤波,抑制掉混频产生的谐波分量,然后再从中频模块(N700)的 25、26 脚输入。在 N700 内部先对其进行中频放大,然后再进行正交解调处理,并将产生的接收 I/Q 信号(RXI、RXQ)分别从中频模块(N700)的 23、24 脚输出,送至 N200 进行下一步处理。

　　6) GMSK 解调、信道解码、语音解码、PCM 解码及音频放大电路

　　如图 8-33 所示,它主要由多模转换器(N200)、中央处理器(D300)及相关外围元件组成。其中 GSMK 解调、PCM 解码及音频放大等电路主要由多模转换器(N200)及相关外围元件组成;信道解码及语音解码等电路主要由中央处理器(D300)及相关外围元件组成。由中频模块(N700)输出的接收 I/Q 信号送至多模转换器(N200)的 G8、H8、F8、F7 等端后,在

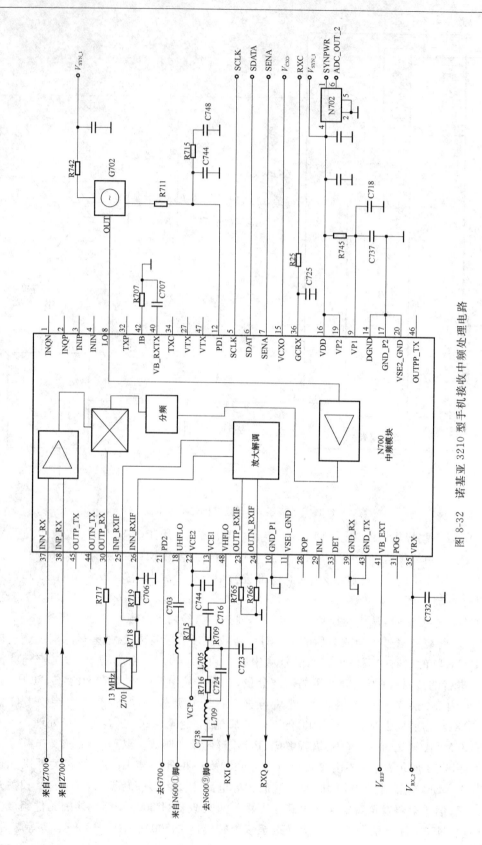

图 8-32 诺基亚 3210 型手机接收中频处理电路

N200 内进行 GMSK 解调、解密及 A/D 处理,形成的 270.833 kbit/s 数据流送至中央处理器(D300)。在 D300 内进行去交织、解密、信道解码,去掉纠错码元。同时将基站发送来的控制信息取出,去控制手机的收、发电路,恢复纯净的语音数据流,然后对语音数据流进行 RPE-LTP 混合解码,形成的 64 kbit/s 的语音数字信号再送回多模转换器(N200)。在 N200 内进行 PCM 解码,即 D/A 转换,还原成模拟语音信号,然后再对模拟语音信号进行音频功率放大,再由 N200 的 D1、D2 端送出,经电感线圈 L202、L203 送至机内听筒(B201),从而驱动 B201 发出声音,当使用外接听筒时,从听筒插口处向中央处理器(D300)发出一个机外听筒允许中断信号 HEADDET,中央处理器(D300)检测到此信号后,则控制多模转换器(N200)断开机内听筒连接通路,开通机外听筒连接通路,使放大后的音频信号由 N200 的 E1、D3 端输出,经 L200、C201、L201、C203 送至外接听筒,从而驱动外接听筒发出声音。

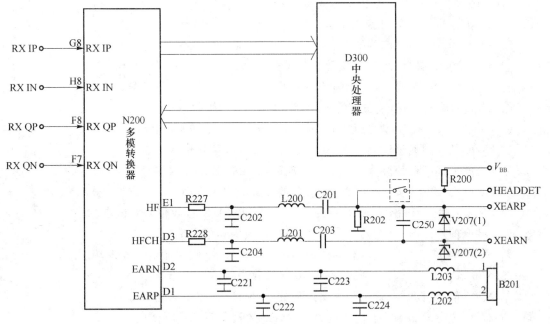

图 8-33　诺基亚 3210 型手机 GMSK 解调、信道解码、语音解码、

PCM 解码及音频放大电路的电路框图

（2）检修中的关键点

1）3210 型手机接收部分的直流关键测试点

① 天线开关电路中的关键测试点有 N503 的 5 脚,该脚为 V_{RX_1} 信号输入端,当手机处于接收状态时,该脚有 2.8 V 电压输入。

② 接收前端电路中的关键测试点有 N600 的 8 脚,该脚为 V_{SYN_1}(2.8 V)电压输入端;N600 的 13、33 脚,这两脚为 V_{RX_1}(2.8 V)电压输入端;N600 的 24 脚,该脚为双频切换控制信号(MODE-SEL)输入端;N600 的 28 脚,该脚为 N600 内部高频放大器增益控制信号(FRACTRL)输入端。

③ 一本振电路中的关键测试点有 G700 的 V_{CC} 端,该点为 V_{SYN_1}(2.8 V)电压输入端;G700 的 VC 端,该点为锁相环频率误差控制电压输入端;N700 的 5 脚,该脚为频率合成器时钟(SCLK)信号输入端;N700 的 6 脚,该脚为频率合成器数据(SDATA)信号输入端;

N700 的 7 脚,该脚为频率合成器使能(SENA)信号输入端;N700 的 21 脚,该脚为锁相环频率误差控制电压输出端;N702 的 1 脚,该脚为控制信号(SYNPWR)输入端;N702 的 4 脚,该脚为 V_{SYN_1}(2.8 V)电压输出端;N702 的 6 脚,该脚为 ADC_OUT_2(3.2 V)电压输入端。

④ 二本振电路中的关键测试点有 G702 的 VCC 端,该脚为 V_{SYN_1}(2.8 V)电压输入端;G702 的 VC 端,该脚为锁相环频率误差控制电压输入端;N700 的 12 脚,该脚为二本振电路锁相环频率误差控制电压输出端。

⑤ 接收中频处理电路关键测试点有 N700 的 16、19 脚,这两脚为 V_{SYN_1}(2.8 V)电压输入端;N700 的 13、22 脚,这两脚为 VCP(5.0 V)电压输入端;N700 的 35 脚,该脚为 V_{RX_2}(2.8 V)电压输入端;N700 的 36 脚,该脚为接收控制信号(RXC)输入端;N700 的 41 脚,该脚为 V_{REF}(1.5 V)电压输入端。

2) 3210 型手机接收部分的信号关键测试点

① Z500 的 RX 接口:该点为 935～960 MHz 接收信号输出端。

② N600 的 27 脚:该脚为 935～960 MHz 接收信号输入端。

③ N600 的 23 脚:该脚为放大后的 935～960 MHz 接收信号输出端。

④ N600 的 18、19 脚:这两脚为滤波后的 935～960 MHz 接收信号输入端。

⑤ Z600 的输入、输出端:这些点为 935～960 MHz 接收信号测试点。

⑥ Z504 的 RX 端口:该点为 1 805～1 880 MHz 接收信号输出端。

⑦ N600 的 34 脚:该脚为 1 805～1 880 MHz 接收信号输入端。

⑧ N600 的 38 脚:该脚为放大后的 1 805～1 880 MHz 接收信号输出端。

⑨ N600 的 42、43 脚:这两脚为滤波后的 1 805～1 880 MHz 接收信号输入端。

⑩ Z602 的输入、输出端:这些点为 1 805～1 880 MHz 接收信号测试点。

⑪ N600 的 45、46 脚:这两脚为 187 MHz 接收中频信号输出端。

⑫ N600 的 11、12 脚:这两脚为滤波后的 187 MHz 接收中频信号输入端。

⑬ N600 的 15、16 脚:这两脚为 71 MHz 接收中频信号输出端。

⑭ N700 的 37、38 脚:这两脚为滤波后的 71 MHz 接收中频信号输入端。

⑮ Z700 的输入、输出端:这些点为 71 MHz 接收中频信号测试点。

⑯ N700 的 30 脚:该脚为 13 MHz 接收中频信号输出端。

⑰ N700 的 25、26 脚:这两脚为滤波后的 13 MHz 接收信号输入端。

⑱ Z701 的输入、输出端:这些点为 13 MHz 接收中频信号测试点。

⑲ N700 的 23、24 脚:这两脚为接收 I/Q 信号(RXI、RXQ)输出端。

⑳ N600 的 4 脚:该脚为一本振信号输入端。当手机处于 GSM 900 频段接收状态时,其一本振信号频率为 2 012～2 062 MHz;当手机处于 DCS 1 800 频段接收状态时,其一本振信号频率为 1 992～2 067 MHz。

㉑ G700 的 OUT 端:该点为一本振信号输出端。

㉒ N700 的 8 脚:该脚为 464 MHz 二本振信号输入端。

㉓ G702 的 OUT 端:该点为 464 MHz 二本振信号输出端。

㉔ N700 的 48 脚:该脚为 116 MHz 载波信号输出端。

㉕ N600 的 9 脚:该脚为 116 MHz 载波信号输入端。

㉖ N600 的 1 脚:该脚为一本振信号取样输出端。

㉗ N700 的 18 脚：该脚为一本振信号取样输入端。

㉘ N700 的 15 脚：该脚为 13 MHz 基准频率信号输入端。

发射部分

(1) 组成电路分析

如图 8-34 所示，诺基亚 3210 型手机发射部分电路主要由语音输入/音频放大电路、PCM 编码/语音编码/信道编码电路、GMSK 调制电路、发射中频产生及放大电路、发射信号产生及放大电路、功放/功放控制电路以及天线开关电路组成。下面分别对各组成电路进行分析。

1) 语音输入电路

如图 8-35 所示，语音输入电路主要由话筒及 C207、C208、C213、C218、C226、C229、C258、C259、R206、R212、R214、R215、R216、R217、R218、R219、R220、R230、R231、R232、V202 等组成。其主要作用是将声音转换成电信号，并将微弱的音频电流送至音频放大电路进行处理。其中 C207、C208、C213、C218 为外接话筒音频信号输入耦合电容，它们与 C209、C256、C257、R217、R218、R231 以及 R232 组成输入耦合电路。R232、R231、R212 及开关管 V202 构成外接话筒的直流偏置电路，外接话筒的偏置电压由电源模块(N100)A2 端输出的 EAD 信号提供。C226、C229、C258、C259 为机内话筒音频信号输入耦合电容，它们与 C227、C232、C233、R216、R219、R220、R230 组成输入耦合电路。R214、R216、R217、R215 为机内话筒的直流偏置电阻，机内话筒的偏置电压由多模转换器(N200)的 A4 端输出的 MBIAS 信号提供。当手机使用机内话筒送话时，在拨通电话或接通电话的瞬间，多模转换器(N200)A4 端输出的 MBIAS 信号由低电平跳变为高电平，此高电平通过 R214、R216 加至机内话筒上，使其处于正常的工作状态。将输入的声音信号转换成电信号，并通过由 R216、R217、R219、R220、C226、C229、C258 以及 C259 组成的输入耦合电路送至多模转换器(N200)的 B3、A3 端，进行下一步处理。当手机使用外接话筒送话时，插入外接话筒的同时，由电源模块(N100)送来的外接话筒偏置电压经 R232、外接话筒、R231、R212 加至开关管 V202 的基极，令其饱和导通，产生一个外接话筒中断允许信号(HOOKDET)送至中央处理器(D300)的 F11 端。中央处理器(D300)检测到此信号后则关闭机内话筒送话电路。同时外接话筒因获得正常的偏置电压而处于工作状态，将输入的声音信号转换成电信号，并通过由 C207、C208、C213、C218、R217、R218、R231 以及 R232 组成的输入耦合电路送至多模转换器(N200)的 A1、A2、B1、B2 端，进行下一步处理。

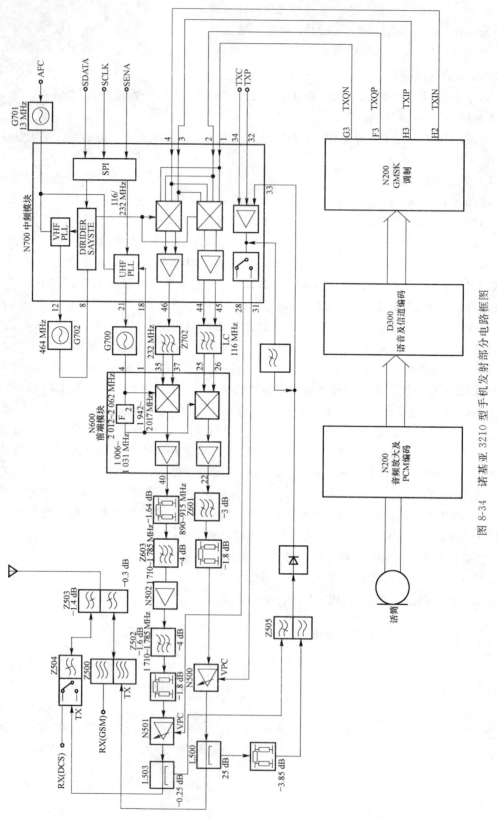

图 8-34　诺基亚 3210 型手机发射部分电路框图

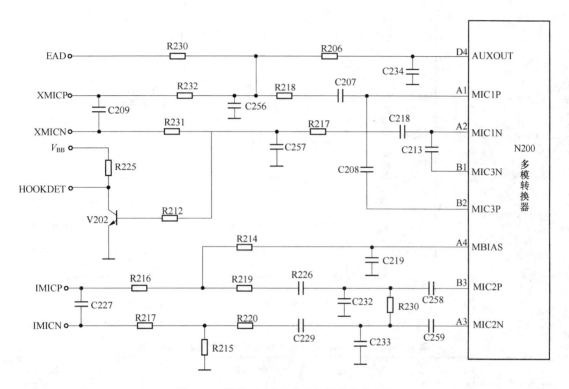

图 8-35 诺基亚 3210 型手机语音输入电路

2）音频放大、PCM 编码、语音编码、信道编码及 GMSK 调制电路

如图 8-36 所示，该电路主要由多模转换器（N200）、中央处理器（D300）以及相关外围元件组成。其中音频放大、PCM 编码及 GMSK 调制电路主要由多模转换器（N200）及相关外围元件组成。N200 的外形引脚排列图如图 8-37 所示，N200 的各引脚名称如表 8-2 所示。语音编码及信道编码等电路主要由中央处理器（D300）及相关外围元件组成，其中 D300 的外形引脚排列图及引脚说明见逻辑控制部分电路分析。由多模转换器（N200）的 B3、F3 端（或 A1、A2 端等）输入的语音信号，在 N200 内部首先进行音频放大，然后再对放大后的模拟音频信号进行 PCM 抽样、量化编码，并将形成的 64 kbit/s 的信号送至中央处理器（D300）进行处理。在 D300 内部先对输入的语音数字信号进行 RPE_LTP 语音混合编码，形成 13 kbit/s 的语音数据流，然后再对该语音数据流进行信道编码，加上 9.8 kbit/s 的纠错码元及手机要传送给系统的控制指令，并将产生的 270.833 kbit/s 的数字比特流送回多模转换器（N200）内部进行加密、D/A 转换及 GMSK 调制，形成的发射 I/Q 信号（TX IN、TX IP、TX QP、TX QN）分别从多模转换器（N200）的 H2、H3、F3、G3 端输出，送至中频模块处理。

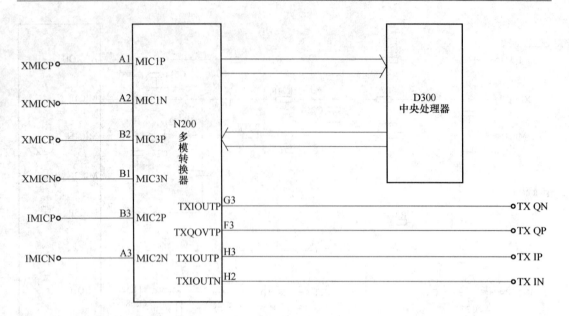

图 8-36 诺基亚 3210 型手机音频放大/PCM 编码/语音编码/信道编码以及 GMSK 调制电路的电路框图

表 8-2 诺基亚 3210 型手机多模转换器 N200 的引脚名称

引脚	名称	引脚	名称	引脚	名称	引脚	名称
A1	MICIP	C1	VSUBA	E1	HF	G1	IREF
A2	MICIN	C2	VSA5	E2	VSA4	G2	AFCOUT
A3	MIC2N	C3	VDA5	E3	VDA4	G3	TXQOUTN
A4	MBIAS	C4	VSS1	E4	VDA3	G4	TXOPHSP
A5	TEST	C5	PCMSCLK	E5	PDATA(0)	G5	TXOPHSP
A6	IDATA	C6	PCMDCLK	E6	PDATA(1)	G6	AUXDAC
A7	SD	C7	PDATA(4)	E7	PDATA(2)	G7	VDA1
A8	VSUO	C8	VDD2	E8	RESETX	G8	RXIP
B1	MIC3N	D1	EARP	F1	VDA2	H1	VSA2
B2	MIC3P	D2	EARN	F2	VREF	H2	TXIOUTN
B3	MIC2P	D3	HFCN	F3	TXQOUTP	H3	TXIOUTP
B4	VDD1	D4	AUXOUT	F4	TXCOUT	H4	TXIPHSN
B5	PCMTX	D5	PCMRX	F5	AGCOUT	H5	TXOPHSN
B6	QDATA	D6	PDATA(3)	F6	VSA1	H6	VSA3
B7	CSX	D7	RFIDAX	F7	RXQN	H7	RXREF
B8	VSS2	D8	RFICLK	F8	RXQP	H8	RXIN

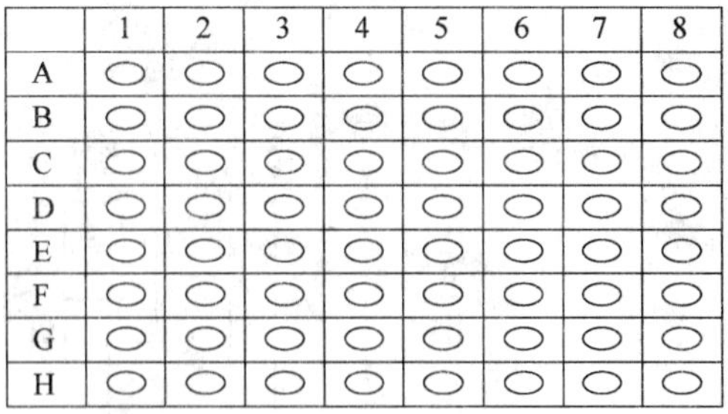

	1	2	3	4	5	6	7	8
A	○	○	○	○	○	○	○	○
B	○	○	○	○	○	○	○	○
C	○	○	○	○	○	○	○	○
D	○	○	○	○	○	○	○	○
E	○	○	○	○	○	○	○	○
F	○	○	○	○	○	○	○	○
G	○	○	○	○	○	○	○	○
H	○	○	○	○	○	○	○	○

图 8-37　诺基亚 3210 型手机多模转换器 N200 外形引脚排列图

3）发射中频产生及放大电路

3210 型手机的发射中频产生及放大电路包括 3 大部分，即 GSM 900 频段发射中频产生及放大电路、DCS 1 800 频段发射中频产生及放大电路与发射中频产生及放大双频切换控制电路。

① 3210 型手机的 GSM 900 频段发射中频产生及放大电路如图 8-38 所示。它主要由中频模块（N700）及相关外围元件组成。其主要功能是将输入的发射 I/Q 信号与输入的 464 MHz 本振信号经 4 分频所得的 116 MHz 载波信号进行调制，产生 116 MHz 的 GSM 900 频段发射中频信号，并对其进行放大处理。N700 的 1、2、3、4 脚为发射 I/Q 信号（TX QN、TX QP、TX IP、TX IN）输入端；5 脚为频率合成器时钟（SCLK）信号输入端；6 脚为频率合成器数据（SDATA）信号输入端；7 脚为频率合成器使能（SENA）信号输入端；8 脚为 464 MHz 二本振信号输入端；13、22 脚为 V_{CP}（5.0 V）电压输入端，该电压由电源模块（N100）的 H7 端提供；15 脚为 13 MHz 基准频率信号输入端；16、19 脚为 V_{SYN_1}（2.8 V）电压输入端，该电压由稳压模块（N702）的 4 脚提供；27、47 脚为 V_{TX}（2.8 V）电压输入端，该电压由电源模块（N100）的 G2 端提供；34 脚为发射控制信号（TXC）输入端，该信号由多模转换器（N200）的 F4 端提供；41 脚为 V_{REF}（1.5 V）电压输入端，该电压由电源模块（N100）的 D4 端提供；44、45 脚为 116 MHz 发射中频信号输出端，该引脚排列图如图 8-39 所示。来自多模转换器（N200）的发射 I/Q 信号（TX QN、TX QP、TX IP、TX IN），分别从中频模块（N700）的 1、2、3、4 脚输入，送至其内部的调制器。同时由二本振电路产生的 464 MHz 二本振信号从中频模块（N700）的 8 脚输入，送至 N700 内部的分频器。当手机工作在 GSM 900 频段时，中央处理器则通过 SCLK、SDATA、SENA 等信号线控制中频模块（N700）内部的分频器对输入的 464 MHz 二本振信号进行 4 分频，产生 116 MHz 的载波信号。此载波信号也送至 N700 内部的调制器，与从 1、2、3、4 脚输入的发射 I/Q 信号进行调制，产生带调制的 116 MHz 载波信号，即 GSM 900 频段的发射中频信号，此发射中频信号再经 N700 内部放大后，从其 44、45 脚输出送至 N600 进行处理。

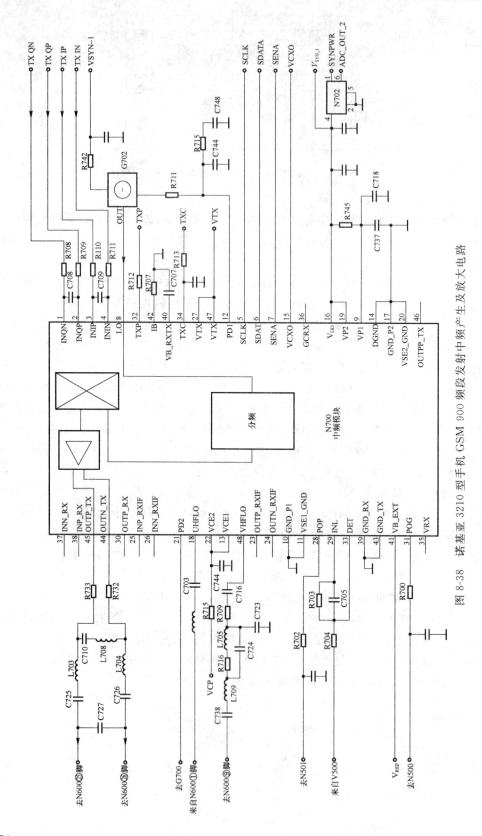

图 8-38 诺基亚 3210 型手机 GSM 900 频段发射中频产生及放大电路

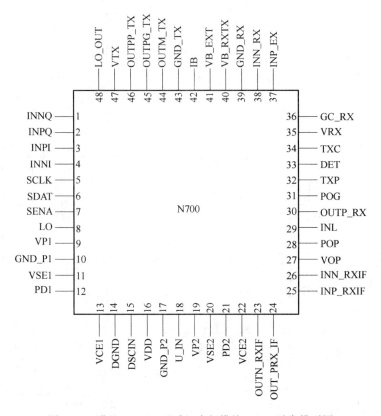

图 8-39　诺基亚 3210 型手机中频模块 N700 引脚排列图

②　DCS 1 800 频段发射中频产生及放大电路,如图 8-40 所示。其主要由中频模块
(N700)、发射中频滤波器(Z702)以及相关外围元件组成。其主要功能是将输入的发射 I/Q
信号与输入的 464 MHz 二本振信号经 2 分频所得的 232 MHz 载波信号进行调制,产生
232 MHz的 DCS 1 800 频段发射中频信号,并对其进行放大处理。N700 的 1、2、3、4 脚为发
射 I/Q 信号(TX QN、TX QP、TX IP、TX IN)输入端;8 脚为 464 MHz 二本振信号输入端;
46 脚为 232 MHz 发射中频信号输出端。来自多模转换器(N200)的发射 I/Q 信号(TX
QN、TX QP、TX IP、TX IN),分别从中频模块(N700)的 1、2、3、4 脚输入,送至其内部的调
制器。同时由二本振电路产生的 464 MHz 二本振信号从中频模块(N700)的 8 脚输入,送
至其内部的分频器,当手机工作在 DCS 1 800 频段时,中央处理器(D300)则控制此分频器
对输入的 464 MHz 二本振信号进行二分频,产生 232 MHz 的载波信号,此载波信号再与从
1、2、3、4 脚输入的发射 I/Q 信号在 N700 内部的调制器中进行调制,产生带调制的232 MHz
载波信号即 DCS 1 800 频段的发射中频信号。此发射中频信号经 N700 内部放大后从其 46
脚输出,经发射中频滤波器(Z702)滤波提纯后,送至 N600 进行处理。

③　发射中频信号产生及放大双频切换控制电路,如图 8-41 所示。它主要由中频模块
(N700)、中央处理器(D300)以及相关外围元件组成。其主要作用是完成 GSM 900 频段发
射中频产生及放大电路与 DCS 1 800 频段发射中频产生及放大电路的工作切换,也就是说
控制 3210 型手机的发射中频产生及放大电路在不同的频段产生相应的发射中频信号。
N700 的 5 脚为频率合成器时钟(SCLK)信号输入端,该信号由中央处理器(D300)的 B1 端提
供;6 脚为频率合成器数据(SDATA)信号输入端,该信号由中央处理器(D300)的 B2 端提供;7

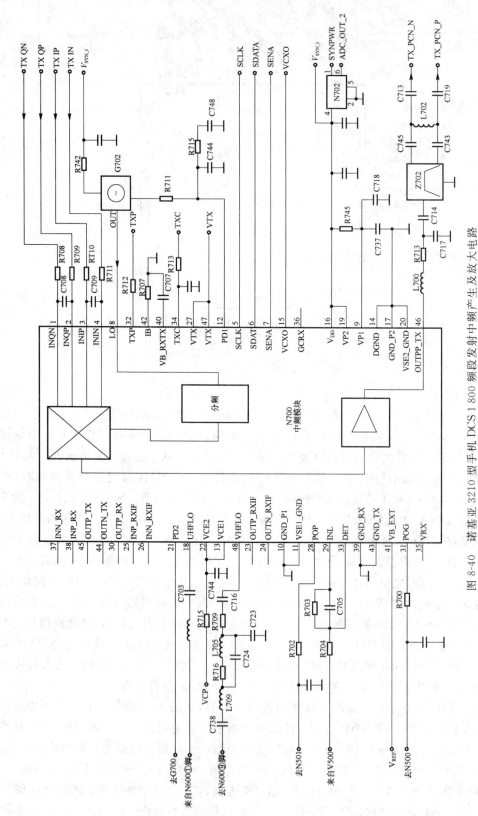

图 8-40 诺基亚 3210 型手机 DCS 1 800 频段发射中频产生及放大电路

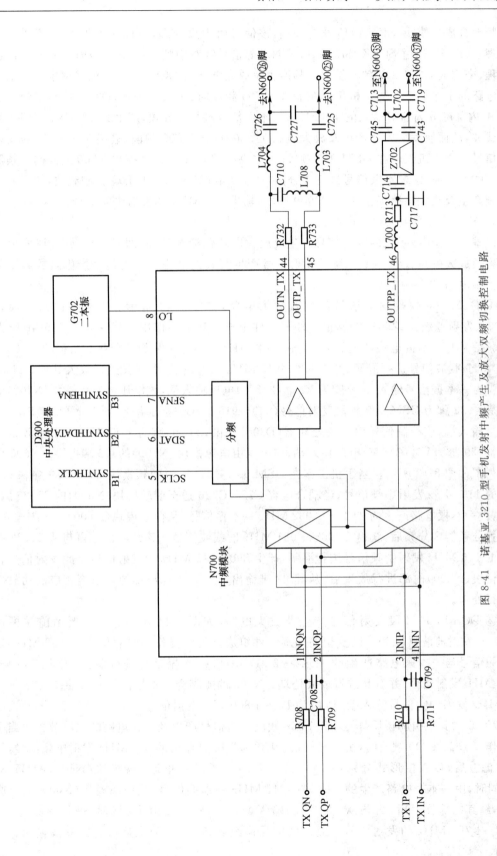

图 8-41　诺基亚 3210 型手机发射中频产生及放大双频切换控制电路

脚为频率合成器使能(SENA)信号输入端,该信号由中央处理器(D300)的 B3 端提供。中央处理器(D300)通过 SCLK、SDATA、SENA 等信号线对中频模块(N700)内部的分频器进行编程,来完成 GSM 900 频段发射中频产生及放大电路与 DCS 1 800 频段发射中频产生及放大电路的工作切换。当手机工作在 DCS 1 800 频段时,中央处理器(D300)控制中频模块(N700)内部的分频器对输入的 464 MHz 二本振信号进行 2 分频,产生 232 MHz 的发射 I/Q 调制载波,从而使发射中频产生及放大电路工作在 DCS 1 800 频段,输出 232 MHz 的发射中频信号。当手机工作在 GSM 900 频段时,中央处理器(D300)则控制 N700 内部的分频器对输入的 464 MHz 二本振信号进行 4 分频,产生 116 MHz 的发射 I/Q 调制载波,从而使发射中频产生及放大电路工作在 GSM900 频段,输出 116 MHz 的发射中频信号。

4)发射信号产生及放大电路

诺基亚 3210 型手机的发射信号产生及放大电路包括 3 部分,即 GSM 900 频段发射信号产生及放大电路、DCS 1 800 频段发射信号产生及放大电路与发射信号产生及放大双频切换控制电路。

① GSM 900 频段发射信号产生及放大电路,如图 8-42 所示。它主要由前端模块(N600)、发射滤波器(Z601)以及相关外围元件组成。其主要作用是将输入的 116 MHz 发射中频信号与二本振电路产生的 2 012~2 062 MHz 一本振信号经 2 分频后所得的 1 006~1 031 MHz 载波信号进行混频,产生 890~915 MHz 发射信号,并对其进行放大处理。N600 的 4 脚为一本振信号输入端;8 脚为 V_{SYN_1}(2.8 V)电压输入端,该电压由稳压模块(N702)的 4 脚提供;22 脚为 GSM 900 频段发射信号(890~915 MHz)输出端;24 脚为 MODE_SEL 控制信号输入端,该控制信号由中央处理器(D300)提供;25、26 脚为 116 MHz 发射中频信号输入端;39 脚为 V_{TX}(2.8 V)电压输入端,该电压由电源模块(N100)的 G2 端提供。N600 引脚排列图如图 8-43 所示。当手机工作在 GSM 900 频段时,由中频模块(N700)的 44、45 脚输出的 116 MHz 发射中频信号,经耦合电容 C725、C726 送至前端模块(N600)的 25、26 脚。同时,由一本振电路产生的 2 012~2 062 MHz 一本振信号,从前端模块(N600)的 4 脚输入,经内置分频器 2 分频后,获得 1 006~1 031 MHz 的载波信号。该载波信号再与从 25、26 脚输入的 116 MHz 发射中频信号进行混频,产生 890~915 MHz 的发射信号。此发射信号在前端模块(N600)内部进行放大后,从其 22 脚输出,经 Z601 滤波提纯后送至相应的功放电路进行处理。

② DCS 1 800 频段发射信号产生及放大电路,如图 8-44 所示。它主要由前端模块(N600)、发射滤波器(Z603)以及相关外围元件组成。其主要作用是将输入的 232 MHz 发射中频信号与一本振电路产生的 1 942~2 017 MHz 一本振信号进行混频,产生 1 710~1 785 MHz 发射信号,并对其进行放大处理。N600 的 4 脚为一本振信号输入端;35、37 脚为 232 MHz 发射中频信号输入端;40 脚为 DCS 1 800 频段发射信号(1 710~1 785 MHz)输出端。N600 的其他引脚说明详见 GSM 900 频段发射信号产生及放大电路的电路分析。当手机工作在 DCS 1 800 频段时,由中频模块(N700)的 46 脚输出的 232 MHz 发射中频信号,经 Z702 滤波后,以双模形式分别经 C745、C713、C743、C719 送至前端模块(N600)的 35、37 脚。同时,由一本振电路产生的 1 942~2 017 MHz 一本振信号,从前端模块(N600)的 4 脚输入,经其内部放大后,再与从 35、37 脚输入的 232 MHz 发射中频信号进行混频,产生 1 710~1 785 MHz 的发射信号。此发射信号再经 N600 内部放大后,从其 40 脚输出。经

Z603 滤波提纯后,送至相应的功放电路进行处理。

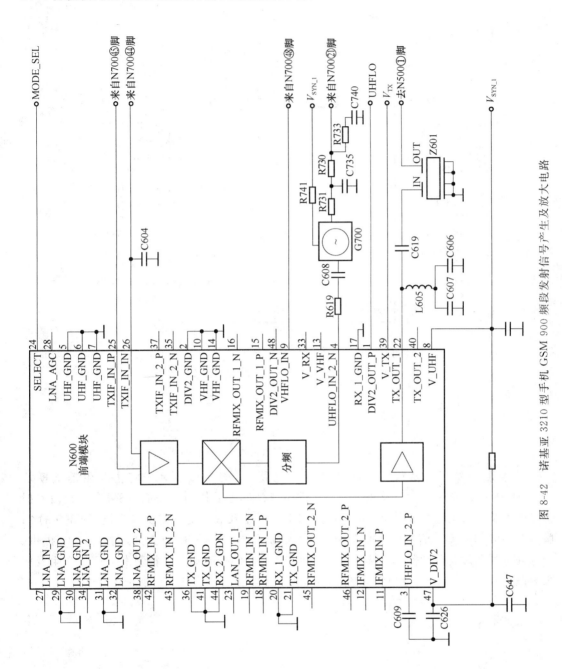

图 8-42　诺基亚 3210 型手机 GSM 900 频段发射信号产生及放大电路

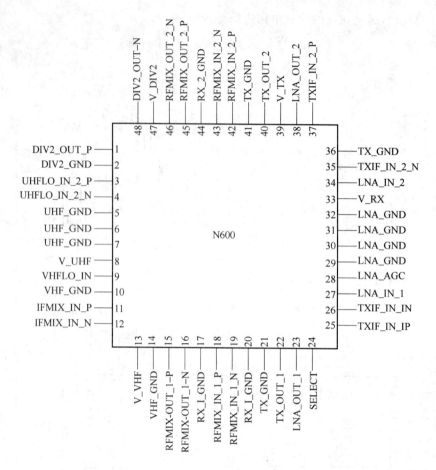

图 8-43　诺基亚 3210 型手机前端模块 N600 引脚排列图

③ 发射信号产生及放大双频切换控制电路,如图 8-45 所示。它主要由前端模块 (N600)、中央处理器(D300)及相关外围元件组成。其主要作用是完成 GSM 900 频段发射信号产生及放大电路与 DCS 1 800 频段发射信号产生及放大电路的工作切换。N600 的 24 脚为双频段切换控制信号(MODE_SEL)输入端,该控制信号由中央处理器(D300)提供。中央处理器通过向前端模块(N600)的 24 脚输入不同的控制信号来控制发射信号产生及放大电路分别工作于 GSM 900 频段或 DCS 1 800 频段。

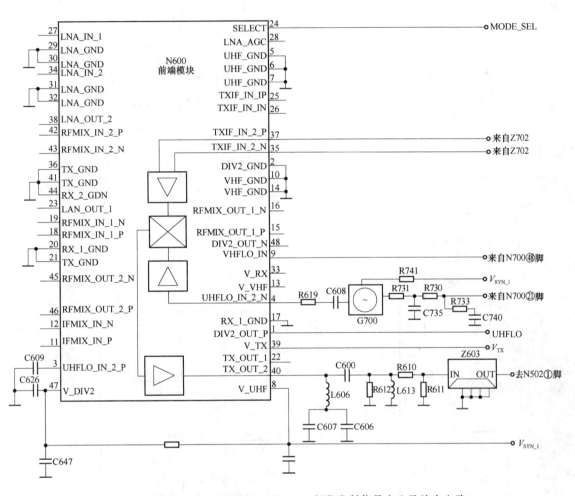

图 8-44　诺基亚 3210 型手机 DCS 1 800 频段发射信号产生及放大电路

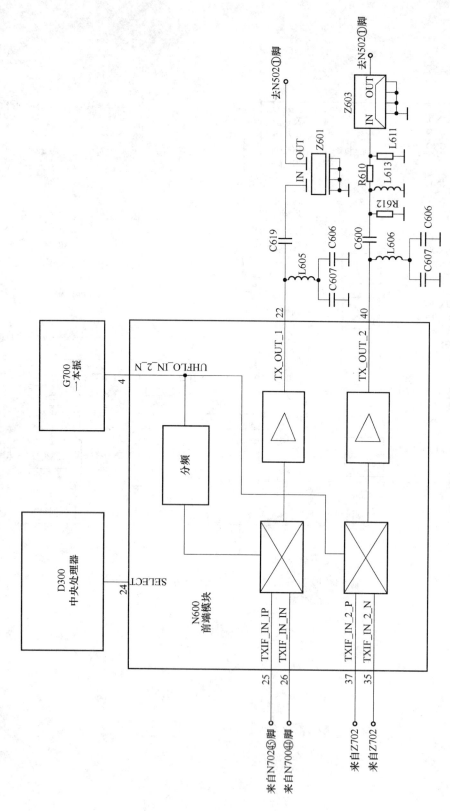

图 8-45　诺基亚 3210 型手机发射信号产生及放大双频切换控制电路

5）功放电路

诺基亚 3210 型手机的功放电路包括 GSM 900 频段功放电路与 DCS 1 800 频段功放电路两大部分。下面分别对其进行分析。

① GSM 900 频段功放电路，如图 8-46 所示。它主要由 GSM 900 频段功放模块（N500）、互感器（L500）以及相关外围元件组成。其功能是对输入的 GSM 900 频段的发射信号（890～915 MHz）进行功率放大。N500 的 1 脚为 GSM 900 频段发射信号（890～915 MHz）输入端；2 脚为 GSM 900 频段功率放大器控制信号输入端，该信号由中频模块（N700）的 31 脚提供；3 脚为供电端，其供电电压由升压模块（V105）的 1、16 脚输出的 ADC_OUT（3.2 V）电压提供；4 脚为 GSM 900 频段发射信号输出端。L505 为高频扼流圈，其主要作用是防止高频信号串入直流电压而对电路造成干扰。当手机工作在 GSM 900 频段时，由前端模块（N600）的 22 脚输出的 GSM 900 频段发射信号（890～915 MHz），经 Z601 滤波后，送至功放模块（N500）的 1 脚，在 N500 内部进行功率放大后，又从其 4 脚输出，经互感器（L500）送至合路器（Z500）的 TX 端口。再经 Z500 的 TX 通道选频滤波后，从其 ANT 端口输出，送至双频切换开关（Z503），最后通过天线发射出去。

② DCS 1 800 频段功放电路，如图 8-47 所示。它主要由 N501、N502、Z502、L503 及其相关外围元件组成。其主要功能是对输入的 DCS 1 800 频段的发射信号（1 710～1 785 MHz）进行功率放大。其中 N501 为 DCS 1 800 频段功放模块，它的 1 脚为 DCS 1 800 频段发射信号（1 710～1 785 MHz）输入端；2 脚为 DCS 1 800 频段功率放大器控制信号输入端，该控制信号由中频模块（N700）的 28 脚提供；3 脚为供电端，其供电电压由升压模块（V105）的 1、16 脚输出的 ADC_OUT（3.2 V）电压提供；4 脚为 DCS 1 800 频段的发射信号输出端。N502 为 DCS 1 800 频段预放模块，它的 1 脚为 DCS 1 800 频段发射信号输入端；2、3、5 脚为接地端；4 脚为 DCS 1 800 频段发射信号输出端同时也是 V_{TX}（2.8 V）电压输入端；6 脚为供电端，其供电电压由电源模块（N100）的 H4 端输出的 V_{COBBA}（2.8 V）电压提供。Z502 为 DCS 1 800 频段发射滤波器，其中心频率为 1 745 MHz。L503 为互感器，它的 IN 端口为 DCS 1 800 频段发射信号输入端；MOUT 端口为 DCS 1 800 频段发射信号输出端；COUT 端口为发射功率取样信号输出端；TERM 端口为互感器的控制端。C514、C515 为发射信号输入耦合电容；L502、L506 为高频扼流电感，其主要作用是防止高频信号串入直流电压而对电路造成干扰。当手机工作在 DCS 1 800 频段时，由前端模块（N600）的 40 脚输出的 DCS 1 800 频段的发射信号（1 710～1 785 MHz），经 Z603 滤波后，通过耦合电容 C514 送至预放模块（N502）的 1 脚，在其内部进行预放后，由 N502 的 4 脚输出，通过耦合电容 C515 送入滤波器（Z502）。经滤波后的信号再送至功放模块（N501）的 1 脚，在其内部进行功率放大，然后从 N501 的 4 脚输出，经互感器（L503）送至定向耦合器（Z504）的 TX 端口，Z504 在控制管（N503）的作用下对发射信号进行选频滤波，并将获得的 1 710～1 785 MHz 发射信号从其 ANT 端口输出，送至双频切换开关（Z503），最后通过无线发射出去。

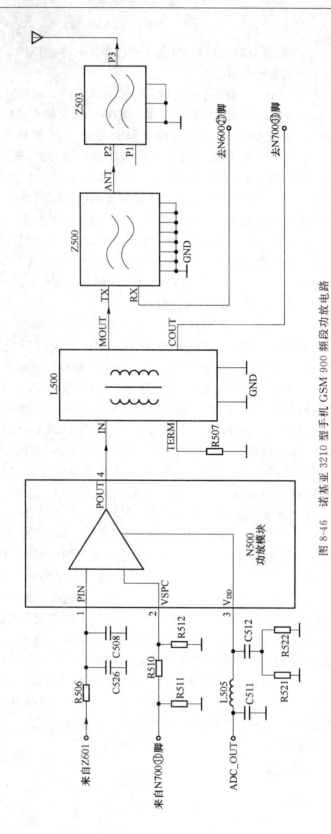

图 8-46　诺基亚 3210 型手机 GSM 900 频段功放电路

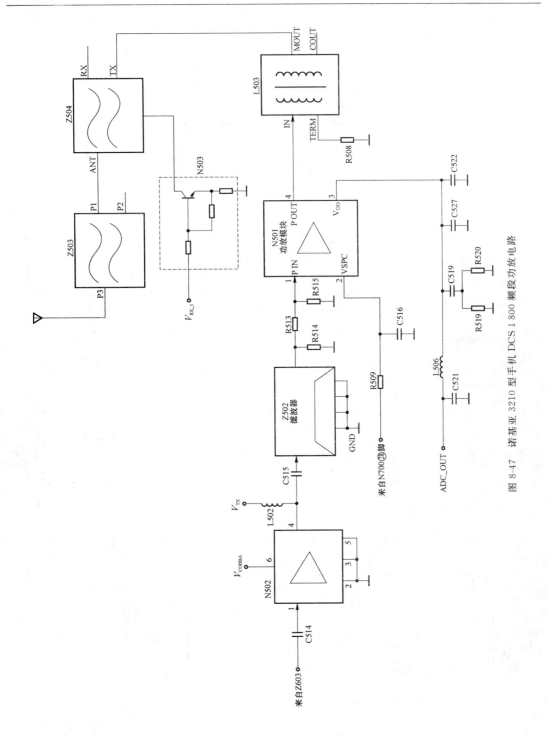

图 8-47 诺基亚 3210 型手机 DCS 1 800 频段功放电路

6）功放控制电路

如图 8-48 所示，功放控制电路主要由中频模块（N700）及相关外围元件组成。其主要作用是按逻辑控制电路的要求，自动控制两频段（GSM 900 频段与 DCS 1 800 频段）发射信号的发射功率，使之满足手机与基站的通信要求。N700 的 27、47 脚为 V_{TX}（2.8 V）电压

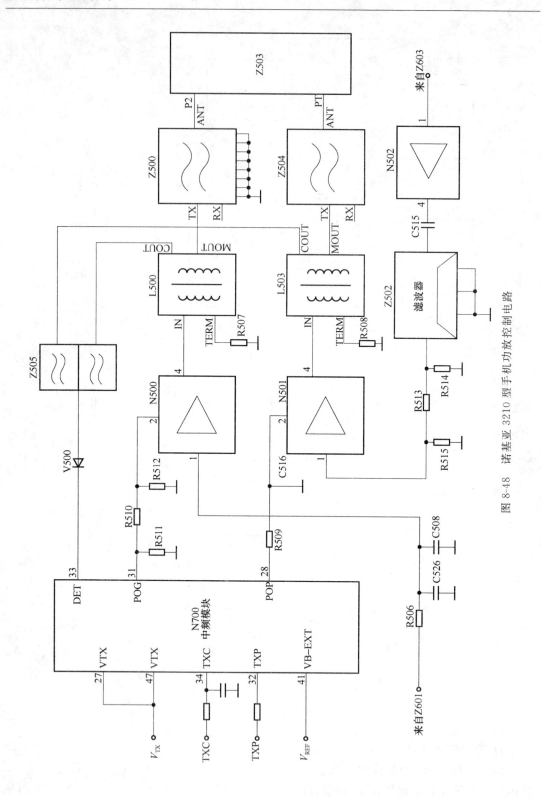

图 8-48　诺基亚 3210 型手机功放控制电路

输入端,该电压由电源模块(N100)的 G2 端提供;28 脚为 DCS 1 800 频段发射功率控制信号输出端;31 脚为 GSM 900 频段发射功率控制信号输出端;32 脚为两频段发射功率控制信号(TXP)输入端,该控制信号来自中央处理器(D300);33 脚为两频段发射功率取样信号输入端;41 脚为 V_{REF}(1.5 V)电压输入端,该电压由电源模块(N100)的 D4 端提供,Z505、V500 等组成两频段发射功率取样电路,其中 Z505 为发射功率取样信号滤波器,V500 为发射功率取样信号检波管。当手机工作在 GSM 900 频段并处于发射状态时,经互感器(L500)耦合得到的发射功率取样信号,由 L500 的 COUT 端口输出,经 Z505 滤波、V500 检波后,送至中频模块(N700)的 33 脚。同时基站收到手机发射来的信号后,便对其信号功率进行检测,然后送回基准功率信号至手机,经手机内部接收电路与逻辑控制电路处理后,再将此基准功率信号送至中频模块(N700)的 32 脚。在 N700 内部该基准功率信号再与从 33 脚输入的取样信号进行比较,产生的误差控制电压从中频模块(N700)的 31 脚输出,送至 GSM 900 频段功放模块(N500)的 2 脚,通过改变 N500 的 2 脚电位,来改变 N500 内部放大器的放大倍数,从而使手机工作在 GSM 900 频段时,其发射信号功率满足手机与基站的通信要求。当手机工作在 DCS 1 800 频段并处于发射状态时,经互感器(L503)耦合得到的发射功率取样信号,由 L503 的 COUT 端口输出,经 Z505 滤波、V500 检波后,也送至中频模块(N700)的 33 脚。同时,基站收到手机发射来的信号后,对其信号功率进行检测,然后送出基准功率信号至手机。经手机内部相关电路处理后,再送至中频模块(N700)的 32 脚。在 N700 内部,该基准功率信号与从 33 脚输入的取样信号进行比较,产生的误差控制电压从中频模块(N700)的 28 脚输出,送至 DCS 1 800 频段功放模块(N501)的 2 脚,通过改变 N501 的 2 脚电位,来改变 N501 内部功率放大器的放大倍数,从而使手机工作在 DCS 1 800 频段时,其发射信号功率满足手机与基站的通信要求。

(2)发射信号流程

其流程图如图 8-49 所示。

(3)检修中的关键点

1)诺基亚 3210 型手机发射部分的直流关键测试点

① 功放电路中的关键测试点有 N500 的 2 脚,该脚为功率放大器增益控制电压输入端;N500 的 3 脚,该脚为 ADC_OUT(3.2 V)电压输入端;N501 的 2 脚,该脚为功率放大器增益控制电压输入端;N501 的 3 脚,该脚为 ADC_OUT(3.2 V)电压输入端;N502 的 6 脚,该脚为 V_{COBBA}(2.8 V)电压输入端。

② 功放控制电路中的关键测试点有 N700 的 28 脚,该脚为 DCS 1 800 频段功率放大器增益控制电压输出端;N700 的 31 脚,该脚为 GSM 900 频段功率放大器增益控制电压输出端;N700 的 33 脚,该脚为两频段发射功率取样信号输入端;N700 的 32 脚,该脚为两频段基准发射功率控制信号输入端。

③ 发射信号产生及放大电路中的关键测试点有 N600 的 8 脚,该脚为 V_{SYN_1}(2.8 V)电压输入端;N600 的 24 脚,该脚为双频切换控制信号输入端;N600 的 39 脚,该脚为 V_{TX}(2.8 V)电压输入端。

④ 发射中频产生及放大电路中的关键测试点有 N700 的 16 脚,该脚为 V_{SYN_1}(2.8 V)电压输入端;N700 的 27、47 脚,这两脚为 V_{TX}(2.8 V)电压输入端;N700 的 34 脚,该脚为发射控制信号(TXC)输入端;N700 的 41 脚,该脚为 V_{REF}(1.5 V)电压输入端。

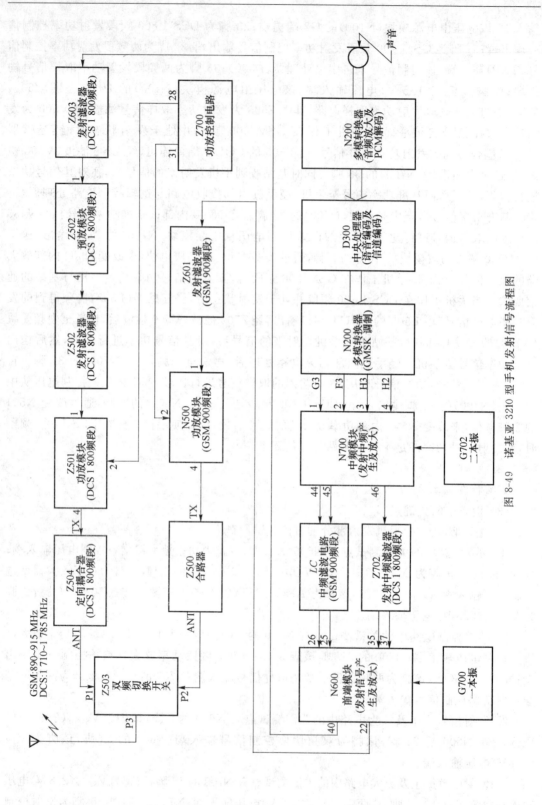

图 8-49　诺基亚 3210 型手机发射信号流程图

GSM:890~915 MHz
DCS:1 710~1 785 MHz

⑤ 其他关键测试点有 V202 的集电极,该点在未插入外接话筒时为高电平,插入外接话筒时为低电平;机内话筒的正极端,该点在手机拨通或接通电话时有 2 V 左右的电压(手机使用机内话筒送话)。

2) 诺基亚 3210 型手机发射部分的信号关键测试点

① N700 的 1、2、3、4 脚:为发射 I/Q 信号(TX QN、TX QP、TX IP、TX IN)输入端。

② N700 的 44、45 脚:这两脚为 GSM 900 频段发射中频信号(116 MHz)输出端。

③ N600 的 25、26 脚:这两脚为 GSM 900 频段发射中频信号(116 MHz)输入端。

④ N600 的 22 脚:该脚为 GSM 900 频段发射信号(890~915 MHz)输出端。

⑤ Z601 的输入、输出端:这两点为 GSM 900 频段发射信号测试点。

⑥ N500 的①脚:该脚为 GSM 900 频段发射信号(890~915 MHz)输入端。

⑦ N500 的④脚:该脚为放大后的 GSM 900 频段发射信号(890~915 MHz)输出端。

⑧ Z500 的 TX 端口:该脚为放大后的 GSM 900 频段发射信号(890~915 MHz)输入端。

⑨ N700 的 46 脚:该脚为 DCS 1 800 频段发射中频信号(232 MHz)输出端。

⑩ Z702 的输入、输出端:这些点为 232 MHz 发射中频信号测试点。

⑪ N600 的 35、37 脚:这两脚为 DCS 1 800 频段发射中频信号(232 MHz)输入端。

⑫ N600 的 40 脚:该脚为 DCS 1 800 频段发射信号(1 710~1 785 MHz)输出端。

⑬ Z603 的输入、输出端:这些点为 DCS 1 800 频段发射信号(1 710~1 785 MHz)测试点。

⑭ N502 的①脚:该脚为 DCS 1 800 频段发射信号(1 710~1 785 MHz)输入端。

⑮ N502 的④脚:该脚为预放后的 DCS 1 800 频段发射信号(1 710~1 785 MHz)输出端。

⑯ Z502 的输入、输出端:这些点为预放后的 DCS 1 800 频段发射信号(1 710~1 785 MHz)测试点。

⑰ N501 的 1 脚:该脚为功放 DCS 1 800 频段发射信号(1 710~1 785 MHz)输入端。

⑱ N501 的④脚:该脚为功放后的 DCS 1 800 频段发射信号(1 710~1 785 MHz)输出端。

⑲ Z504 的 TX 端口:该点为功放后的 DCS 1 800 频段发射信号(1 710~1 785 MHz)输入端。

⑳ N700 的⑧脚:该脚为 464 MHz 二本振信号输入端。

㉑ N700 的 15 脚:该脚为 13 MHz 基准频率信号输入端。

㉒ N600 的 4 脚:该脚为一本振信号输入端。当手机处于 GSM 900 频段发射状态时,其一本振频率为 2 012~2 062 MHz,当手机处于 DCS 1 800 频段发射状态时,其一本振频率为 1 942~2 017 MHz。

逻辑控制部分

(1) 组成电路分析

如图 8-50 所示,诺基亚 3210 型手机逻辑控制部分电路主要由 D300、D301、D302、D303 及相关外围元件组成。其主要作用是根据从射频收、发电路检测到的数据,按 GSM 或 DCS 规范监测与控制收、发电路的运作。同时接收收、发电路送来的数据及信号,并将用户需要发送至基站的信息,经数字信号处理电路处理后送到收、发电路,从而实现手机与移动电话系统的电话交换机建立语音及数据信息交换的目的。由于 3210 型手机为双频手机,因此,逻辑电路还担负着识别 GSM 900 或 DCS 1 800 工作模式的任务,并控制相应的 GSM 900 频段或 DCS 1 800 频段收、发电路工作。

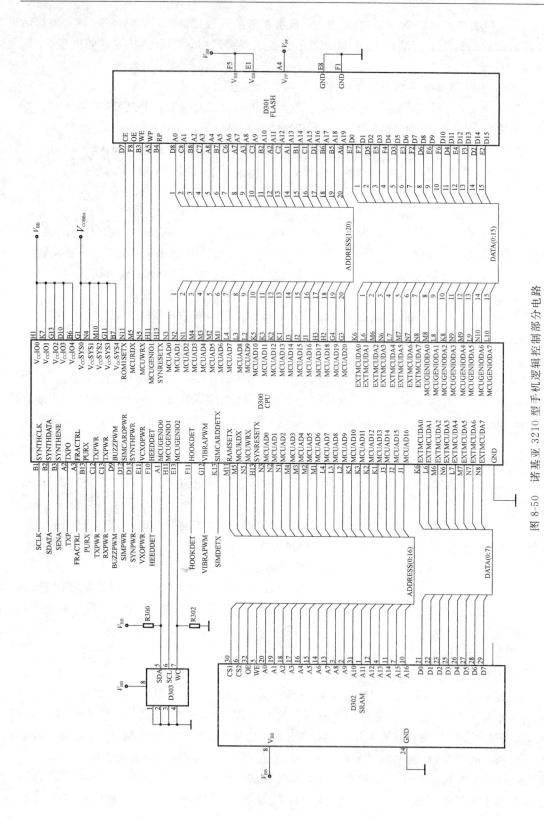

图 8-50　诺基亚 3210 型手机逻辑控制部分电路

1) D300

D300 为中央处理器,也称 CPU,它是逻辑控制部分的核心单元。其主要作用是执行程序,完成基本的收、发处理及其他特殊功能处理。它与各存储器之间是通过数据总线、地址总线及控制线相连的,其中数据总线和地址总线是它们之间交换数据的通道,控制线,如片选信号(CE)、读、写信号等,则是中央处理器操作存储器进行各项指令的通道。另外,中央处理器 D300 对接收部分、发射部分、电源部分以及其他辅助部分的控制处理也是通过控制线完成的,这些控制线包括 FRACTRL(高放增益控制)、SCLK(频率合成器时钟)、SDATA(频率合成器数据)、SENA(频率合成器使能)、TXC(发射控制)、TXP(发射功率控制)、MODE_SEL(双频切换控制)、RXPWR(接收机电源控制)、TXPWR(发射机电源控制)、VCXOPWR(13 MHz 时钟电源控制)、SYNTHPWR(频率合成器电源控制)以及 SIMPWR(SIM 卡电源控制)等。中央处理器通过这此控制信号去控制各相关电路的工作状态,从而实现对整机的控制处理。D300 的外形引脚排列图如图 8-51 所示。

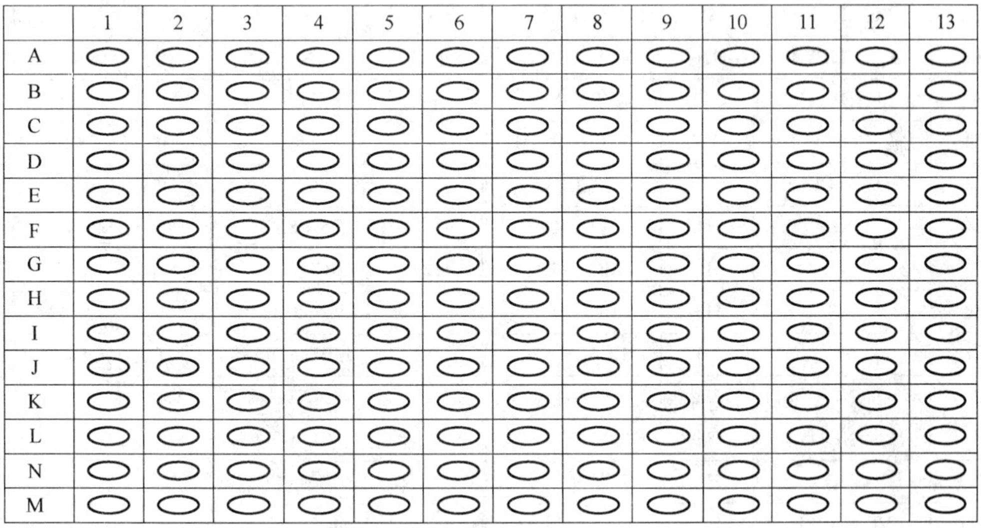

图 8-51　诺基亚 3210 型手机中央处理器 D300 外形引脚排列图

D300 的各引脚名称如表 8-3 所示。

表 8-3　诺基亚 3210 型手机中央处理器 D300 引脚名称

引脚	名称	引脚	名称	引脚	名称	引脚	名称
A1	MCUGENIO0	A11	SIMCARDAIOC	B8	PCMOCLK	C5	ACCTXDATA
A2	TXPO	A12	SIMCARDACIK	B9	PCMTXDATA	C6	COBBACLK
A3	FRACTRL	A13	CLK32K	B10	GENSDIO	C7	IDATA
A4	DSPGENOUT4	B1	SYNTHCLK	B11	SIMCARDRSTX	C8	PCMIO
A5	DSPGENOUT5	B2	SYNTHDATA	B12	CCONTINT	C9	GND6
A6	COBBACSX	B3	SYNTHENE	B13	PURX	C10	GENCCONTCSX
A7	COBBASD	B4	DSPGENOUT3	C1	DSPGENOUT2	C11	SIMCARDDATA
A8	PCMSCLK	B5	MBUS	C2	LEADGNDO	C12	TXPWR
A9	PCMRXDATA	B6	VCCIO4	C3	COL0	C13	PXPWR
A10	GENSCLK	B7	VCCSYS4	C4	COL1	D1	LCDCSX

引脚	名称	引脚	名称	引脚	名称	引脚	名称
D2	COL4	F12	LOBYTESELX	I9	NC	L6	EXTMCUDA1
D3	COL3	F13	LEADGND2	I10	NC	L7	EXTMCUDA4
D4	COL2	G1	VCCSYS0	I11	NC	L8	MCUGENIODA1
D5	GND7	G2	MCUAD21	I12	NC	L9	MCUGENIODA5
D6	ACCRXDATA	G3	MCUAD20	I13	NC	L10	MCUGENIODA7
D7	QDATA	G4	MCUAD19	J1	MCUAD16	L11	JTD0
D8	DSPXF	G5	NC	J2	MCUAD15	L12	COEMU0
D9	BUZZPWM	G6	NC	J3	MCUAD14	L13	COEMU1
D10	VCCIO3	G7	NC	J4	GND1	M1	MCUAD6
D11	LEADVCC2	G8	NC	J5	NC	M2	MCUAD5
D12	SIMCARDPWR	G9	NC	J6	NC	M3	MCUAD4
D13	SYNTHPWR	G10	MCUGENIO4	J7	NC	M4	MCUAD3
E1	LEADVCC0	G11	VCCSYS3	J8	NC	M5	MCURDX
E2	ROW4	G12	VIBRAPWM	J9	NC	M6	EXTMCUDA2
E3	ROW5LCDCD	G13	VCCIO2	J10	SCND	M7	EXTMCUDA5
E4	GND0	H1	VCCIO0	J11	ROMESETX	M8	MCUGENIODA0
E5	NC	H2	MCUAD18	J12	GND4	M9	MCUGENIO
E6	NC	H3	MCUAD17	J13	EEPROMSETX	M10	VCCSYS2
E7	NC	H4	LEADGND1	K1	MCUAD13	M11	RAMSETX
E8	NC	H5	NC	K2	MCUAD12	M12	JTCLK
E9	NC	H6	NC	K3	MCUAD11	M13	JIMS
E10	GND5	H7	NC	K4	ARMVCC	N1	MCUAD2
E11	VCXOPWR	H8	NC	K5	MCUAD10	N2	MCUAD1
E12	MCUGENIO3	H9	NC	K6	EXTMCUDA0	N3	MCUAD0
E13	MCUGENIO2	H10	LEADVCC1	K7	VCCIO1	N4	VCCSYS1
F1	ROW0	H11	MCUGENIO1	K8	MCUGENIODA2	N5	MCUWRX
F2	ROW1	H12	TESTMADE	K9	GND3	N6	EXTMCUDA3
F3	ROW2	H13	SYNRESETX	K10	SCVCC	N7	EXTMCUDA6
F4	ROW3	I1	NC	K11	RFCLK	N8	EXTMCUDA7
F5	NC	I2	NC	K12	RFCLKGND	N9	MCUGENIOD A3
F6	NC	I3	NC	K13	SIMCARDDETX	N10	MCUGENIOD A6
F7	NC	I4	NC	L1	ARMGND	N11	ROMISETX
F8	NC	I5	NC	L2	MCUAD9	N12	JTRST
F9	NC	I6	NC	L3	MCUAD8	N13	JTDI
F10	HEEDDET	I7	NC	L4	MCUAD7		
F11	HOOKDET	I8	NC	L5	GND2		

D300 部分引脚功能说明如表 8-4 所示。

表 8-4　诺基亚 3210 型手机中央处理器 D300 部分引脚功能说明

引脚名称	功能
COL0—COL4	KEYBOARD COLUMN LINE(键盘纵线)
ROW0—ROW4	KEYBOARD ROW LINE(键盘横线)
MCUAD0—MCUAD21	ADDRESS LINE(地址线)
EXTMCUDA0—EXTMCUDA7	EXTEND DATA LINE(扩展数据线)
MCUGENIODA0—MCUGENIODA7	MAIN DATA LINE(主数据线)
RAMSETX	RAM CHIP SELECT(RAM 片选)
ROMSETX	ROM CHIP SELECT(ROM 片选)

2) D301

D301 为闪速存储器(FLASH EPROM),又称版本,采用 48 脚 BGA 封装,其外形引脚排列图如图 8-52 所示。

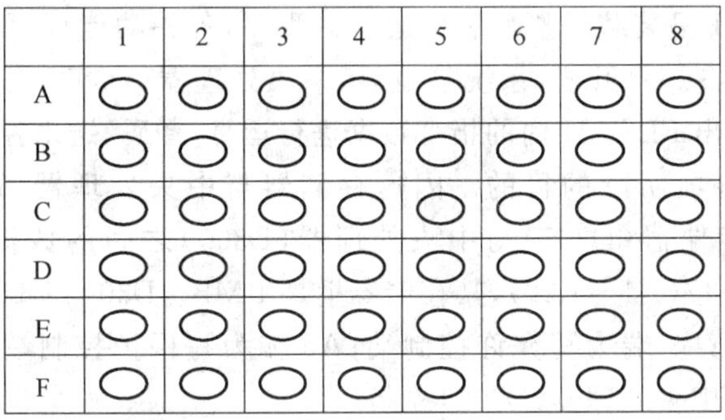

图 8-52　诺基亚 3210 型手机闪速存储器 D301 外形引脚排列图

D301 各引脚名称如表 8-5 所示。

表 8-5　诺基亚 3210 型手机闪速存储器 D301 引脚名称

引脚	名称	引脚	名称	引脚	名称	引脚	名称
A1	A13	B5	A18	D1	A16	E5	D3
A2	A11	B6	A17	D2	D14	E6	D9
A3	A8	B7	A5	D3	D5	E7	D0
A4	V_{PP}	B8	A2	D4	D11	E8	GND
A5	WP	C1	A15	D5	D2	F1	GND
A6	A19	C2	A12	D6	D8	F2	D7
A7	A7	C3	A9	D7	CE	F3	D13
A8	A4	C4	NC	D8	A0	F4	D4
B1	A14	C5	NC	E1	BVV	F5	V_{BB}
B2	A10	C6	A6	E2	D15	F6	D10
B3	WE	C7	A3	E3	D6	F7	D1
B4	RP	C8	A1	E4	D12	F8	OE

D301 部分引脚功能说明如表 8-6 所示。

表 8-6 诺基亚 3210 型手机闪速存储器 D301 部分引脚功能说明

引脚名称	功能
A0—A19	ADDRESS LINE（地址线）
D0—D15	DATA LINE（数据线）
OE	OUTPUT ENABLE（输出允许）
CE	CHIP SELECT（片选）
WE	WRITE ENABLE（写允许）
WP	WRITE PROTECT（写保护）
RP	READ RPOTECT（读保护）
V_{PP}	PROGRAM VOLTAGE（编程电压）

闪速存储器 D301 里装载了整个手机运行的程序，各种功能程序以编码形式预先存放在 FLASH 存储器里。一旦开机，系统复位后，中央处理器（D300）则输出允许读写信号和片选信号给 D301，取出 FLASH 内的指令数据进行运算、译码，送出控制信号以保证各部分协调工作达到执行各项功能的目的。闪速存储器与中央处理器（D300）的连接电路如图 8-53 所示。闪速存储器（D301）与中央处理器（D300）之间的数据交换是 16 位（D0～D15），地址交换是 20 位（A1～A20），其存储容量是 1 MB。D301 的 D7 端为选通控制端；F8 端为输出允许控制端；B3 端为写允许控制端；A5 端为写保护控制端；B4 端为读保护控制端。这些控制端均由中央处理器（D300）控制。

3）D302

D302 为随机存储器（SRAM），采用双排 32 引脚，其引脚排列图如图 8-54 所示。

D302 的引脚名称见表 8-7 所示。

表 8-7 诺基亚 3210 型手机随机存储器 D302 引脚名称

引脚	名称	引脚	名称	引脚	名称	引脚	名称
1	A11	9	NC	17	A3	25	D3
2	A9	10	A16	18	A2	26	D4
3	A8	11	A14	19	A1	27	D5
4	A13	12	A12	20	A0	28	D6
5	WE	13	A7	21	D0	29	D7
6	CS2	14	A6	22	D1	30	CS1
7	A15	15	A5	23	D2	31	A10
8	V_{BB}	16	A4	24	GND	32	OE

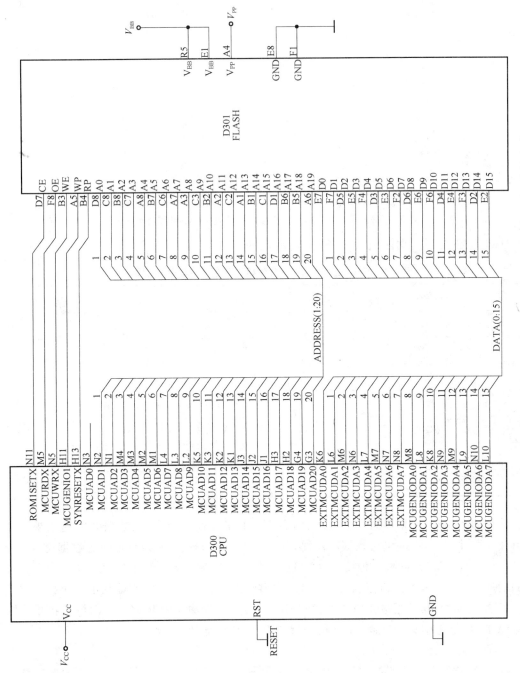

图 8-53　诺基亚 3210 型手机闪速存储器 D301 与中央处理器 D300 连接电路

图 8-54　诺基亚 3210 型手机随机存储器 D302 引脚排列图

D302 的部分引脚功能说明如表 8-8 所示。

表 8-8　诺基亚 3210 型手机随机存储器 D302 引脚功能

引脚名称	功能
A0—A16	ADDRESS LINE(地址线)
D0—D7	DATA LINE(数据线)
CS1、CS2	CHIP SELECT(片选)
OE	OUTPUT ENABLE(输出允许)
WE	WRITE ENABLE(写允许)
V_{BB}	BATTERY VOLTAGA(电池电压)
NC	NO CONNECT(没有连接)

D302 的主要功能是存储中央处理器(D300)工作过程中的指令、数据和中间结果。其特点是存取速度快,在断电后数据不需保留。它与中央处理器(D300)之间的数据交换是 8 位(D0—D7),地址交换是 17 位(A0—A16),其存储容量为 128 KB。D302 的 5 脚为写允许控制端;6、30 脚为两个选通控制端;32 脚为输出允许控制端,这些控制端均由中央处理器控制;8 脚为供电端,其供电电压由电源模块(N100)的 C6 端输出的 V_{BB}(2.8 V)电压提供。随机存储器 D302 与中央处理器 D300 的连接电路如图 8-55 所示。

4) D303

D303 为电可擦写存储器(EEPROM),又称码片。其主要作用是存储手机的运行软件资料,如机身号码(IMEI)、锁机码以及其他设置等。它与中央处理器(D300)以串行方式进行数据交换。其引脚排列图如图 8-56 所示。D303 各引脚说明如表 8-9 所示。

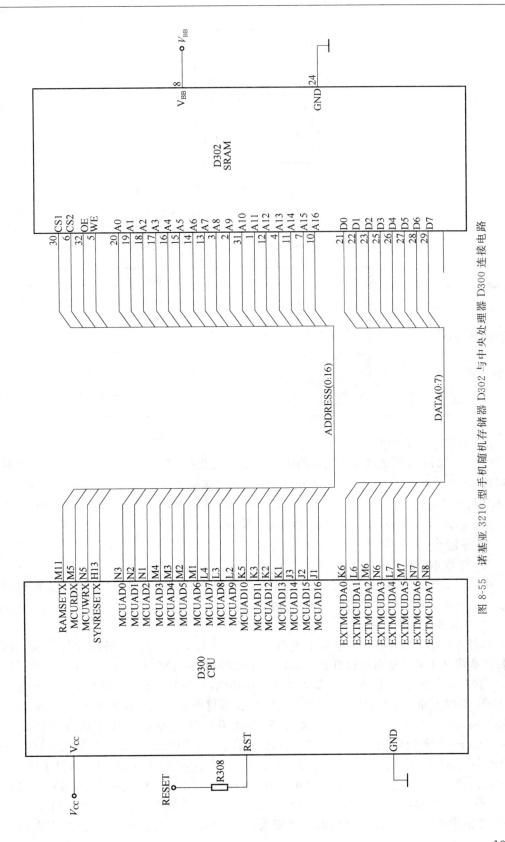

图 8-55　诺基亚 3210 型手机随机存储器 D302 与中央处理器 D300 连接电路

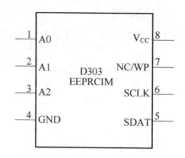

图 8-56　诺基亚 3210 型手机码片 D303 引脚排列图

表 8-9　诺基亚 3210 型手机码片 D303 引脚说明

引脚	名称	说明
1	A0	用户片选,低电平有效
2	A1	用户片选,低电平有效
3	A2	用户片选,低电平有效
4	GND	接地
5	SDAT	串行数据
6	SCLK	串行时钟
7	NC/WP	写保护断
8	V_{CC}	电源端

（2）检修中的关键点

诺基亚 3210 型手机逻辑控制电路中的关键测试点有 D302 的 5 脚,该脚为写允许信号控制端,低电平有效;D302 的 6、30 脚,这两脚为两个选通信号控制端,低电平有效;D302 的 8 脚,该脚为 V_{BB}(2.8 V)电压输入端;D302 的 32 脚,该脚为输出允许信号控制端,低电平有效;D303 的 8 脚,该脚为 V_{BB}(2.8 V)电压输入端。

电源部分

（1）组成电路分析

诺基亚 3210 型手机的电源部分电路主要由电源升压电路、电源稳压电路及充电电路组成。下面从维修角度出发对各组成电路进行分析。

1）电源升压电路

如图 8-57 所示,电源升压电路主要由 V101、V105、V108 及相关外围元件组成。其主要作用是将 2.4 V 电池电压提升到 3.2 V,供手机的相关电路使用。图中 V101 为升压二极管。V105 为升压模块,它的 1、16 脚为 3.2 V 电压输出端;4、5、12、13 脚为 2.4 V 电池电压输入端;15 脚为输出电压调整端,改变该脚的电位即可改变输出电压的大小。V108 为开关控制模块,内含两个自带偏置的开关管,这两个开关管的基极电压分别由中央处理器(D300)送出的调整信号 CON_1、CON_2 提供。L102 为升压线圈,L103 为滤波电感,C109、C110、C111、C112、C115 等为滤波电容。电池电压(V_{BATT})经 C115 滤波后,通过 L102 送至升压模块(V105)的 4、5、12、13 脚,经由 V101、V105 及 L102 等组成的升压电路升压后,由 V105 的 1、16 脚输出 3.2 V 左右的 ADC_OUT 电压,此电压经 C109、C110、C111、C112 及 L103 等组成的滤波电路滤波后,供电源模块(N100)及相关电路使用。同时,中央处理器

（D300）根据检测到的电压数值，输出相应的调整信号（CON_1、CON_2）至开关控制模块（V108）的 2 脚或 5 脚，令其内部的相关开关管导通或截止，从而改变 V105 的 15 脚电位，达到调整输出电压的目的。

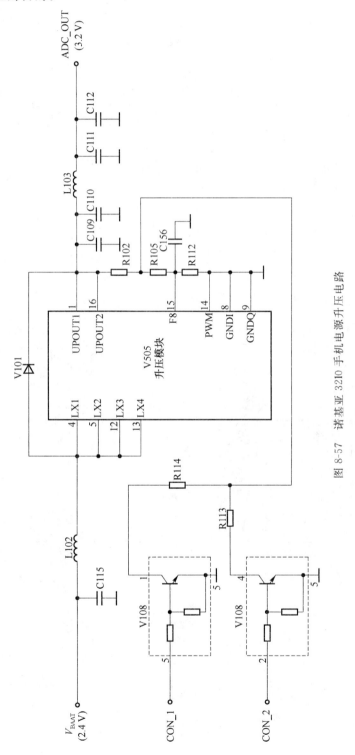

图 8-57　诺基亚 3210 手机电源升压电路

2) 电源稳压电路

如图 8-58 所示,电源稳压电路主要由电源模块(N100)、开关控制管(V103)以及输出滤

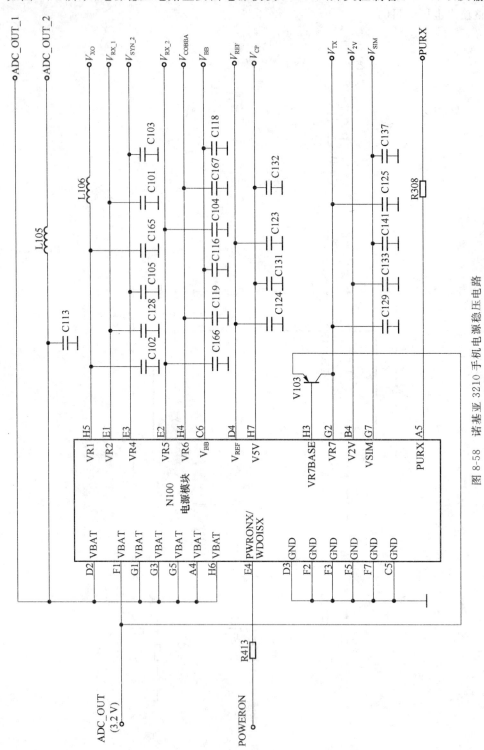

图 8-58 诺基亚 3210 手机电源稳压电路

波电容组成。其主要作用是向手机各组成电路提供多种稳定的工作电压。图中 N100 的 D2、F1、G1、G3、G5、A4 以及 H6 等脚为供电端,其供电电压由升压模块(V105)输出的 ADC_OUT(3.2 V)电压提供;E4 脚为启动触发端,也称开机触发端,它通过电阻 R413 与电源开关(ON/OFF)相连;H5 脚为 V_{XO}(2.8 V)电压输出端;E1 脚为 V_{RX_1}(2.8 V)电压输出端;E3 脚为 V_{SYN_2}(2.8 V)电压输出端;E2 脚为 V_{RX_2}(2.8 V)电压输出端;H4 脚为 V_{COBBA}(2.8 V)电压输出端;C6 脚为 V_{BB}(2.8 V)电压输出端;D4 脚为 V_{REF}(1.5 V)电压输出端;H7 脚为 V_{CP}(5.0 V)电压输出端;G2 脚为 V_{TX}(2.8 V)电压输出端;B4 脚为 V2V(2.0 V)电压输出端;G7 脚为 SIM 卡供电电压(V_{SIM})输出端;A5 脚为 PURX(2.8 V)电压输出端。N100 除具有稳压功能外,还具有以下多种功能。

① 充电控制功能。它与充电模块(N101)配合,对电池进行充电。

② 复位功能。开机时它的 A5 脚输出 2.8 V 的复位电压,对中央处理器(D300)进行复位。

③ 联络功能。作为 SIM 卡和中央处理器(D300)之间数据传输接口电路。

④ D/A、A/D 转换功能。

N100 外形引脚排列图如图 8-59 所示。

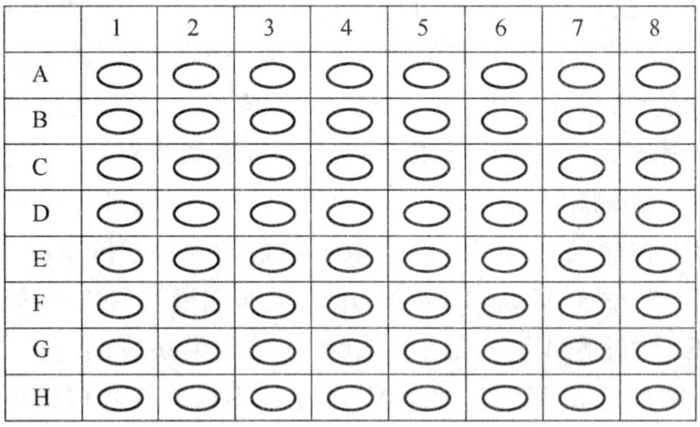

图 8-59 N100 外形引脚排列图

N100 的各引脚名称如表 8-10 所示。

表 8-10 诺基亚 3210 型手机电源模块 N100 引脚名称

引脚	名称	引脚	名称	引脚	名称	引脚	名称
A1	RSSI	C1	MODESEL	E1	VR2	G1	V_{BAT}
A2	EAD	C2	CNTVR3	E2	VR5	G2	VR7
A3	VCHAR	C3	CNTVR5	E3	VR4	G3	V_{BAT}
A4	VBAT1	C4	BTEMP	E4	PWRONX/WDOISX	G4	SLEEPX
A5	PURX	C5	GND	E5	VBACK	G5	V_{BAT}
A6	DATAIN/OUT	C6	V_{BB}	E6	SIMRST_O	G6	SIMPWR
A7	DATASELX	C7	CRA	E7	SIMRST_A	G7	V_{SIM}
A8	DATACLK	C8	DATA-A	E8	SIMCLK_O	G8	V5V_4
B1	ICHAR	D1	CNTVR2	F1	VBAT	H1	CNTVR4

引脚	名称	引脚	名称	引脚	名称	引脚	名称
B2	VR3/RANBACK	D2	VBAT	F2	GND	H2	TXPWR
B3	BSI	D3	GND	F3	GND	H3	VR7BASE
B4	V2V	D4	VREF	F4	VR1_SW	H4	VR6
B5	PWMOUT	D5	VCXOTEMP	F5	GND	H5	VR1
B6	TEST	D6	CRB	F6	SIMI/OC	H6	BVAT2
B7	CCONTINT	D7	DATA_0	F7	GND	H7	V5V
B8	SLCLK	D8	SIMCLK	F8	V5V_3	H8	V5V_2

当手机加电时,电池电压(V_{BATT})通过输入电路送至升压模块(V105)的4、5、12、13脚,经由V105及相关外围元件组成的升压电路升压后,由V105的1、16脚输出3.2 V左右的电压。此电压经相关滤波电路滤波后,供手机的不同电路使用,其中ADC_OUT(3.2 V)电压主要供电源模块(N100)、控制管(V103)等使用;ADC_OUT_1(3.2 V)电压主要供背景照明灯、振动马达、振铃器及功放模块等使用;ADC_OUT_2(3.2 V)电压主要供稳压模块(N702)等使用。当电源模块(N100)的D2、F1、G1、G3、A4、H6等脚获得3.2 V的ADC_OUT电压时,其E4脚即输出3V左右的触发电压,使触发端保持高电平。当按下电源开关(ON/OFF)键,给电源模块(N100)的E4脚(触发端)输入一个低电平触发信号时,电源模块(N100)开始工作,分别从下列各脚输出相应的工作电压给手机各电路供电。

① 从N100的H5脚输出V_{XO}(2.8 V)电压给13 MHz时钟电路供电。

② 从N100的E1脚输出V_{RX_1}(2.8 V)电压给前端模块(N600)等供电。

③ 从N100的E3脚输出V_{SYN_2}(2.8 V)电压给前端模块(N600)等供电。

④ 从N100的E2脚输出V_{RX_2}(2.8 V)电压给中频模块等供电。

⑤ 从N100的H4脚输出V_{COBBA}(2.8 V)电压给多模转换器(N200)等供电。

⑥ 从N100的C6脚输出V_{BB}(2.8 V)电压给中央处理器(D300)、闪速存储器(D301)、随机存储器(D302)、电可擦写存储器(D303)及多模转换器(N200)等供电。

⑦ 从N100的D4脚输出V_{REF}(1.5 V)电压给中频模块(N700)等供电。

⑧ 从N100的H7脚输出V_{CP}(5.0 V)电压给中频模块(N700)等供电。

⑨ 从N100的G2脚输出V_{TX}(2.8 V)电压给前端模块(N600)、中频模块(N700)等供电。

⑩ 从N100的A5脚输出PURX(2.8 V)电压给中央处理器(D300)等进行复位。

3) 充电电路

如图8-60所示,充电电路主要由N101、N100、D300以及相关外围元件组成。其中N101为充电模块,它的A1、A2、A3、A4脚为外接充电电压输入端;C1、D1、A6、B6脚为充电电压输出端;F5脚为充电电压取样输入端;F2脚为PWM充电脉冲控制信号输入端;F3脚为充电中断信号输入端;F4脚为充电电压检测信号输入端。N100为电源模块,它的B1脚为充电电流检测端;B5脚为PWM充电脉冲控制信号输出端;A3脚为充电信号输入端。N100与R100、R103等组成充电检测电路。D300为中央处理器,其主要作用是调运充电软件资料,对充电数据进行检测。V114为充电控制模块,R137为充电限流电阻,F100为充电

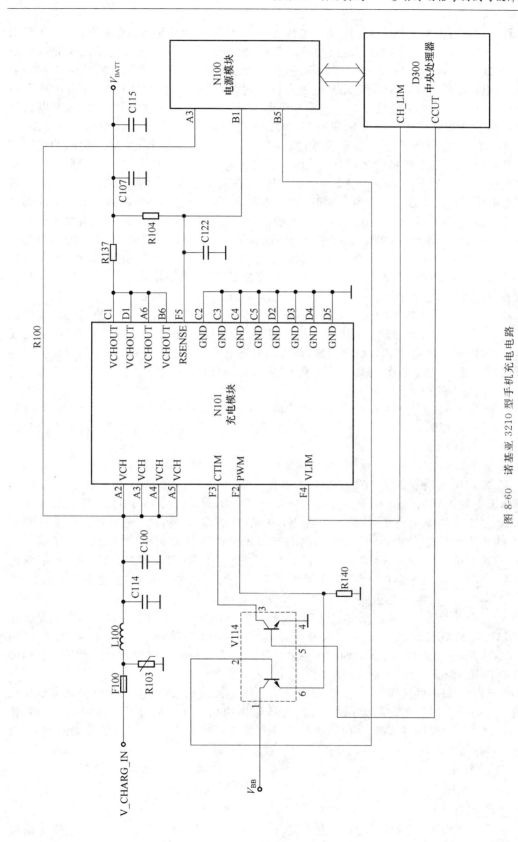

图 8-60 诺基亚 3210 型手机充电电路

保险管。当进行本机充电时,外接充电电压由手机充电器插孔输入,经保险管 F100 及由 L100、C114、C100 等组成的滤波电路滤波后分两路送出:一路作为充电电源送至充电模块 (N101) 的 A2、A3、A4、A5 脚;另一路则作为充电请求信号经 R100 送至电源模块 (N100) 的 A3 脚。电源模块 (N100) 检测到此充电请求信号后,先对其进行 A/D 转换,然后再送至中央处理器 (D300)。中央处理器收到此充电请求信号后,则运行充电软件资料,对充电数据进行检测。检测通过后,中央处理器 (D300) 再将允许充电的信令数据送回电源模块 (N100),经 N100 内部进行 D/A 转换处理后,由 N100 的 B5 脚输出 PWM 充电脉冲控制信号至开关控制模块 (V114) 的 2 脚。经其内部开关控制管放大后,由 V114 的 6 脚输出,送至充电模块 (N101) 的 F2 脚,从而使充电模块 (N101) 进入充电状态,由其 C1、D1、A6、B6 脚输出充电电压对手机电池进行充电。同时,中央处理器 (D300) 也控制显示器显示滚动的电池指示条,提示手机处于充电状态。在充电过程中,中央处理器 (D300) 通过电池检测电路不断对电池电量进行检测,从而可随时调整充电电流的大小。当中央处理器 (D300) 检测到电池电量已充满时,D300 则送出充电关闭信号至电源模块 (N100),经其内部进行 D/A 转换后,关闭由 N100 的 B5 脚输出的 PWM 充电脉冲控制信号,从而使充电模块 (N101) 退出充电状态,停止对电池进行充电。另外,该机对充电电压过高也具有保护功能。充电时,中央处理器 (D300) 送出高电平的充电电压极限值控制信号至充电模块 (N101) 的 F4 脚,用于检测充电电压是否超过极限值。当充电电压超过极限值时,充电模块 (N101) 的 F4 脚会跳变为低电平,中央处理器 (D300) 检测到后,马上送出充电中断信号至 V114 的 5 脚,通过 V114 内部的开关管,令充电模块 (N101) 停止充电,实现过压保护。

(2) 检修中的关键点

1) 诺基亚 3210 型手机电源升压电路中的关键测试点有 V105 的 4、5、12、13 脚,这些脚为 2.4 V 电池电压输入端;V105 的 1、16 脚,这两脚为 3.2 V 电压输出端;V105 的 15 脚,该脚为输出电压调整端。

2) 电源稳压电路中的关键测试点有 C101、C128 的非接地端,这两点可测 N100 输出的 V_{RX_1} (2.8 V) 电压是否正常;C102、C165 的非接地端,这两点可测 N100 输出的 V_{XO} (2.8 V) 电压是否正常;C103、C105 的非接地端,这两点可测 N100 输出的 V_{SYN_2} (2.8 V) 电压是否正常;C104、C166 的非接地端,这两点可测 N100 输出的 V_{RX_2} (2.8 V) 电压是否正常;C116、C118 的非接地端,这两点可测 N100 输出的 V_{BB} (2.8 V) 电压是否正常;C119、C167 的非接地端,这两点可测 N100 输出的 V_{COBBA} (2.8 V) 电压是否正常;C123、C124 的非接地端,这两点可测 N100 输出的 V_{REF} (1.5 V) 电压是否正常;C131、C132 的非接地端,这两点可测 N100 输出的 V_{CP} (5.0 V) 电压是否正常;C125、C129 的非接地端,这两点可测 N100 输出的 V_{TX} (2.8 V) 电压是否正常;C133 的非接地端,该点可测 N100 输出的 V2V (2.0 V) 电压是否正常;C137、C141 的非接地端,这两点可测 N100 输出的 SIM 卡供电电压 (3 V/5 V) 是否正常;R413 的两端,这两点可测 N100 输出的触发电压是否正常;R308 的两端,这两点可测 N100 输出的 PURX (2.8 V) 电压是否正常。

3) 充电电路中的关键测试点有 C100、C114 的非接地端,这两点可测外接充电电压是否输入及正常;R137 的两端,这两点可测 V105 输出的充电电压是否正常;V114 的 1 脚,该点为 V_{BB} (2.8 V) 电压输入端;V114 的 2 脚,该点为 PWM 充电脉冲控制信号输入端,充电时该点可检测到脉冲信号。

其他部分

(1) 13 MHz 时钟电路

1) 组成电路分析

如图 8-61 所示,13 MHz 时钟电路主要由 13 MHz 振荡模块 (G701)、13 MHz 时钟信号

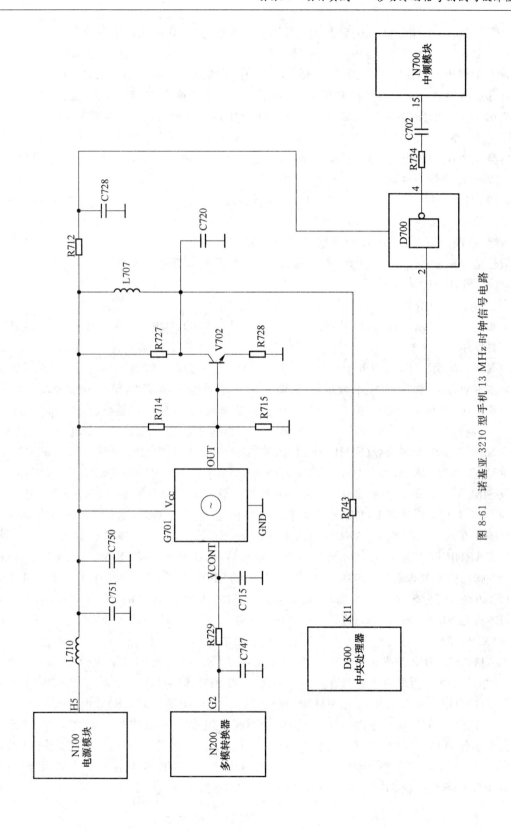

图 8-61　诺基亚 3210 型手机 13 MHz 时钟信号电路

放大管(V702)、反相器(D700)以及相关外围元件组成,其工作电压由电源模块(N100)输出的 V_{XO}(2.8 V)电压提供。当 N100 的 H5 脚输出的 2.8 V V_{XO} 电压加到 13 MHz 振荡模块(G701)的供电端(V_{CC})时,该振荡模块便开始工作,产生的 13 MHz 信号从 G701 的 OUT 端输出后分两路送出:一路经反相器(D700)反相后,再经耦合电容(C702)送至中频模块(N700)的 15 脚,作为一本振、二本振电路中锁相环频率合成器的基准频率;另一路则经放大管 V702 整形、放大后送至中央处理器(D300)的 K11 脚,作为系统主时钟信号,来自多模转换器(N200)的 AFC 信号为自动频率控制信号,用做微调 13 MHz 时钟信号的准确度。

2) 检修中的关键点

13 MHz 时钟信号关键测试点有 G701 的 V_{CC} 端,该点为 V_{XO}(2.8 V)电压输入端;G701 的 OUT 端,该点为 13 MHz 信号输出端;G701 的 V_{CONT} 端,该点为 AFC 电压输入端;R743 的两端,这两点可测 13 MHz 时钟信号是否正常;R734 的两端,这两点可测 13 MHz 基准频率信号是否正常;N700 的 15 脚,该脚为 13 MHz 基准频率信号输入端。

(2) SIM 卡电路

1) 组成电路分析

如图 8-62 所示,SIM 卡电路主要由 X100、V112、N100、D300 以及相关外围元件组成。其主要作用是让手机与 SIM 卡建立通信,对用户进行识别并给合法用户提供通话等服务。其中 X100 为 SIM 卡座,有 6 个引脚:1 脚为 SIM 卡供电端,2 脚为 SIM 卡复位端,3 脚为 SIM 卡时钟端,4 脚为 SIM 卡数据端,5 脚为 SIM 卡供电端,6 脚为 SIM 卡接地端。V112 为稳压模块(也称保护器),由 4 只稳压二极管封装组成,其主要作用是稳定 SIM 卡的供电。N100 为电源模块,此处主要有以下两个作用。一个作用是产生 SIM 卡供电电压。它的 G6 脚为 SIM 卡供电控制信号(SIMPWR)输入端,该控制信号由中央处理器(D300)的 D12 脚提供。G7 脚为 SIM 卡供电电压(VSIM)输出端。F8、G8、H8 脚与外接元件 V104、C136 等组成 SIM 卡 5 V 升压电路,其中 V104 为升压二极管,C136 为升压电容。另一个作用则是作为 SIM 卡与中央处理器(D300)之间进行数据传输的接口电路。它的 C8 脚与中央处理器(D300)的 C11 脚(SIMCARDDATA 端)相接,E7 脚与中央处理器(D300)的 B11 脚(SIMCARDRSTX 端)相接,D8 脚与中央处理器(D300)的 A12 脚(SIMCARDCLK 端)相接,F6 脚与中央处理器(D300)的 A11 脚(SIMCARDIOC 端)相接,N100 的 D7 脚与 SIM 卡座(X100)的 4 脚(SIMDATA 端)相接,E6 脚与 SIM 卡座(X100)的 2 脚(SIMRST 端)相接,E8 脚与 SIM 卡座(X100)的 3 脚(SIMCLK 端)相接。SIM 卡插入卡座(X100)后,通过卡座(X100)的 6 个触点与手机建立联系。在开机的瞬间,中央处理器(D300)从它的 C11、B11、A11、A12、D12 等脚送出数次脉冲,经电源模块(N100)送至 SIM 卡座(X100)的各个触点(接地端除外),用以检测是否有 SIM 卡存在。当 SIM 卡各个触点上均有响应时,中央处理器(D300)则从其 D12 脚送出 SIM 卡供电控制信号(SIMCARDPWR)至电源模块(N100)的 G6 脚(SIMPWR 端),令由 N100 与相关外围元件组成的 SIM 卡供电电路工作,向 SIM 卡提供工作电压。同时,SIM 卡、电源模块(N100)、中央处理器(D300)三者之间也通过 DATA、RST、CLK 等信号线建立通信。否则中央处理器(D300)则控制显示屏显示"请插入 SIM 卡",且不会启动 SIM 卡供电电路向 SIM 卡供电。

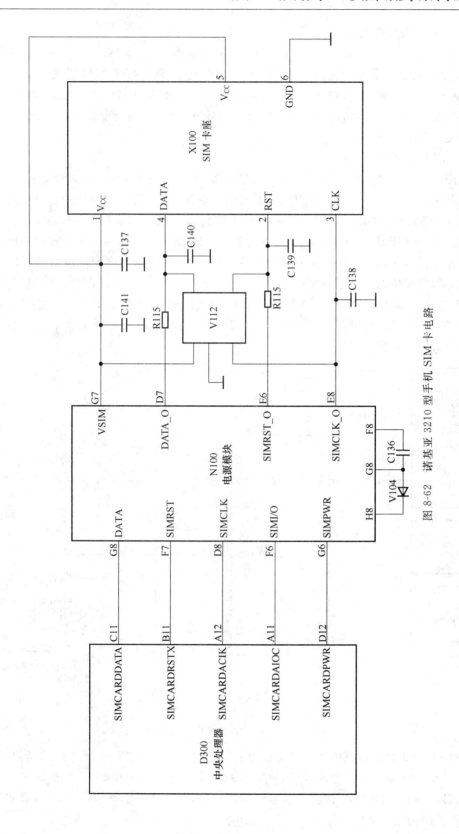

图 8-62　诺基亚 3210 型手机 SIM 卡电路

2）检修中的关键点

诺基亚 3210 型手机 SIM 卡电路中的关键测试点有 C137、C141 的非接地端,这两点可测 SIM 卡供电电压是否产生及正常;C139 的非接地端,该点可测 SIM 卡复位信号是否正常;C140 的非接地端,该点可测 SIM 卡数据信号是否正常;C138 的非接地端,该点可测 SIM 卡时钟信号是否正常;X100 的各脚(接地脚除外)正常时,在开机的瞬间用示波器在这些脚均能检测到脉冲信号。

（3）LCD 显示电路

如图 8-63 所示,LCD 显示电路主要由显示屏(LCD)、导电橡胶、中央处理器(D300)以及相关外围元件组成。其主要作用是将手机的信息及工作状态反映给用户。显示屏的 1 脚为供电端,2 脚为时钟端,3 脚为数据端,4 脚为控制端,5 脚为启动端,6 脚为接地端,8 脚为复位端。中央处理器(D300)的 A10 脚为显示时钟输出端,B10 脚为显示数据输出端,E3 脚为显示控制信号输出端,D1 脚为显示启动信号输出端,E13 脚为显示复位信号输出端。显示屏(LCD)的工作电压由电源模块(N100)的 C6 脚输出的 V_{BB}(2.8 V)电压提供,其启动信号、控制信号、复位信号、工作时钟信号以及显示的信息数据等均由中央处理器(D300)的相关引脚提供。手机工作时,以上信号均通过显示屏接口、导电橡胶送至显示屏的各相关引脚,从而驱动显示屏显示各种信号及工作状态。

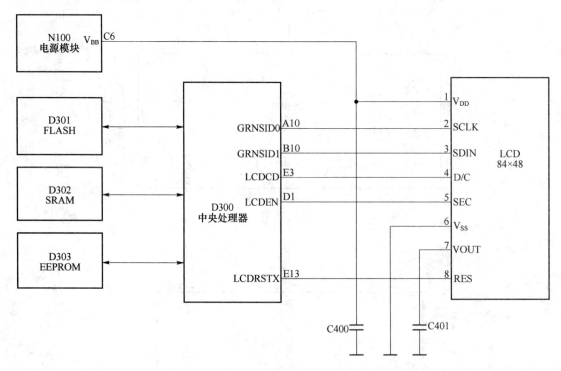

图 8-63　诺基亚 3210 型手机 LCD 显示电路

3210 型手机显示电路中的关键测试点有显示屏接口的 1 脚,该脚为显示屏的供电端,其正常工作电压为 2.8 V;显示屏接口的 4 脚,该脚为显示屏的控制端,其正常工作电压为 2.8 V;显示屏接口的 5 脚,该脚为显示屏的启动端,其正常工作电压为 2.8 V;显示屏接口的 8 脚,该脚为显示屏的复位端,其正常工作电压为 2.8 V。

（4）键盘与显示屏背景照明电路

1）组成电路分析

如图 8-64 所示，键盘与显示屏背景照明电路主要由发光二极管 V400、V401、V402、V403、V404、V405、V406、V409、V412、V413，驱动接口模块（N400），中央处理器（D300）及相关外围元件组成。其中 V400、V401、V402、V403、V404、V405 为键盘背景照明发光二极管，V406、V409、V412、V413 为显示屏背景照明发光二极管，这些发光二极管的工作电压均由升压模块（V105）输出的 ADC_OUT（3.2 V）电压提供。N400 的 1 脚为 ADC_OUT（3.2 V）电压输入端，该电压由升压模块（V105）的 1、16 脚提供；2 脚为 V_{BB}（2.8 V）电压输入端，该电压由电源模块（N100）的 C6 脚提供；7、15 脚为背景照明控制信号（BLIGHT）输入端；9 脚为显示屏背景照明控制信号输出端；13 脚为键盘背景照明控制信号输出端。中央处理器（D300）在此的主要作用是提供背景照明控制信号（BLIGHT），控制键盘与显示屏背景照明电路的工作状态。由中央处理器（D300）输出的背景照明控制信号（BLIGHT），从驱动接口模块（N400）的 7、15 脚输入，经 N400 内部放大后分别从其 9 脚、13 脚输出，驱动显示屏背景照明发光管 V406、V409、V412、V413 与键盘背景照明发光管 V400—V405 发光，从而实现显示屏与键盘背景照明。

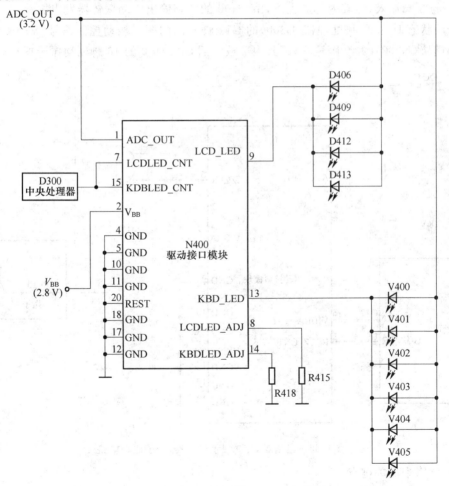

图 8-64　诺基亚 3210 型手机键盘与显示屏背景照明电路

2）检修中的关键点

诺基亚 3210 型手机键盘与显示屏背景照明电路中的关键测试点有 N400 的 1 脚,该脚为 ADC_OUT(3.2 V)电压输入端;N400 的 2 脚,该脚为 V_{BB}(2.8 V)电压输入端;N400 的 7、15 脚,这两脚为背景照明控制信号(BLIGHT)输入端;N400 的 9 脚,该脚为显示屏背景照明控制端。背景灯点亮时,该脚为低电平;N400 的 13 脚:该脚为键盘背景照明控制端。背景灯点亮时,该脚为低电平。

（5）振铃、振子驱动电路

1）组成电路分析

如图 8-65 所示,振铃、振于驱动电路主要由驱动接口模块(N400)、中央处理器(D300)及振铃器、振子组成。其中驱动接口模块(N400)的 1 脚为 AVD_OUT(3.2 V)电压输入端,该电压由升压模块(V105)的 1、16 脚提供;2 脚为 VBB(2.8 V)电压输入端,该电压由电源模块(N100)的 C6 脚提供;3 脚为振铃信号(BUZZER)输入端;6 脚为振铃驱动信号输出端;16 脚为振子驱动信号输出端;19 脚为振子振动控制信号(VIBRA)输入端。中央处理器(D300)的 D9 脚为振铃信号输出端;G12 脚为振子振动控制信号输出端。当手机处于振铃状态时,由中央处理器(D300)的 D9 脚输出的振铃信号(BUZZER),从驱动接口模块(N400)的 3 脚输入,经其内部放大后,由 N400 的 6 脚输出驱动振铃器发出振铃声。当手机处于振动状态时,由中央处理器(D300)的 G12 脚输出的振子振动控制信号(VIBRA),从驱动接口模块(N400)的 19 脚输入,经其内部放大后,由 N400 的 16 脚驱动振子振动。

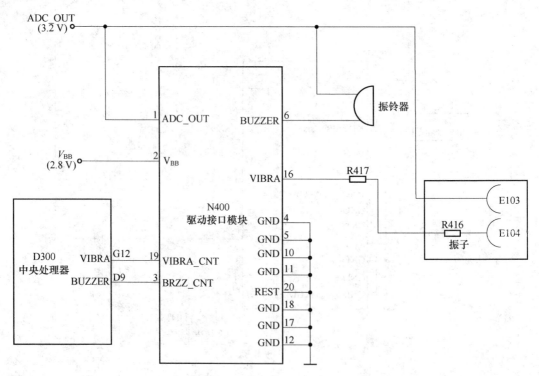

图 8-65　诺基亚 3210 型手机振铃、振子驱动电路

2）检修中的关键点

诺基亚 3210 型手机振铃、振子驱动电路中的关键测试点有 N400 的 1 脚,该脚为 ADC_

OUT(3.2 V)电压输入端；N400 的 2 脚，该脚为 V_{BB}(2.8 V)电压输入端；N400 的 3 脚，该脚为振铃信号(BUZZER)输入端，振铃时可测到脉冲信号；N400 的 6 脚，该脚为振铃驱动信号输出端，振铃时可测到脉冲信号；N400 的 10 脚，该脚为振子驱动信号输出端，振子振动时该脚为低电平；N400 的 19 脚，该脚为振子振动控制信号输入端。

（6）实时时钟电路

如图 8-66 所示，实时时钟电路主要由电源模块(N100)、32.768 kHz 晶体(B100)以及中央处理器(D300)组成。主要作用是产生 32.768 kHz 时钟信号，使手机具有时钟功能。其中由电源模块(N100)、32.768 kHz 晶体(B100)及外围元件 C147、C153 等构成实时时钟振荡电路，其振荡频率为 32.768 kHz。该振荡电路产生的 32.768 kHz 时钟信号经 N100 内部整形放大后由其 G4 脚输出，通过电阻 R118 送至中央处理器(D300)的 A13 脚，用于实时时钟的计算。

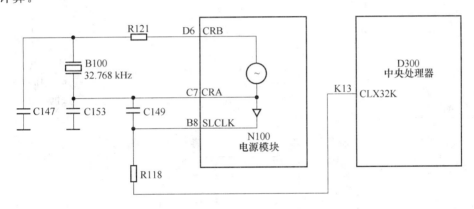

图 8-66　诺基亚 3210 型手机实时时钟电路

（7）键盘扫描电路

如图 8-67 所示，键盘扫描电路主要由横扫描线(ROW0—ROW4)、纵扫描线(COL0—COL3)及键盘导电膜组成。其中横扫描线(ROW0—ROW4)由中央处理器(D300)的 F1、F2、F3、F4、E2 等脚构成，纵扫描线(COL0—COL3)由中央处理器(D300)的 C3、C4、D4、D3 等脚构成。这些纵扫描线与横扫描线构成 4×5 矩阵，每个交接点即为一个功能键。在守候状态时，中央处理器(D300)无扫描信号输出，所有横线由上拉电阻保持高电平，所有纵线保持低电平。当按下某一功能键时，相关的横线将会变为低电平，即产生一个中断信号送至中央处理器(D300)，D300 在收到中断信号后，即开始运行键盘扫描程序，测定出接合交叉点的位置，检测出哪个键被按下，从而执行相应的执行指令操作，完成人机对话。

（8）外部连接器接口功能图

诺基亚 3210 型手机在底部有一个外部连接器接口，其主要作用是提供外接充电插孔、外接听筒、话筒等，具体功能如图 8-68 所示。

（9）开关机流程

诺基亚 3210 型手机的开关机流程如图 8-69 所示。手机加电时，电池电压(V_{BATT})通过输入电路送至升压模块(V105)的 4、5、12、13 脚，经 V105、V101、L102 等组成的升压电路升压后，由 V105 的 1、16 脚输出 3.2 V 的 ADC_OUT 电压送至电源模块(N100)的 D2、F1、G1、G3、G5、A4、H6 等脚，经其内部电路转换后从 E4 脚(触发端)输出 3 V 左右的的触发

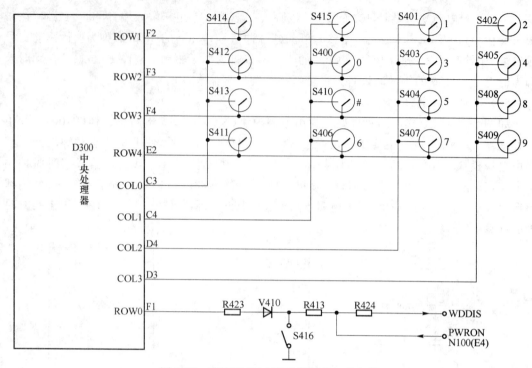

图 8-67　诺基亚 3210 型手机键盘扫描电路

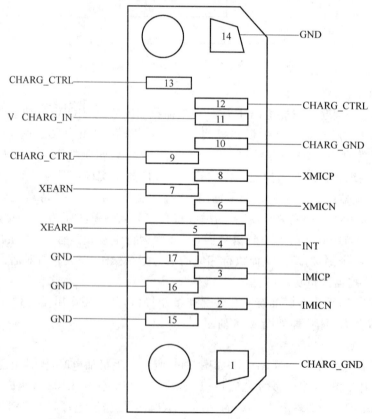

图 8-68　诺基亚 3210 型手机外部连接器接口功能图

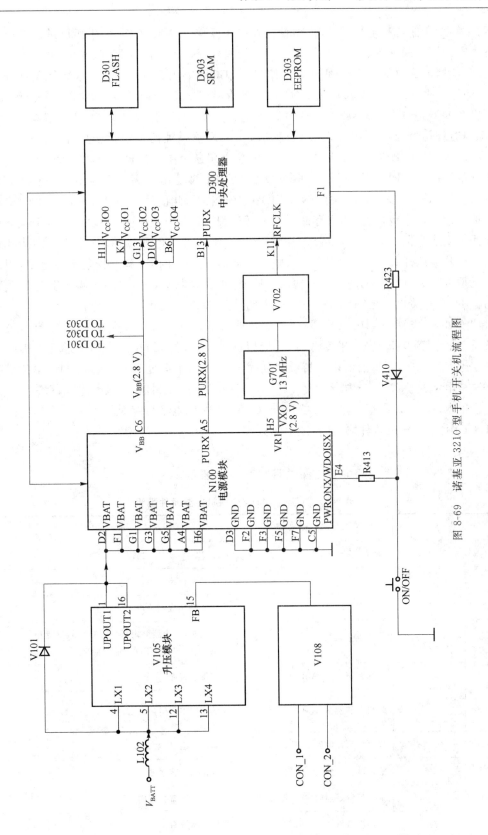

图 8-69　诺基亚 3210 型手机开关机流程图

电压,令触发端保持高电平。此时,电源模块(N100)并不开始工作,但手机已进入开机准备状态。当按下电源开关(ON/OFF)键并给电源模块(N100)的 E4 脚(触发端)输入一低电平触发信号时,电源模块(N100)便开始工作,从其 C6 脚输出 2.8 V 电压给逻辑控制部分电路供电,即给中央处理器(D300)、版本(D301)、暂存器(D302)及码片(D303)等供电。从其 H5 脚输出 2.8 V 电压给 13 MHz 时钟电路供电,令 13 MHz 振荡模块(G701)启振,产生的 13 MHz 时钟信号,经放大管(V702)放大后,作为系统时钟信号送至中央处理器(D300)的 K11 脚。从其 A5 脚输出 2.8 V 电压,作为复位电压送至中央处理器(D300)的 B13 脚,令逻辑运行条件成立。同时,从中央处理器(D300)的 F1 脚输出的高电平检测信号也马上被开关机二极管(V410)及电源开关(ON/OFF)拉为低电平,此信号令中央处理器(D300)检测符合整机运行的程序数据后,调出存储器内的开机程序数据,送至电源模块(N100)内,经 D/A 转换器转换成模拟控制信号,令电源模块(N100)维持各项电压输出,从而达到维持开机的目的。松开电源开关(ON/OFF)键后,中央处理器(D300)的 F1 脚又恢复为高电平,用以检测手机是否有关机或挂机请求信号输入。同时,电源模块(N100)的 E4 脚也上升为 3 V 左右的电压,令开关机二极管(V410)截止,以防止误关机。当再次按下电源开关(ON/OFF)键时,开关机二极管(V410)又导通,将中央处理器(D300)的 F1 脚拉为低电平、当中央处理器(D300)检测到其 F1 脚电平变低时,将会根据其持续时间的长短来确定进行关机或挂机操作。当 D300 的 F1 脚的低电平持续时间大于 2 s 时,中央处理器(D300)则调出关机程序数据送至电源模块(N100)内,经 D/A 转换器转换成模拟控制信号,关断电源模块(N100)的各项输出电压,实现手机关机。而当 D300 的 F1 脚的低电平持续时间少于 2 s 时,中央处理器(D300)则运行挂机软件,作挂机或退出处理。

主要元件说明

诺基亚 3210 型手机的主要元件说明如表 8-11 所示。

表 8-11 诺基亚 3210 型手机主要元件说明

代 号	型 号	名 称	作 用
B100	NZT030	32.768 kHz 时钟晶体	产生 32.768 kHz 时钟信号
B201		听筒	将电信号转换成声音信号
B400		振铃器	将铃流转换成振铃声
D300	4370489	中央处理器	系统控制、信道编解码、语音编解码、键盘扫描、SIM 卡检测、充电控制、LCD 显示控制等
D301		闪速存储器 FLASH	存储系统程序
D302	KN68U1000 ELTGI_10L	随机存储器 SRAM	存储系统工作时的数据、掉电后丢失数据
D303	24C128N	电可擦写存储器 EEPROM	存储控制表格、数据及系统参数
D406		显示屏背景照明发光管	实现显示屏背景照明
D409		显示屏背景照明发光管	实现显示屏背景照明
D412		显示屏背景照明发光管	实现显示屏背景照明

续　表

代　号	型　号	名　称	作　用
D413		显示屏背景照明发光管	实现显示屏背景照明
D700		反向器	对 13 MHz 信号进行反相
G700	IM013	一本振振荡模块	受控产生相应的一本振信号
G701	KEU28L	13 MHz 振荡模块	产生 13 MHz 时钟信号
G702	IM068	二本振振荡模块	产生 464 MHz 二本振信号
L500		GSM 900 频段互感器	对 GSM 900 频段的发射信号进行互感耦合
L503		DCS 1 800 频段互感器	对 DCS 1 800 频段的发射信号进行互感耦合
N100	NMP70393	电源模块	输出各项工作电压
N101	11L203	充电模块	对手机电池进行充电
N200	4370575	多模转换器	PCM 编解码及音频放大
N400	NMP70433	驱动接口模块	为显示屏背景照明灯提供驱动信号 为键盘背景照明灯提供驱动信号 为振铃器提供驱动信号 为振子提供驱动信号
N500	PF01420B	GSM 900 频段功放模块	对 GSM 900 频段的发射信号进行功率放大
N501	PF04110B	DCS 1 800 频段功放模块	对 DCS 1 800 频段发射信号进行功率放大
N502		DCS 1 800 频段预放模块	对 DCS 1 800 频段发射信号进行功率预放
N503		控制管	对定向耦合器 Z504 进行控制
N600	4370483	前端模块	将 GSM 900 频段与 DCS 1 800 频段的接收信号高频放大,并与相应的一本振信号混频产生 71 MHz 接收中频信号。将发射中频信号与相应的一本振信号混频产生相应 GSM 900 频段发射信号(890～915 MHz)与 DCS 1 800频段发射信号(1 710～1 785 MHz)
N700	4370351	中频模块	将接收一中频信号放大,并与二本振信号混频产生 13 MHz 二中频,并作 FM 解调;将发射 I/Q 信号调制到发射中频上及发射功率控制等
N702		稳压模块	输出稳压的 V_{SYN_1}(2.8 V)电压
V101		升压二极管	对 2.4 V 电池电压进行提升
V103		开关控制管	对电源模块进行控制
V104		升压二极管	对 SIM 卡供电电压进行提升
V105		升压模块	将 2.4 V 的电池电压升高至 3.2 V
V108		开关控制模块	控制升压模块的输出电压

代　号	型　号	名　称	作　用
V112		SIM 卡稳压模块	稳定 SIM 卡的工作电压
V114		充电控制模块	控制充电模块的工作状态
V202		开关管	控制话筒的直流偏置
V400		键盘背景照明发光管	实现键盘背景照明
V401		键盘背景照明发光管	实现键盘背景照明
V402		键盘背景照明发光管	实现键盘背景照明
V403		键盘背景照明发光管	实现键盘背景照明
V404		键盘背景照明发光管	实现键盘背景照明
V405		键盘背景照明发光管	实现键盘背景照明
V500		检波二极管	对输入信号进行检波
V702		13 MHz 时钟放大管	对 13 MHz 时钟信号进行放大
X100		SIM 卡座	为 SIM 卡提供各种工作电压
X500 X501		天线接口	将天线与天线切换开关连接起来
Z500	HWYN202A	GSM 900 频段收、发合路器	对 GSM 900 频段的收、发信号进行选频滤波
Z502		DCS 1 800 频段发射滤波器	对 DCS 1 800 频段的发射信号进行滤波
Z503		双频切换开关	实现 GSM 900 频段收、发信号与 DCS 1 800 频段信号的切换
Z504		DCS 1 800 频段定向耦合器	对 DCS 1 800 频段的收、发信号进行选频滤波
Z505		发射取样信号滤波器	对发射取样信号进行滤波
Z600		GSM 900 频段高频滤波器	对 GSM 900 频段高频接收信号进行滤波
Z601		GSM 900 频段发射滤波器	对 GSM 900 频段的发射信号进行滤波
Z602		DCS 1 800 频段高频滤波器	对 DCS 1 800 频段高频接收信号进行滤波
Z603		DCS 1 800 频段发射滤波器	对 DCS 1 800 频段的发射信号进行滤波
Z700		71 MHz 中频滤波器	对 71 MHz 接收中频信号进行滤波
Z701		13 MHz 中频滤波器	对 13 MHz 接收中频信号进行虑波
Z702		DCS 1 800 频段发射中频滤波器	对 DCS 1 800 频段的发射中频信号进行滤波

3. 电路板元件分布图

诺基亚 3210 型手机的电路板元件分布图如图 8-70 和图 8-71 所示。

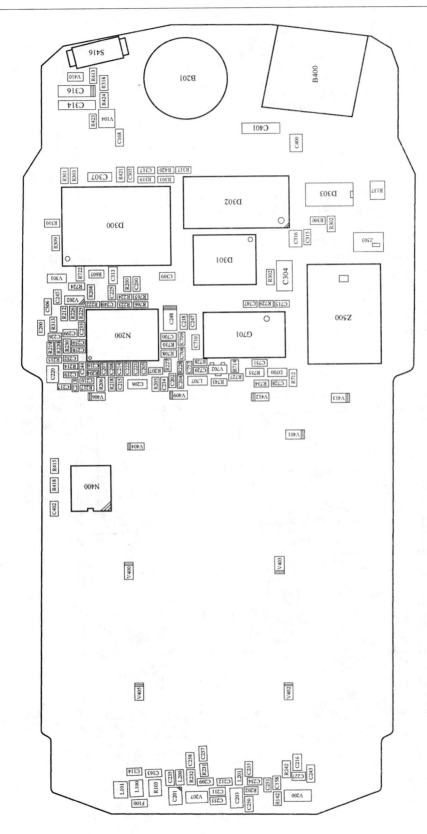

图 8-70 诺基亚 3210 型手机电路板元件分布图（A）

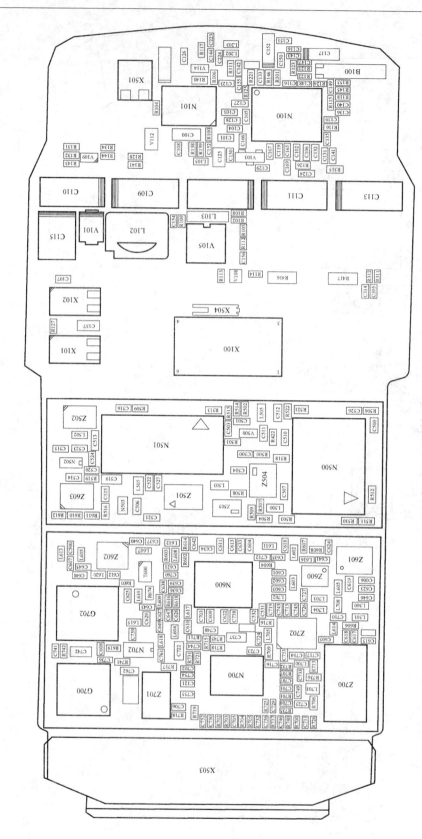

图 8-71 诺基亚 3210 型手机电路板元件分布图（B）

任务3　移动终端故障分析与处理

［任务导入］

手机故障有可能是手机软、硬件原因引起的,了解手机故障的分类和基本维修方法是进行手机维修的基本要求,本任务介绍手机故障的基本分析与处理方法。

1. 移动终端故障分类

手机故障按现象可分为两类:一类是软件故障,另一类是硬件故障。

软件故障是由于手机的码片、字码内的资料出错或丢失引起的一系列故障。手机品牌不同,软件故障现象也不相同。例如,三星系列手机软件故障表现为不开机或开机显示"初始化失败"或者"联网失败"等;爱立信系列手机软件故障表现为打不出去电话,转灯无信号等;摩托罗拉系列手机软件故障表现为屏幕显示"话机坏请送修","请输入特别八位码"等;诺基亚系列手机软件故障表现为屏幕出现"联系供销商"。同时,锁机、开机定屏等均属于软件故障。

硬件故障是由于电子元器件损坏或接触不良造成的故障。硬件故障分为以下几种类型。

(1)不能开机:按开机键无任何电流反应;按开机键有小电流反应;按开机键有大电流反应。(这些电流大小均指稳压电源表头指示)

(2)能开机但不能维持开机:按开机键,能开机但转灯关机;自动开关机;发射关机;低电告警等。

(3)能开机但不能正常打接电话:手机单向通话;屏显杂乱;听筒无声无按键音;有网络但不发射;无网络服务;显示"请插卡"等字样。

因此,在维修手机时应该注意手机能否正常开关机;是否有场强指示;屏显是否正常;信号灯有无指示;能否正常打接电话;同时用外加稳压电源看手机的开机电流、发射电流是否正常。手机不同的故障特点都体现在开机电流上,这是手机维修的技巧所在。

2. 移动终端故障检修步骤和维修方法

(1)简要测试

面对一台故障机先不要急于动手,首先通过观察或向用户了解情况,询问故障原因——是摔过机器,还是机器进水,还是使用不当造成此故障。也可利用手机键盘和菜单功能,或通过拨打"112"等简单操作大致判断故障类型,从而为快捷有效地维修奠定基础。

1)直接观察手机的外壳是否受损严重,小心拆开外壳,仔细观察手机主板外观是否变形,元器件是否有丢件、掉件的情况,是否有裂痕、鼓包变形等。主要观察元器件的损坏程度,从而确定修复的可能性有多大。

2)通过耳朵听。通过打接电话检查听筒、振铃、送话器以及按键音等是否正常,在无SIM卡情况下可通过拨打"112"来听是否有"哆、来、咪"等,初步判断故障部位。

3)通过触摸方法。给手机加外电源,触摸功放、集成块、电阻、电容、电感等,观察是否有发热、发烫的器件,从而粗略判断故障所在。

4)给手机加直流稳压电源,观察手机的整机工作电流是大电流还是小电流,从而进一步确定故障位置。

通过简单扼要且行之有效的测试,可大概确定故障所在,但不可粗心大意。简要的测试是非常必要的,可以给手机故障做一个初步的诊断,以便进入正常维修。

（2）常见维修方法

1）直接观察法

不拆机直接利用手机键盘操作,通过打接电话来观察故障。例如,按键失灵、转灯关机、转灯无信号(即不入网)、不送话、听筒无声等故障可以直接检测到。拆机取主板时要小心屏幕,利用带灯放大镜仔细观察是否有鼓包、裂纹、丢件、掉件以及是否有元器件变色、过孔烂线等现象。观察主板屏蔽罩是否凸凹变形或严重受损,从而确定里面的组件是否受损。另外用外加电源直接单板开机观察电流,用手触摸法观察是否有异常升温的现象,这样可以简单、直接地确定故障点。

2）观测整机电流法

手机在开机、待机以及发射状态下整机工作电流并不相同,利用电流来判断手机故障也是维修常用的方法。具体方法是去掉手机电池给手机加直流稳压电源,按开机键后可观察到电流表上的电流有如下几种情况。

① 按开机键时电流表无任何电流,其主要原因有电池触片损坏使电源不能送到电源集成电路,开机键接触不良,开机键到电源集成电路触发脚之间的电路有虚焊现象,电源集成电路损坏。

② 按开机键时电流达不到最大值,故障来源于射频电路或发送电路。由于功放的发射电流较大,可以通过观测电流值大小来判断有无发射。一般正常开机搜索网络时,电流都有一个跃变,但由于不同类型手机电流值不一样,所以不能认定电流达到多大值才正常,只能作为一个参考值来考虑。

③ 按开机键电流表有指示,但停留在某一电流值上不动,这种情况大多都是软件故障,应检查相应的软件部分。

④ 按开机键时电流表指针瞬间达到最大,电源保护关机,这种情况主要是手机内部存在短路现象。正常情况下手机开机电流约 150 mA,待机电流约十几毫安,发射电流约 300 mA。这些数值与仪表精度有关,因此只能作为参考。

3）电压测量法

电压测量法是用万用表测量直流电压。将故障机一些关键点电压(如逻辑、射频、屏显的供电电压)用万用表直接测得,测出的电压值可以与参考值作比较。参考值的取得一是图纸标出的,二是有经验的维修人员积累的,三是从正常手机上测得的。在测量过程中注意待机状态和发射状态控制电压是有区别的,故障机与正常机进行比较时要采用相同的状态测量。

4）元件替代法

元件替代法是指用好的元件来替代重点怀疑的元件。维修人员应备一些常用的易损元件和旧手机板以便代换时用。不同类型的手机组件可以相互替代。例如,西门子 C2588 和松下 GD90 的功放通用,当需要换功放时就可以互相替代。还有很多元器件是通用的,这要向有实践经验的维修技师请教,同时也可以在实践中自己总结摸索。值得注意的是,替代法是在正确分析判断的基础上进行的替代,而不能漫无边际地一味替换,否则会使故障扩大。

5)"刷、吹、焊"法

"刷、吹、焊"法是早期维修常采用的比较简单而且行之有效的方法,手机上元器件全部采用表面贴焊的方式,元件小、电路板线密集,手机在受力或振动时很容易虚焊,所以用风枪吹或用烙铁焊就能解决故障,但不能一味地吹任意元件。例如,爱立信手机中的多模转换器用风枪吹时温度应尽量低些,否则换上也会故障依然;诺基亚3210CPU是灌胶的,用风枪一吹就会出现软件故障,因此用风枪吹逻辑部分集成块时应特别小心。而对于进液体的手机,应立即清洗,否则由于液体的酸碱浓度不一样会造成手机线路板腐蚀、过孔烂线或因不干净引起管脚粘连等现象。清洗时应注意清洗液的选择。"刷、吹、焊"法中的"刷"是指清洗、清理干净的意思;"吹"是指用热风枪吹;而"焊"是指用烙铁补焊。"刷、吹、焊"法对于初学者来说比较容易掌握。

6)对比法

对比法是指用相同型号且拨打、接听都正常的手机作为参照来维修故障机的方法,通过对比可判断故障机是否存在丢件、掉件、断线的情况,各关键点电压是否正常等。用此法维修故障机省时省事、快捷方便。

7)跨电容法

手机中滤波器很多,高频滤波、中频滤波、低通滤波等大多都采用陶瓷滤波器、声表面滤波器等,常因受力挤压而出现裂纹和掉点,而滤波器好坏无法用万用表测试,所以在维修上采用电容替代法。在滤波器的输入与输出端之间加滤波电容。采用电容跨接时要注意,高放滤波器用 $10 \sim 30$ pF 电容替代,一中滤波器用 100 pF 左右电容替代,二中滤波器用 0.01 μF左右电容替代。

8)飞线法

有些手机因进液体而出现过孔腐蚀烂线现象,可通过对比法参照相同型号手机进行测试,断线的地方要飞线连接。例如,手机的"松手关机"就要用飞线法来解决;再如,摩托罗拉V998加主电不开机,而加底电开机,采用飞线法把主电拉到底电上是最简单、最方便的维修方式。飞线时用的线是外层绝缘的漆包线,用时要把两端漆刮掉,焊接时才安全可靠,飞线法在实际维修中应用非常广泛。

9)触摸法

触摸法简单、直观,它需要拆机外加电源来操作,通过手或唇触摸贴片元件,通过表面温度变化来判断组件是否损坏。通常 CPU、电源 IC、功放、电子开关、三极管、二极管、升压电容电感等组件用触摸法来判断好坏。例如,摩托罗拉 L2000 大电流不开机,拆机后加电,电流表上的电流在 500 mA 以上,用手触摸电源块,发热烫手,这证明电源块已损坏,更换电源块,故障排除。利用触摸法时注意防止静电干扰。

10)按压法

按压法是针对摔过的手机或受过挤压的手机而采用的方法,手机中贴片集成 IC(如CPU、字库、内存和电源块)受振动时易虚焊,用手按压住重点怀疑的集成 IC 给手机加电,观察手机是否正常,若正常可确定此集成块虚焊。用此法同样要注意静电防护。

11)万用表测量法

通常是用万用表测直流电压或电阻阻值来确定故障所在。测电压是指测关键点的直流电压(如射频、逻辑、屏显、SIM 卡等)供电电压值是否正常,或者用万用表测试听筒、振铃、送话器的好坏。例如,爱立信 T28 大电流不开机,用万用表×1 欧姆挡测试主机板上电池触点,发现电阻为 0,表明功放已击穿。万用表测量法是手机维修过程中应用最多、最普遍的检测方法,掌握好万用表测量方法对维修手机至关重要。

12) 软件维修方法

在手机故障中有相当一大部分是软件故障。由于字库、码片内资料丢失或出错,或者由于人为误操作锁定了程序,会出现"Phone failed see service"(话机坏联系服务商)、"Enter security code"(输入保护密码)、"Wrong software"(软件出错)、"Phone locked"(话机锁)等典型故障;还有一些不开机、无网、没信号的情况也都属于软件故障。处理软件故障的方法是拆机或免拆机写码片、写字库。可用测试卡转移、覆盖等方法来处理摩托罗拉手机一些软件故障。

任务 4 诺基亚 3210 手机主要故障分析与检修技巧

[任务导入]

本任务将通过具体机型诺基亚 3210 手机为例来介绍手机常见问题:不开机、不入网、显示问题、卡故障的分析与处理方法。

1. 不开机故障的分析与检修技巧

(1) 3210 型手机不开机的原因

1) 电源供电不正常引起不开机

① 2.4 V 电池电压供电电路开路引起电源供电不正常而导致不开机。

② 2.4 V 电池电压的负载电路短路引起电源供电不正常而导致不开机。

③ 升压模块(V105)的 1、16 脚无 3.2 V ADC_OUT 电压输出引起电源供电不正常而导致不开机。

④ 3.2 V ADC_OUT 电压的负载电路短路引起电源供电不正常而导致不开机。

⑤ 电源模块(N100)的 E4 脚无高电平触发电压输出引起电源供电不正常而导致不开机。

⑥ 电源模块(N100)的 E4 脚高电平不能跳变为低电平引起电源供电不正常而导致不开机。

⑦ 电源模块(N100)无 V_{BB}(2.8 V)电压、V_{XO}(2.8 V)电压及 PURX(2.8 V)电压输出引起电源供电不正常而导致不开机。

⑧ V_{BB}(2.8 V)电压的负载电路短路引起电源供电不正常而导致不开机。

⑨ V_{XO}(2.8 V)电压的负载电路短路引起电源供电不正常而导致不开机。

2) 13 MHz 时钟信号不正常引起不开机

① 13 MHz 振荡模块(G701)无 V_{XO}(2.8 V)电压输入引起 13 MHz 时钟信号不正常而导致不开机。

② 13 MHz 振荡模块(G701)的 OUT 端无 13 MHz 信号输出引起 13 MHz 时钟信号不正常而导致不开机。

③ 13 MHz 时钟放大管(V702)的集电极无 13 MHz 时钟信号输出引起 13 MHz 时钟信号不正常而导致不开机。

3) 软件运行不正常引起不开机

① 中央处理器(D300)的供电端无 2.8 V 电压输入引起软件运行不正常而导致不开机。

② 中央处理器(D300)的 K11 脚无 13 MHz 时钟信号输入引起软件运行不正常而导致不开机。

③ 中央处理器(D300)的 B13 脚无 2.8 V 复位信号输入引起软件运行不正常而导致不开机。

④ 中央处理器(D301)与各存储器之间的控制线、数据线或地址线开路引起软件运行不正常而导致不开机。

⑤ 闪速存储器(D301)的 E1、F5 脚无 2.8 V 电压输入引起软件运行不正常而导致不开机。

⑥ 随机存储器(D302)的 8 脚无 2.8 V 电压输入引起软件运行不正常而导致不开机。

⑦ 存储器中的软件资料出错引起软件运行不正常而导致不开机。

(2) 故障的判断方法与检修技巧

引起 3210 型手机不开机的原因有这么多,如何判断故障部位、找出故障点呢?这就必须掌握开机电路中各关键测试点的位置及参数。下面介绍其具体的判断方法与检修技巧。

1) 测手机电源引线的正、反向内阻判断故障

接到一台不开机的 3210 型故障机时,首先应用万用表测手机电源引线的正、反内阻,其正常值分别为 28 kΩ 和 58 kΩ。若测得其正、反向内阻的阻值比正常值小很多或均为 0 Ω,可判断机内有短路故障,此时不宜加电检测,否则会扩大故障范围。应采用"开路法"来寻找故障点,重点检查 2.4 V 供电电压的滤波电容(如 C115 等)及负载(如升压模块 V105、充电模块 N101 等)。一般为充电模块(N101)损坏短路所致,更换之后即可排除故障。若测得其正、反向内阻的阻值均比正常值大很多或均为无穷大,则说明不开机故障为机内 2.4 V 供电电路开路所致,可加电检测也可采用万用表的欧姆挡来进行判断,应重点对升压线圈 L102 及相关的过孔连线进行检查。若为进水机,一般为相关的过孔连线断线所致。对其进行处理,即可排除故障。

2) 测升压模块 V105 的 1、16 脚电压判断故障

若测得故障机的正、反内阻阻值与正常阻值相差不大,说明手机的 2.4 V 电池电压供电电路基本正常,此时可用稳压电源给故障机加电,用万用表测升压模块(V105)的 1、16 脚电压,正常时应有 3.2 V 电压输出。若加电后升压模块(V105)的 1、16 脚无 3.2 V 电压输出,则应重点检查升压二极管(V101)是否损坏、升压模块(V105)是否虚焊或损坏。当然也有 3.2 V 电压的滤波电容及负载元件损坏击穿短路的可能,"可采用"开路法"进行判断。若为 3.2 V 电压负载短路所致,应重点检查电源模块(N100)及功放模块(N500、N501),更换损坏元件即可排除故障。

3) 测电阻 R413 两端的电压判断故障

若故障机加电后,其升压模块(V105)的 1、16 脚有 3.2 V 电压输出,再测电源模块

(N100)的 E4 脚电压。因 N100 采用内引脚 BGA 封装，无法对该脚进行测量，通常改对与其相连的电阻 R413 两端进行测量，正常时其两端均能测到 3 V 左右的电压。若给故障机加电后，在启动电阻 R413 的两端均测不到 3 V 左右的电压，一般为电源模块（N100）虚焊或损坏所致。可采用"压紧法"进行区分，即用手压紧电源模块 N100，若在电阻 R413 的两端均能检测到 3 V 左右电压，则证明是电源模块 N100 虚焊所致；否则一般为电源模块（N100）损坏所致。若在电阻 R413 的一端能测到 3 V 左右的电压，而在另一端测不到 3 V 左右的电压，一般为电阻 R413 本身损坏所致，当然也不能排除电源开关键损坏短路的可能。可采用万用表的欧姆挡进行判断，更换损坏元件即可排除故障。若在电阻 R413 的两端均能测到 3 V 左右的电压，则再按住电源开关键，正常时电阻 R413 两端应能跳变为低电平。若电阻 R413 两端不能跳变为低电平，应对电源开关键及相关连线进行检查，一般为电源开关键本身损坏所致，更换此开关即可排除故障。

4）测滤波电容 C102、C116 及电阻 R308 等处的电压判断故障

若测得电源模块（N100）的供电电压及触发电压均正常，则在按电源开关键的同时，测电源模块（N100）的 A5、C6 及 H5 脚的输出电压，因 N100 采用 BGA 封装，无法对其上述引脚进行测量，通常变为对与上述引脚相连的电阻或电容进行测量，即对电阻 R308、滤波电容 C116、C102 等处进行测量，正常时应均有 2.8 V 电压输出。若测得电阻 R308、电容 C116、C102 等处均无 2.8 V 电压输出，一般为电源模块（N100）本身虚焊或损坏，对其进行相应处理，即可排除故障。若测得电阻 R308、电容 C116、C102 等处的一处或两处无 2.8 V 电压输出，一般来说电源模块（N100）损坏的可能性不大，大多为相关滤波电容及负载电路元件击穿损坏所致，当然也有电源模块 N100 虚焊的可能。对于短路故障宜采用"开路法"来判断故障元件，而对于电源模块（N100）是否虚焊可采用压紧法进行判断，更换损坏元件即可排除故障。

5）测 13 MHz 振荡模块（G701）输出端的 13 MHz 时钟信号判断故障

若在按电源开关键的同时，测得电阻 R308、电容 C116、C102 等处均有 2.8 V 电压输出，则用示波器测 13 MHz 振荡模块（G701）的输出端，正常时应有 13 MHz 时钟信号输出。若测得 13 MHz 振荡模块（G701）的输出端无 13 MHz 时钟信号输出，说明 13 MHz 振荡电路工作不正常，可通过对 13 MHz 振荡模块 G701 的供电电压进行检测来缩小故障部位。若 G701 的供电端有 2.8 V V_{XO} 电压输入，一般为 13 MHz 振荡模块 G701 本身损坏；若 G701 的供电端无 2.8 V V_{XO} 电压输入，证明故障出在 V_{XO}（2.8 V）电压的供电电路，一般为相关连线断线，对其进行相关处理即可排除故障。

6）测 13 MHz 时钟放大管 V702 集电极的时钟信号判断故障

若 13 MHz 振荡模块（G701）的输出端有 13 MHz 时钟信号输出，则再用示波器测 13 MHz 时钟放大管 V702 的集电极，正常时应有 13 MHz 时钟信号输出。若 13 MHz 时钟放大管（V702）的集电极无 13 MHz 时钟信号输出，一般为 V702 本身虚焊或损坏所致，当然也有相关偏置电阻开路及滤波电容短路的可能，对故障元件进行相应处理即可排除故障。若 13 MHz 时钟放大管（V702）的集电极有正常的 13 MHz 时钟信号输出，其故障一般都出在逻辑控制部分电路，且大多为中央处理器（D300）、闪速存储器（D301）、随机存储器（D302）以及码片（D303）等虚焊所致，当然也有闪速存储器（D301）及码片（D303）内部资料出错的可能。通常采用"压紧法"进行判断，即若用手压紧上述某一模块或同时压紧几个模

块,手机故障消失,则证明不开机故障为逻辑控制部分模块虚焊所致;否则,一般为闪速存储器(D301)或码片(D303)内部资料出错所致。对其进行相应处理即可排除故障。

（3）维修流程

诺基亚 3210 型手机不开机故障维修流程如图 8-72 所示。

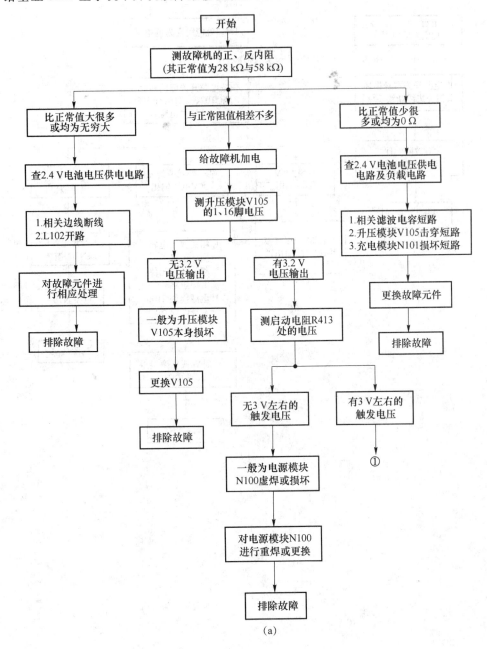

(a)

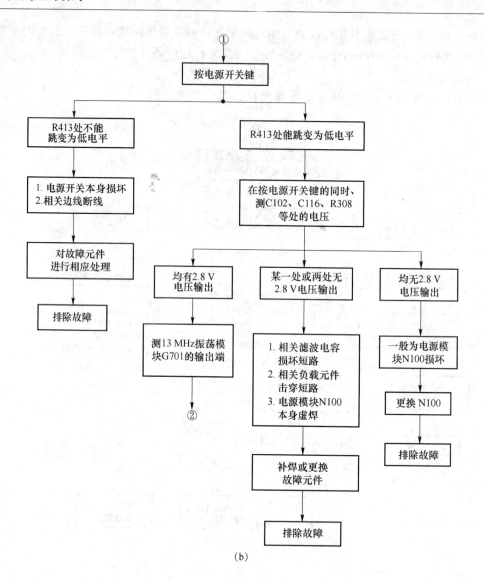

(b)

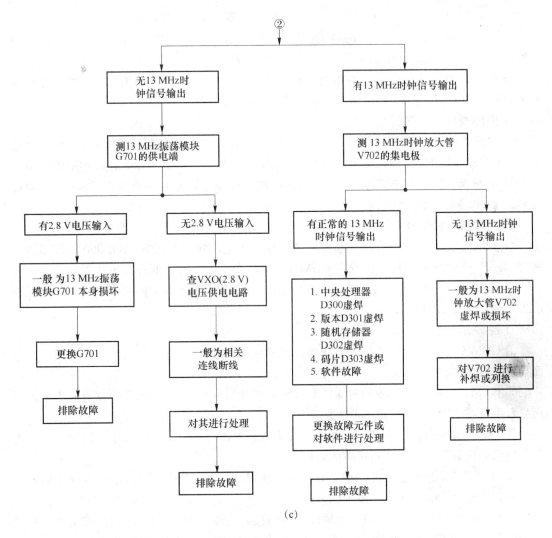

图 8-72 诺基亚 3210 型手机不开机故障维修流程

2. 不入网故障的分析与检修技巧

（1）不入网的原因

诺基亚 3210 型手机不入网的原因主要有以下几方面。

1）供电不正常引起不入网

① V_{RX_1}（2.8 V）电压不正常引起接收前端电路工作不正常而导致手机在 GSM 900 频段与 DCS 1 800 频段均不能入网。

② V_{RX_2}（2.8 V）电压不正常引起接收中频电路工作不正常而导致手机在 GSM 900 频段与 DCS 1 800 频段均不能入网。

③ V_{SYN_1}（2.8 V）电压不正常引起一本振电路、二本振电路等工作不正常而导致手机在 GSM 900 频段与 DCS 1 800 频段均不能入网。

④ TX（2.8 V）电压不正常引起发射部分电路工作不正常而导致手机在 GSM 900 频段与 DCS 1 800 频段均不能入网。

2）控制信号（如 SDATA、SCIX、SENA 及 AFC 等）不正常引起不入网

① 多模转换器（N200）输出的相关控制信号不正常引起收、发电路工作不正常而导致手机在 GSM 900 频段与 DCS 1 800 频段均不能入网。

② 中央处理器（D300）输出的相关控制信号不正常引起收、发电路工作不正常而导致手机在 GSM 900 频段与 DCS 1 800 频段均不能入网。

3）中频模块不正常引起不入网

① 中频模块（N700）虚焊引起收、发中频电路工作不正常而导致手机在 GSM 900 频段不能入网、在 DCS 1 800 频段不能入网或在 GSM 900 频段与 DCS 1 800 频段均不能入网。

② 中频模块（N700）损坏引起收、发中频电路工作不正常而导致手机在 GSM 900 频段与 DCS 1 800 频段均不能入网。

4）前端模块（N600）不正常引起不入网

① 前端模块（N600）虚焊引起前端电路工作不正常而导致手机在 GSM 900 频段不能入网、在 DCS 1 800 频段不能入网或在 GSM 900 频段与 DCS 1 800 频段均不能入网。

② 前端模块（N600）损坏引起前端电路工作不正常而导致手机在 GSM 900 频段与 DCS 1 800 频段均不能入网。

5）滤波器不正常引起不入网

① GSM 900 频段独立的接收滤波器虚焊或损坏引起 GSM 900 频段的接收通道不正常而导致手机在 GSM 900 频段不能入网。

② GSM 900 频段独立的发射滤波器虚焊或损坏引起 GSM 900 频段的发射通道不正常而导致手机在 GSM 900 频段不能入网。

③ DCS 1 800 频段独立的接收滤波器虚焊或损坏引起 DCS 1 800 频段的接收通道不正常而导致手机在 DCS 1 800 频段不能入网。

④ DCS 1 800 频段独立的发射滤波器虚焊或损坏引起 DCS 1 800 频段的发射通道不正常而导致手机在 DCS 1 800 频段不能入网。

⑤ GSM 900 频段与 DCS 1 800 频段公共的接收滤波器虚焊或损坏引起 GSM 900 频段的接收通道与 DCS 1 800 频段的接收通道均不正常而导致手机在 GSM 900 频段与 DCS 1 800 频段均不能入网。

6）功放模块不正常引起不入网

① GSM 900 频段的功放模块（N500）虚焊或损坏引起 GSM 900 频段的发射信号不正常而导致手机在 GSM 900 频段不能入网。

② DCS 1 800 频段的功放模块（N501）虚焊或损坏引起 DCS 1 800 频段的发射信号不正常而导致手机在 DCS 1 800 频段不能入网。

③ DCS 1 800 频段的预放模块（N502）虚焊或损坏引起 DCS 1 800 频段的发射信号不正常而导致手机在 DCS 1 800 频段不能入网。

7）其他元件不正常引起不入网

① GSM 900 频段的收发合路器（Z500）损坏引起 GSM 900 频段的收、发通道不正常而导致手机在 GSM 900 频段不能入网。

② 一本振模块（G700）损坏引起无一本振信号输出而导致手机在 GSM 900 频段与 DCS 1 800 频段均不能入网。

③ 二本振模块(G702)损坏引起无 464 MHz 二本振信号输出而导致手机在 GSM 900 频段与 DCS 1 800 频段均不能入网。

④ 13 MHz 振荡电路不良引起 13 MHz 基准频率偏移而导致手机在 GSM 900 频段与 DCS 1 800 频段均不能入网。

⑤ DCS 1 800 频段的定向耦合器(Z504)损坏引起 DCS 1 800 频段的收、发通道不正常而导致手机在 DCS 1 800 频段不能入网。

⑥ 天线接口损坏引起 GSM 900 频段与 DCS 1 800 频段的收、发通道均不正常而导致手机在 GSM 900 频段与 DCS 1 800 频段均不能入网等。

(2) 故障的判断方法与检修技巧

因 3210 型手机为双频手机,故其不入网故障通常可分为 3 大类,即 GSM 900 频段不入网、DCS 1 800 频段不入网及 GSM 900 频段与 DCS 1 800 频段均不入网。遇到此类故障时,首先应确定是哪一类故障。判断方法通常是将手机频段分别选择为 GSM 900 频段,DCS 1 800 频段。用 GSM 900/DSC 1 800 频段来判断问题所在。

1) 若手机在 GSM 900 频段不入网,而在 DCS 1 800 频段工作正常,一般来说两频段的公共部分是正常的,故障应出在 GSM 900 频段的独立电路。此时可再将手机置于 900 MHz 网络,并进入菜单,进行手动网络搜索,根据有无网络编号显示来进一步判断故障是在 GSM 900 频段接收部分的独立电路还是发射部分的独立电路。若手机无网络编号显示,说明不入网故障是由手机 GSM 900 频段接收部分的独立电路工作不正常引起,应对其高频输入电路、高频放大电路及高频接收信号滤波电路进行检查。通常采用以下 3 种判断方法。

① 信号测量法判断故障,即通过对上述电路中各关键点的信号进行检测来判断故障。方法是拆开机壳,取出电路板并在其天线接口处接一根短导线作临时天线,然后加电开机。把频谱分析仪的中心频点设置在 947.5 MHz,用频谱分析仪的探头分别去测上述电路中信号关键测试点,如合路器(Z500)的 ANT 端口与 RX 端口、高频滤波器(Z600)的输入端与输出端等。通过观察这些关键测试点有无 935～960 MHz 的 GSM 900 频段接收信号输入或输出来判断故障元件。通常为合路器(Z500)与滤波器(Z600)虚焊或损坏所致。补焊或更换故障元件即可排除故障。

② 短路法判断故障,即通过将上述电路中相关元件的输入、输出端直接短路来判断故障。方法是先拆开机壳,将相关元件(被怀疑损坏的元件)的输入、输出端直接短路,然后加电开机,并将手机进入菜单,进行手动网络搜索。若有网络编号显示,则证明不入网故障为该短路元件损坏所致,更换此件后即可排除故障。此方法主要用于判断收、发滤波器的好坏。

③ 替换法判断故障,即通过对上述电路中相关元件进行替换来判断故障。方法是拆开机壳,取下可疑元件,焊上同型号的正常元件,然后加电开机,进行手动网络搜索。若有网络编号显示,表明故障已排除。若手机有网络编号显示,说明 GSM 900 频段的接收部分工作基本正常,不入网故障是由 GSM 900 频段发射部分的独立电路工作不正常引起,应重点对 GSM 900 频段的发射功放电路进行检查。下面介绍具体的判断方法与检修技巧。

(a) 测 GSM 900 频段发射滤波器 Z601 两端的发射信号判断故障。给故障机电路板加电开机,并拨打"112",将手机置于发射状态,然后把频谱分析仪的中心频点设置在 902.5 MHz,用频谱分析仪的探头去测 GSM 900 频段发射滤波器(Z601)两端的发射信号,正常时其输入端应有 890～915 MHz 的发射信号输入,其输出端应有 890～915 MHz 的发射信号输出。若测得 Z601 的输入端无 890～915 MHz 的发射信号输入,证明故障出在发射滤波器(Z601)之前的发射信号产生及放大等电路。应重点检查耦合电容 C619 是否虚焊或损坏,前端模块(N600)是否虚焊,当然也有中频模块(N700)虚焊的可能,但 N600、N700 损坏的可能性很小,因为手机在 DCS 1 800 频段还能正常工作,大多数情况为前端模块 N600 虚焊所致,对其进行补焊,即可排除故障。若测得 Z601 的输入端有 890～915 MHz 的发射信号输入,但在其输出端无 890～915 MHz 的发射信号输出,说明故障出在发射信号滤波电路,一般为发射滤波器 Z601 本身损坏所致,更换之后即可排除故障。

(b) 测 GSM 900 频段功放模块(N500)的 1 脚处的发射信号判断故障。若测得发射滤波器(Z601)的输出端有 890～915 MHz 的发射信号输出,则再用频谱分析仪的探头测 GSM 900 频段功放模块(N500)的 1 脚,正常时应有 890～915 MHz 的发射信号输入。若在 N500 的 1 脚处测不到 890～915 MHz 的发射信号,说明故障出在发射滤波器(Z601)与功放模块(N500)之间的输入耦合电路,应检查相关连线是否断线、R506 是否开路以及 C508、C526 是否短路等,对故障元件进行相应处理即可排除故障。

(c) 测 GSM 900 频段功放模块(N500)的 4 脚处的发射信号判断故障。若测得功放模块(N500)的 1 脚有 890～915 MHz 发射信号输入,则再用频谱分析仪的探头测其 4 脚(发射信号输出端),正常时应有 890～915 MHz 的发射信号输出。若测得 N500 的 4 脚无 890～915 MHz 的发射信号输出,则先要检查 N500 的 3 脚输入的供电电压是否正常。若测得 N500 的 3 脚电压为 0 V,证明故障出在 N500 的供电电路,一般为电感 L505 虚焊或开路,对其进行补焊或更换,即可排除故障。若测得 N500 的 3 脚电压基本正常(约为 3 V),则说明故障出在 GSM 900 频段的功放电路本身,一般为功放模块 N500 损坏,更换之后即可排除故障。若测得 N500 的 4 脚有正常的 890～915 MHz 发射信号输出,则说明故障出在功放模块(N500)与内置天线之间,可再用频谱分析仪的探头分别对互感器(L500)的输入、输出端、合路器(Z500)的 TX 端口以及 ANT 端口等测试点进行检测来判断故障元件。也可采用在上述测试点焊接短导线作为临时天线,然后通过手动网络搜索,看有无网络编号显示的办法来判断故障元件。一般为合路器(Z500)本身损坏所致,更换之后即可排除故障。

2) 若手机在 DCS 1 800 频段不入网,而在 GSM 900 频段工作正常,一般来说两频段的公共部分也是正常的,故障应出在 DCS 1 800 频段的独立部分。此时可再将手机置于 1 800 MHz 网络,并进入菜单,进行手动网络搜索,根据有无网络编号显示来进一步判断故障是出在 DCS 1 800 频段接收部分的独立电路还是发射部分的独立电路。若手机无网络编号显示,说明不入网故障是由手机 DCS 1 800 频段接收部分的独立电路工作不正常引起,应对其独立电路即 DCS 1 800 频段接收前端电路进行检查,其中应重点检查高频滤波器 Z602 是否虚焊或损坏、前端模块 N600 的相关引脚是否虚焊。通常采用以下两种判断方法。

① 测定向耦合器 RX 端口处的接收信号判断故障。拆开故障机机壳,取出电路板,并在其天线接口处接根短导线作为临时天线,然后加电开机。把频谱分析仪的中心频点设置在 1 842.5 MHz,用频谱分析仪的探头去测定向耦合器 Z504 的 RX 端口,正常时应有 1 805～1 880 MHz 的 DCS 1 800 频段接收信号输入。若在 Z504 的 RX 端口测不到 1 805～1 880 MHz 的接收信号,说明故障出在天线接口与 Z504 的 RX 端口之间的电路,一般为定向耦合器 Z504 本身损坏所致,更换之后即可排除故障。

② 测 DCS 1 800 频段高频接收滤波器 Z602 两端的接收信号来判断故障。若在定向耦合器 Z504 的 RX 端口能测到 1 805～1 880 MHz 的接收信号,说明从天线接口至定向耦合器之间的电路工作基本正常。此时,可再用频谱分析仪的探头测滤波器 Z602 的输入端,正常时应有 1 805～1 880 MHz 的接收信号输入。若在 Z602 的输入端测不到 1 805～1 880 MHz 的接收信号,说明故障出在 DCS 1 800 频段的高频放大电路,一般为前端模块(N600)的相关引脚虚焊所致,对其进行补焊即可排除故障。若在 Z602 的输入端能检测到 1 805～1 880 MHz 的接收信号,但在其输出端又检测不到 1 805～1 880 MHz 的接收信号,证明故障出现在 1 805～1 880 MHz 接收信号的滤波电路,一般为滤波器 Z602 本身损坏所致,对其更换即可排除故障。若在 Z602 的输出端也能检测到正常的 1 805～1 880 MHz 接收信号,则说明故障出在 DCS 1 800 频段的混频单元电路,一般为前端模块(N600)虚焊所致,当然也有 N600 损坏的可能,但不多见,因为手机在 GSM 900 频段还能正常工作。对前端模块 N600 进行补焊,一般可排除故障。若手机有网络编号显示,说明不入网故障是由手机 DCS 1 800 频段发射部分的独立电路工作不正常引起。应对其独立电路及相关控制信号进行检查,其中应重点检查 DCS 1 800 频段发射部分的预放电路及功放电路。下面介绍具体的判断方法与检修技巧。

(a) 测 DCS 1 800 频段预放模块 N502 的 1 脚处的发射信号判断故障。给故障机电路板加电开机,并拨打"112",将手机置于发射状态,然后把频谱分析仪的中心频点设置在 1 747.5 MHz,用频谱分析仪的探头去测预放模块 N502 的 1 脚,正常时应有 1 710～1 785 MHz 的发射信号输入。若在 N502 的 1 脚检测不到 1 710～1 785 MHz 的发射信号,说明故障出在预放之前的电路,应重点检查发射滤波器 Z603 是否虚焊或损坏、耦合电容 C600、C514 是否虚焊以及前端模块 N600 是否虚焊。一般为发射滤波器(Z603)虚焊或损坏所致,对其进行补焊或更换,即可排除故障。

(b) 测 DCS 1 800 频段预放模块 N502 的 4 脚处的发射信号判断故障。若在预放模块 N502 的 1 脚能检测到 1 710～1 785 MHz 的发射信号,说明预放之前的电路工作基本正常,此时应再用频谱分析仪的探头去测预放模块 N502 的 4 脚(发射信号输出端),正常时应有 1 710～1 785 MHz 的发射信号输出。若在 N502 的 4 脚检测不到 1 710～1 785 MHz 的发射信号,证明故障出在 DCS 1 800 频段的预放电路,此时应先检查预放模块 N502 的供电电压是否正常。若 N502 的供电电压不正常,应检查相应的供电电路;若 N502 的供电电压正常,一般为预放模块 N502 本身损坏,对故障元件进行处理,排除故障。

(c) 测 DCS 1 800 频段功放模块 N501 的 1 脚处的发射信号判断故障。若在预放模块 N502 的 4 脚能检测到正常的 1 710～1 785 MHz 发射信号,说明发射预放及其以前电路工作基本正常。此时应再用频谱分析仪的探头去测功放模块 N501 的 1 脚(发射信号输入端),正常时应有 1 710～1 785 MHz 的发射信号输入。若在 N501 的 1 脚检测不到 1 710～1 785 MHz 的发射信号,说明故障出在发射滤波电路,应对发射滤波器 Z502 及耦合电容 C515 等进行检查,一般为发射滤波器 Z502 虚焊或损坏所致,对其进行补焊或更换,即可排除故障。

(d) 测 DCS 1 800 频段功放模块 N501 的 4 脚处的发射信号判断故障。若在功放模块 N501 的 1 脚能检测到 1 710～1 785 MHz 的发射信号,则再用频谱分析仪的探头去测功放模块 N501 的 4 脚(发射信号输出端),正常时应有 1 710～1 785 MHz 的发射信号输出。若在 N501 的 4 脚检测不到 1 710~1 785 MHz 的发射信号,则应先检查 N501 3 脚的供电电压 (3.2 V)是否正常,若不正常,再对相关的供电电路进行检查,一般为电感线圈 L506 虚焊或开路所致。若测得 N501 3 脚的供电电压基本正常,一般为功放模块 N501 本身虚焊或损坏所致,对其进行补焊或更换,即可排除故障。若在 N501 的 4 脚能检测到正常的 1 710~1 785 MHz 发射信号,证明 DCS 1 800 频段的功放电路也基本正常,故障出在功放与天线之间的耦合电路,一般为互感器 L503 虚焊或定向耦合器 Z504 损坏,对其进行相应处理,即可排除故障。

3) 若手机在 GSM 900 频段与 DCS 1 800 频段均不能入网,一般来说故障都出在两频段的公共电路部分。此时可再将手机置于 900 MHz 或 1 800 MHz 网络,并进入菜单,进行手动网络搜索,根据有无网络编号显示来进一步判断故障是出在两频段接收部分的公共电路还是发射部分的公共电路。若手机无网络编号显示,说明不入网故障是由手机两频段接收部分的公共电路工作不正常引起的,重点应对一本振电路、二本振电路、接收中频处理电路、接收前端电路及相关的供电电路等进行检查。通常采用以下 5 种判断方法。

① 测前端模块(N600)的 15、16 脚处的接收中频信号判断故障。拆开机壳,取出电路板,并在其天线接口处接一根短导线作为临时天线,然后加电开机,把频谱分析仪的中心频点设置在 71 MHz,用频谱分析仪探头去测前端模块(N600)的 15、16 脚,正常时应有 71 MHz 的接收中频信号输出。若在前端模块(N600)的 15、16 脚处检测不到 71 MHz 的接收中频信号,则再把频谱分析仪的频点设置在 2 037 MHz(在 GSM 900 频段)或 2 029.5 MHz(在 DCS 1 800 频段),用探头去测前端模块(N600)的 4 脚,正常时应有相应的 2 012~2 062 MHz 或 1 992~2 067 MHz 的一本振信号输入。若在前端模块(N600)的 4 脚检测不到相应的一本振信号(2 012~2 062 MHz 或 1 992~2 067 MHz),说明一本振电路工作不正常,一般为一本振振荡模块(G700)本身损坏或其供电模块(N702)损坏。对其进行相应处理即可排除故障。若在前端模块(N600)的 4 脚能检测到相应的一本振信号(2 012~2 062 MHz 或 1 992~2 067 MHz),一般为前端模块 N600 虚焊或损坏所致,当然也有天线接口及双频切换开关(Z503)损坏的可能,补焊或更换故障元件即可排除故障。

② 测中频模块(N700)的 37、38 脚处的接收中频信号判断故障。若在前端模块(N600)的 15、16 脚能检测到 71 MHz 的接收中频信号,则再用频谱分析仪的探头去测中频模块(N700)的 37、38 脚,正常时应有 71 MHz 的接收中频信号输入。若在中频模块(N700)的 37、38 脚检测不到 71 MHz 的接收中频信号,证明故障出在 71 MHz 接收中频信号的滤波电路,一般为 71 MHz 中频滤波器(Z700)虚焊或损坏,对其进行补焊或更换,即可排除故障。

③ 测中频模块(N700)的 30 脚处的接收中频信号判断故障。若在中频模块(N700)的 37、38 脚能检测到正常的 71 MHz 接收中频信号,则再把频谱分析仪的中心频点设置在 13 MHz,用频谱分析仪探头去测 N700 的 30 脚,正常时应有 13 MHz 的接收中频信号输出。若在中频模块(N700)的 30 脚检测不到 13 MHz 的接收中频信号,再把频谱分析仪的中心频率设置在 464 MHz,用探头去测中频模块(N700)的 8 脚,正常时应有 464 MHz 的二本振信号输入。若在 N700 的 8 脚检测不到 464 MHz 的二本振信号,说明二本振电路工作不正常,大多为二本振模块 G702 本身损坏。若在 N700 的 8 脚能检测到正常的 464 MHz 二本振信号,证明故障出在接收中频处理电路,大多为中频模块 N700 虚焊或损坏所致,对其进行补焊或更换,即可排除故障。

④ 测中频模块(N700)的 5、26 脚处的接收中频信号判断故障。若在中频模块(N700)的 30 脚能测到正常的 13 MHz 接收中频信号,则再用频谱分析仪探头去测中频模块(N700)的 25、26 脚,正常时应有 13 MHz 的接收中频信号输入。若在中频模块(N700)的 25、26 脚检测不到 13 MHz 的接收中频信号,证明故障出在 13 MHz 接收中频信号的滤波电路,大多为 13 MHz 接收中频滤波器(Z701)虚焊或损坏所致,对其进行补焊或更换,即可排除故障。

⑤ 测中频模块(N700)的 23、24 脚处的接收 I/Q 信号判断故障。若在中频模块(N700)的 25、26 脚能检测到正常的 13 MHz 接收中频信号,再用示波器去测中频模块(N700)的 23、24 脚,正常时应有接收 I/Q 信号输出。若在中频模块(N700)的 23、24 脚检测不到接收 I/Q 信号,一般为中频模块(N700)本身虚焊或损坏,对其进行补焊或更换,即可排除故障。若在中频模块(N700)的 23、24 脚能检测到正常的接收 I/Q 信号,证明故障出在接收中频处理电路之后的电路,大多由多模转换器(N200)或中央处理器(D300)虚焊所致,对其进行重焊,即可排除故障。若手机有网络编号显示,说明不入网故障是由手机两频段发射部分的公共电路工作不正常引起,应对两频段发射部分的公共电路及相关控制信号进行检查,大多为多模转换器(N200)及中央处理器(D300)虚焊所致,对其进行重焊,即可排除故障。

以上从双频手机方面介绍不入网故障的分析方法与检修技巧,也可采用单频手机不入网故障的分析方法与检修技巧进行检修,具体情况可根据手机的故障现象及当地的网络情况而定。

3. 显示故障的分析与检修技巧

(1) 显示不正常的原因

诺基亚 3210 型手机显示不正常的原因主要有以下几方面。

1)显示屏(LCD)本身损坏引起显示不正常。

2)显示屏导电橡胶不良引起显示不正常。

3)中央处理器(D300)虚焊引起显示不正常。

4)显示屏供电电压(VDD)不正常引起显示不正常。

5)软件故障引起显示不正常等。

(2) 故障的判断方法与检修技巧

引起诺基亚 3210 型手机显示不正常的原因有很多,如何判断故障部位、找出故障点呢?下面介绍具体的判断方法与检修技巧。

1)压紧显示屏判断故障

检修诺基亚 3210 型手机显示不正常故障时,可先用手压紧显示屏,然后加电试机,看故障是否有所好转或消失,当然也可在开机状态用手压紧显示屏进行检测。若故障有所好转或消失,说明故障为显示屏导电橡胶不良所致,对其进行擦洗或更换,即可排除故障。

2)测显示屏接口处各引脚的电压判断故障

若用手压紧显示屏进行检测,故障仍不变,一般来说此故障与显示屏导电橡胶关系不大。此时应拆下显示屏,用万用表测显示屏接口处各引脚的电压。正常时其 1 脚为 2.8 V,2 脚为 0 V,3 脚为 0 V,4 脚为 2.8 V,5 脚为 2.8 V,6 脚为 0 V,7 脚为 0 V,8 脚为 2.8 V。若测得显示屏接口的 1 脚电压不正常,而其他各脚的电压均正常,说明故障出在显示屏供电电路,一般为相关连线断线所致,对其进行处理,即可排除故障。若测得显示屏接口的 2、3、4、

5、8脚的电压均不正常,则应先检查中央处理器(D300)是否虚焊,通常是采用"压紧法"进行判断。若用手压紧中央处理器(D300),上述各脚的电压恢复正常,证明该故障为中央处理器(D300)虚焊所致,对其进行重焊,即可排除故障。若用手压紧中央处理器(D300)后,上述各脚的电压仍不变,一般为软件不良所致,应对软件进行处理。由于3210型手机软件加密,如果取下用万用编码器重写很可能会引起其他故障,最好使用诺基亚免拆机软件维修仪修复。若测得显示屏接口处各引脚的电压均正常,一般为显示屏本身损坏,更换之后即可排除故障。

(3) 维修流程

诺基亚3210型手机显示不正常故障维修流程如图8-73所示。

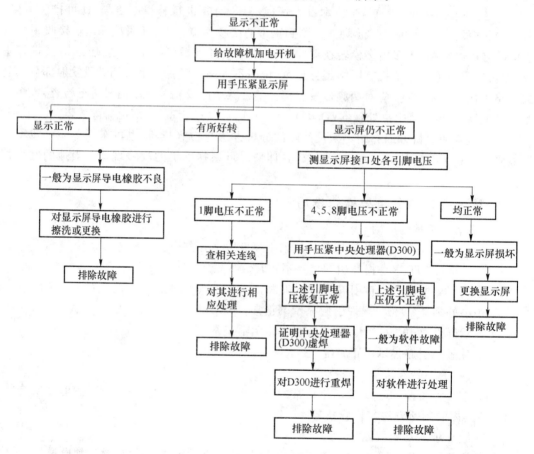

图 8-73　诺基亚 3210 型手机显示不正常故障维修流程

4. 卡故障的分析与检修技巧

(1) 不识卡的原因

诺基亚3210型手机不识卡的原因主要有以下几方面。

1) SIM卡本身损坏引起不识卡。

2) SIM卡座不良引起不识卡。

3) 电源模块(N100)虚焊引起不识卡。

4) 中央处理器(D300)虚焊引起不识卡。

5）稳压模块（V112）损坏引起不识卡。

6）软件故障引起不识卡等。

（2）故障的判断方法与检修技巧

引起诺基亚 3210 型手机不识卡的原因有很多，如何判断故障出在哪一部分、哪一个元件？

下面介绍此类故障的判断方法与检修技巧。

1）检查 SIM 卡判断故障

检修此类故障时，应首先检查使用的 SIM 卡是否正常，以判断不识卡故障是由 SIM 卡本身损坏引起，还是由手机内部 SIM 卡电路不良引起。由于 SIM 卡是含有微处理器的智能卡，对其进行直观检查一般很难判断好坏。通常是采用"替换法"来进行判断，即给故障机插入一张正常的 SIM 卡，然后加电试机，若手机有信号及网络编号（"中国移动"或"中国联通"）显示，证明该机使用的 SIM 卡已损坏，不识卡故障是由 SIM 卡本身损坏引起。更换 SIM 卡即可排除故障。若插入正常的 SIM 卡后手机仍不识卡，一般来说该机使用的 SIM 卡是正常的，不识卡故障是由手机内部 SIM 卡电路不良引起。

2）检查 SIM 卡座判断故障

确定不识卡故障是由手机内部 SIM 卡电路不良引起后，应先对 SIM 卡座进行检查，看其弹性触片是否脏污或变形。若有上述现象，一般来讲不识卡故障是由 SIM 卡座不良引起，对卡座弹性触片进行清洗或调整，即可排除故障。

3）测 SIM 卡座各引脚的脉冲信号判断故障

若检查 SIM 卡座也正常，再在加电开机的瞬间用示波器测 SIM 卡座的各引脚（接地脚除外）信号波形，正常时应均能检测到正常的脉冲信号。若在 SIM 卡座的各引脚上均检测不到脉冲信号，一般为电源模块（N100）或中央处理器（D300）虚焊或损坏所致，对其进行重焊或更换，即可排除故障。若在 SIM 卡座的部分引脚（接地脚除外）上检测不到脉冲信号，通常有电源模块（N100）虚焊、中央处理器（D300）虚焊、稳压模块（V112）损坏以及相关连接电阻虚焊或开路等，对故障元件进行相应处理，即可排除故障。若在 SIM 卡座的各引脚（接地脚除外）上均能检测到脉冲信号，其不识卡故障大多为稳压模块（V112）内部稳压二极管性能不良或损坏造成脉冲信号幅度不够所致，当然也有软件资料出错的可能，对其进行相应处理即可排除故障。

（3）维修流程

诺基亚 3210 型手机不识卡故障的维修流程如图 8-74 所示。

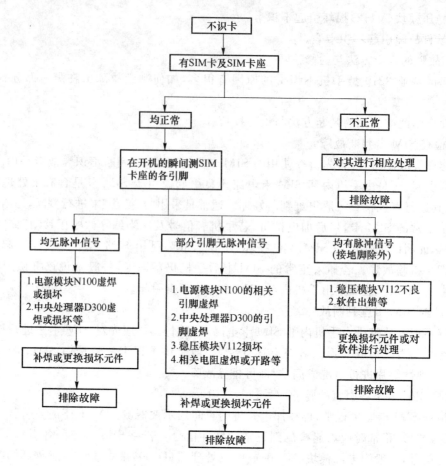

图 8-74 诺基亚 3210 型手机不识卡故障维修流程

任务 5 诺基亚 3210 手机故障维修实例

［任务导入］

本任务通过诺基亚 3210 手机不开机、无信号、无显示及其他维修实例（如不识卡、不振铃、无受话等）来介绍手机常见故障的分析处理办法，以求达到举一反三的效果。

1. 不开机故障维修实例

［例 1］ 3210 型手机不能开机

故障现象：一台诺基亚 3210 型手机，按电源开关键无任何反应，不能开机。

分析与检修：遇到此类不开机故障时，应首先对故障机的内阻进行检测，以判断机内是否有短路故障。若无短路故障，可用稳压电源给故障机加电试机，并根据其开机电流的大小来确定故障的大概部位，然后再通过对相关电路进行检测来排除故障。若机内有短路故障，则应先排除短路故障，然后再按照无短路故障的检修方法进行检查，否则还有扩大故障范围的可能。

取下故障机电池,用万用表的欧姆挡测其正、反向内阻,并将所测阻值与同型号正常机的内阻值进行比较,未见异常,证明故障机内无短路故障。再用稳压电源给故障机供电,按电源开关键,发现电流表的指针并不摆动,说明电源模块(N100)没有工作。引起电源模块(N100)不工作的原因主要有以下3点。

① 电源模块(N100)本身损坏;

② 电源模块无正常的供电电压输入;

③ 电源模块无正常的启动信号输入。

拆开机壳,仍用稳压电源给故障机电路板供电,用镊子将电源开关(S416)两端短路,发现手机能正常开机,证明该故障为电源开关(S416)损坏使电源模块(N100)得不到启动信号所致。更换S416,再试机,手机开机正常,故障排除。

说明:诺基亚5110/6110、8810以及6150等手机在维修中,一般都要采用电源模拟器供电,而诺基亚3210型手机在维修时只需要正、负两极供电即可开机。

[例2]　3210型手机不能开机

故障现象:一台诺基亚3210型手机,按电源开关键无任何反应,不能开机。

分析与检修:接机后,先用万用表测其正反向内阻,并与正常机进行比较,未见异常,说明该故障非机内短路所致。再用稳压电源给其加电开机,电流表指针不摆动,证明故障出在开机线,而开机线不正常的原因主要有以下4点。

① 升压模块(V105)损坏;

② 电源模块(N100)虚焊或损坏;

③ 启动电阻(又称开机电阻)(R413)虚焊或开路;

④ 电源开关(S416)损坏。

拆开机壳,对电路板进行直观检查,发现启动电阻(R413)已明显移位;估计该故障为启动电阻(R413)虚焊所致。对其进行补焊,试机,手机能正常开机,故障排除。

[例3]　3210型手机不能开机

故障现象:一台诺基亚3210型手机被摔后,按电源开关键无任何反应,不能开机。

分析与检修:对于手机被摔而产生的故障,一般为元器件受振而造成虚焊或脱焊所致。检修此类故障时,应先拆开机壳,对电路板进行仔细检查,看是否有元件脱落、脱焊以及是否有连线明显断线等。若有上述情况,一般对其进行相应处理,即可排除故障。若无上述明显故障,仍应像检修其他不开机故障一样,通过对其加电进行检测来确定故障元件。

拆开机壳,对电路板进行仔细检查,未见异常。后用手压紧电源模块(N100)加电试机,手机能开机,证明手机被摔已造成电源模块(N100)脱焊,再用植锡球工具对其进行重新焊接,试机,手机能正常开机,故障排除。

[例4]　3210型手机不能开机

故障现象:一台诺基亚3210型手机,进水后不能开机。

分析与检修:对于进水机的维修,首先应拆开机壳,对其电路板进行清洗、烘干处理。然后再加电检测,否则易造成新的故障。

对该机进行清洗、烘干处理后,再用稳压电源给其加电开机,发现电流表指针摆动,但仍不能开机,证明手机进水已造成元件脱焊或损坏。再按住电源开关(S416),用万用表分别测电源模块(N100)的 C6 脚输出的 V_{BB}(2.8 V)电压(在滤波电容 C116 处测量)、H5 脚输出的 V_{XO}(2.8 V)电压(在滤波电容 C102 处测量)、A5 脚输出的 PURX(2.8 V)电压(在电阻 R308 处测量),发现均无 2.8V 电压输出,但用手压紧电源模块(N100)时,上述电压时有时无,估计手机进水已造成电源模块(N100)脱焊,再用专用工具对 N100 进行重焊,然后试机,手机能正常开机,故障排除。

[例 5]　3210 型手机不能开机

故障现象:一台诺基亚 3210 型手机,用稳压电源加电开机,有 10 mA 左右的开机触发电流,但不能开机。

分析与检修:用稳压电源加电开机,有 10 mA 左右的开机触发电流,一般来说其电源升压电路与开机触发电路基本正常。不能开机的原因大多为电源稳压输出电路或 13 MHz 时钟电路不良。

拆开机壳,用稳压电源给故障机电路板加电,然后再按住电源开关(S416)的同时,用万用表测量电源模块(N100)输出的 V_{BB}(2.8 V)、V_{XO}(2.8 V)以及 PURX(2.8 V)等电压(可在 N100 模块上述电压输出端的滤波电容处测量),均有 2.8 V 电压输出,可排除电源稳压输出电路不良的可能。再在按电源开关(S416)的同时,用示波器测 13 MHz 振荡模块(G701)的 OUT 端(13 MHz 输出端),无 13 MHz 信号输出,但在其 V_{CC} 端(供电端)能测到 2.8 V 供电电压。在供电电压正常的情况下,13 MHz 振荡模块(G701)无 13 MHz 信号输出,一般为振荡模块(G701)本身损坏,更换 G701,便可排除故障。

[例 6]　3210 型手机不能开机

故障现象:一台诺基亚 3210 型手机,用稳压电源加电开机,有 30 mA 左右的开机电流,但不能开机。

分析与检修:用稳压电源加电开机,有 30 mA 左右的开机电流,一般来说手机的电源供电及 13 MHz 时钟信号均基本正常,不开机的原因大多为逻辑控制部分模块虚焊或软件出错所致。

拆开机壳,用稳压电源给故障机电路板加电,然后在按住电源开关(S416)的同时,用万用表测量电源模块(N100)输出的 V_{BB}(2.8 V)、V_{XO}(2.8 V)以及 PURX(2.8 V)电压,均正常。再用示波器测 13 MHz 振荡模块(G701)的 OUT 端(13 MHz 信号输出端)有 13 MHz 信号输出,测 13 MHz 放大管(V702)的集电极也有正常的 13 MHz 时钟信号。在供电、时钟均正常的情况下,手机仍不能开机,其故障一般都出在逻辑控制部分。再对逻辑控制部分电路进行直观检查,未见异常。再依次用手压紧逻辑控制部分各模块进行开机检测,发现当用手压紧版本(D301)时,手机能开机,且反复多次都如此,证明该故障为版本(D301)虚焊所致。后用专用工具对 D301 进行重焊,试机,手机能正常开机,故障排除。

[例 7]　3210 型手机有时能开机,有时却不能开机

故障现象:一台诺基亚 3210 型手机,按电源开关(S416),有时能开机,有时却不能开机。

分析与检修:按电源开关(S416),有时能开机,有时却不能开机,一般有两种可能。

① 电源开关(S416)本身不良引起手机有时能开机,有时却不能开机;

② 开机电路中相关元件虚焊引起手机有时能开机,有时却不能开机。

对于第一种情况,应重点对电源模块(N100)、中央处理器(D300)以及版本(D301)等进行检查,因为这些元件均采用内引脚 BGA 焊接,极易造成脱焊。通常是采用"压紧法"来进行判断。当然也有开机电阻（R413）、开关机检测电阻（R423）以及开关机检测二极管（V410）等虚焊的可能。

拆开机壳，对电路板进行直观检查，未见异常。再用稳压电源给故障机电路板加电，分别用手压紧电源模块（N100）、中央处理器（D300）以及版本（D301）进行开机检测，仍不见好转，那么上述模块虚焊引起手机有时能开机、有时不能开机的可能性不大。后用镊子将电源开关 S416 的两端短路进行开机，发现手机每次都能开机。推测该故障为电源开关（S416）本身不良所致，后更换 S416，多次试机，手机均能开机，表明故障已排除。

［例 8］　3210 型手机开机后显示"CONTACT SERVICE"，不能关机

故障现象：一台诺基亚 3210 型手机被摔后，开机显示"CONTACT SERVICE"，不能关机。

分析与检修：开机后显示"CONTACT SERVICE"是诺基亚手机较常出现的故障。造成该故障的原因主要有 3 个。

① 逻辑控制部分模块（中央处理器 D300、闪速存储器 D301、随机存储器 D302 以及码片 D303）虚焊；

② 多模转换器（N200）虚焊；

③ 软件出错。

由于该故障是因手机被摔所致，估计软件出错的可能性不大，应重点对逻辑控制部分模块及多模转换器（N200）进行检查。

拆开机壳，先用放大镜对随机存储器（D302）、码片（D303）进行检查，未见虚焊。再用稳压电源给故障机电路板加电，分别用手压紧中央处理器（D300）、闪速存储器（D301）以及多模转换器（N200），然后试按电源开关（S416）开机。发现当压紧多模转换器（N200）时，手机开机不再显示"CONTACT SERVICE"，且反复多次都如此，说明该故障为多模转换器（N200）虚焊所致。后用专用工具对 N200 进行重焊。试机，手机能正常开关机，故障排除。

2．无信号维修实例

［例 9］　3210 型手机无信号、无网号

故障现象：一台诺基亚 3210 型手机，能正常开、关机，但插卡（中国联通卡）开机，无信号、无网号显示，不能拨打电话。

分析与检修：由于目前中国联通只有 900 MHz 网络，暂无 1 800 MHz 网络，因此该机插入中国联通卡开机，无信号、无网号显示，说明该机在 GSM 900 频段不能与基站进行信息交换，不能进入服务状态，其故障可能出在接收部分也有可能出在发射部分。为了进一步判断故障是出在 GSM 900 频段的接收部分，还是出在 GSM 900 频段的发射部分，可再将手机置于话机菜单，进行手动网络搜索。如果有网络编号即"中国联通"显示，则说明 GSM 900 频段的接收部分是正常的，故障是由 GSM 900 频段发射部分不良引起；反之，则说明故障是由 GSM 900 频段接收部分工作不正常引起，应对 GSM 900 频段接收部分以及逻辑控制部分进行检查。当然，如果当地有中国移动的 1 800 MHz 网络，可再给故障机插入一张中国移动卡开机进行检测，以判断手机在 DCS 1 800 频段能否正常工作，从而进一步缩小故障范围。若插入中国移动卡后，手机有信号及网号显示，说明手机在 DCS 1 800 频段能与基站进行信息交换，能进入服务状态，证明 DCS 1 800 频段的收、发电路是正常的。可排除 GSM 900 频段接收部分与 DCS 1 800 频段接收部分公共电路不良的可能，故障应出在

GSM 900 频段接收部分的独立电路。若插入中国移动卡后，手机仍无信号及网号显示，说明手机在 DCS 1 800 频段也不能与基站进行信息交换，不能进入服务状态。一般来讲，两频段接收部分的独立电路同时出错的可能性不大，故障应出在两频段接收部分的公共电路，因此应重点对两频段接收部分的公共电路进行检查。

接机后，先将手机进入菜单，进行手动网络搜索，结果无网络编号即"中国联通"显示，证明故障出在 GSM 900 频段的接收部分及逻辑控制部分。再给故障机插入一张中国移动卡，试机，手机有信号及网号（中国移动）显示，证明手机在 DCS 1 800 频段能正常工作，由此可判断故障仅出在 GSM 900 频段接收部分的独立电路，应重点检查 GSM 900 频段接收滤波器（Z600）及合路器（Z500）是否虚焊或损坏。

拆开机壳，对故障机电路板进行直观检查，未见异常。再在电路板天线接口处接一根约 20 cm 长的导线作临时天线，并将滤波器（Z600）的输入、输出端直接短路，然后加电开机，并将手机进入菜单，进行手动网络搜索。结果有网络编号即"中国联通"显示，证明该故障为滤波器 Z600 损坏所致。更换 Z600 再试机，手机有信号及网号显示，能正常拨打电话，故障排除。

［例 10］　3210 型手机无信号、无网号

故障现象：一台诺基亚 3210 型手机，能正常开、关机，但插卡（中国联通卡）开机，无信号、无网号显示，不能拨打电话。

分析与检修：该机插入中国联通卡开机，无信号、无网号显示，说明该机在 GSM 900 频段不能与基站进行信息交换，不能进入服务状态。其故障出在接收部分与发射部分的可能性都有。

为了进一步确定故障部位，再将手机进入菜单，进行手动网络搜索，结果有网络编号即"中国联通"显示，说明 GSM 900 频段接收部分基本正常，故障是由其发射部分不良引起，应对 GSM 900 频段发射部分的各组成电路及相关控制信号进行检查。

拆开机壳，先对电路板进行直观检查，未发现有明显的虚焊、脱焊及进水痕迹。再用稳压电源给故障机电路板加电开机，并在拨打"112"进行发射的同时，把频谱分析仪的中心频点设置在 902.5 MHz，用频谱分析仪探头去测 GSM 900 频段发射滤波器（Z601）的输出端，无 890～915 MHz 发射信号输出，再测发射滤波器（Z601）的输入端，有 890～915 MHz 的发射信号输入，证明滤波器（Z601）已损坏，更换滤波器（Z601）试机，手机有信号及网号显示，表明故障已排除。

［例 11］　3210 型手机无信号、无网号

故障现象：一台诺基亚 3210 型手机，能正常开、关机，但插入中国联通卡开机，无信号、无网号显示，不能拨打电话。而插入中国移动卡开机，有信号及网号显示，能正常拨打电话。

分析与检修：中国联通网与中国移动网的主要区别是，中国联通网暂无 1 800 MHz 网络，中国移动网有 1 800 MHz 网络。该机插入中国联通卡开机，无信号、无网号显示，说明手机在 GSM 900 频段不能与基站进行信息交换，不能进入服务状态。而插入中国移动卡开机，有信号及网号显示，说明手机在 DCS 1 800 频段还能与基站进行信息交换，能进入服务状态。由此可初步判断故障出在 GSM 900 频段收、发部分的独立电路。再给故障机插入中国联通卡，并将手机进入菜单，进行手动网络搜索，有网络编号即"中国联通"显示。由此可进一步判断故障出在 GSM 900 频段发射部分的独立电路。而在 GSM 900 频段发射部分的独立电路中较易损坏的元件有功放模块(N500)、发射滤波器(Z601)以及合路器(Z500)等。

拆开机壳,取出电路板,直观检查,未见异常。再给故障机电路板加电开机,并在拨打"112"进行发射的同时,把频谱分析仪的中心频点设置在 902.5 MHz,用频谱分析仪探头去测发射滤波器的输入、输出端,均有正常的 890～915 MHz 发射信号输入、输出。再用频谱分析仪探头测功放模块(N500)的 1 脚(发射信号输入端),也有 890～915 MHz 的发射信号输入,但在功放模块(N500)的 4 脚(发射信号输出端)却测不到 890～915 MHz 的发射信号,证明故障出在 GSM 900 频段的功放电路。再用万用表测功放模块(N500)的 3 脚(供电端),有 3.2 V ADC_OUT 电压输入。在供电正常的情况下,功放模块(N500)无放大后的发射信号输出。一般为功放模块(N500)本身损坏。后更换功放模块(N500),再插入中国联通卡加电开机,手机有信号及网号显示,故障排除。

[例 12]　3210 型手机无信号、无网号

故障现象:一台诺基亚 3210 型手机,能正常开、关机,但插入中国联通卡与中国移动卡开机,均无信号、无网号显示,不能拨打电话(中国移动网有 1800 MHz 网络)。

分析与检修:能正常开、关机,说明手机的开、关机电路工作基本正常。插入中国联通卡与中国移动卡,均无信号、无网号显示,说明手机在 GSM 900 频段与 DCS 1 800 频段均不能与基站进行信息交换,不能进入服务状态。由此可初步判断故障出在两频段收、发部分的公共电路。再给故障机插入中国联通卡,并将手机进入菜单,进行手动网络搜索,无网络编号即"中国联通"显示,由此可进一步判断故障出在两频段接收部分的公共电路,应对一本振电路、二本振电路及接收中频处理电路进行检查。而在这些电路中应重点检查 71 MHz 接收中频滤波器(Z700)是否虚焊或损坏,13 MHz 接收中频滤波器(Z701)是否虚焊或损坏,中频模块(N700)是否虚焊或损坏,一本振模块(G700)、二本振模块(G702)以及 2.8 V 稳压模块(N702)是否损坏等。

拆开机壳,在电路板天线接口处接一根约 20 cm 长的导线作为临时天线,然后给电路板加电开机,把频谱分析仪的中心频点设置在 71 MHz,用频谱分析仪探头测 71 MHz 接收中频滤波器(Z700)的输入端,有 71 MHz 接收中频信号输入。再测 Z700 的输出端,无 71 MHz 接收中频信号输出,估计故障就出在 71 MHz 接收中频滤波器(Z700)处。先用热风枪对 Z700 进行补焊,在其输出端仍测不到 71 MHz 接收中频信号后更换 Z700,再分别插入中国联通卡与中国移动卡试机,手机均有信号及网号显示,能正常拨打电话,故障排除。

[例 13]　3210 型手机无信号、无网号

故障现象:一台诺基亚 3210 型手机,能正常开、关机,但插卡开机无信号、无网号显示,不能拨打电活。

分析与检修:拆开机壳,在电路板天线接口处接一根约 20 cm 长的导线作为临时天线,然后给电路板加电开机,把频谱分析仪的中心频点设置在 71 MHz,用频谱分析仪探头测 71 MHz 接收中频滤波器(Z700)的输出端,有 71 MHz 接收中频信号输出。再把频谱分析仪的中心频点设置在 13 MHz,用频谱分析仪探头测 13 MHz 接收中频滤波器(Z701)的输出端,无 13 MHz 接收中频信号输出,再测 13 MHz 接收中频滤波器(Z701)的输入端,有 13 MHz 接收中频信号输入,估计该故障为 13 MHz 接收中频滤波器(Z701)损坏所致。后更换 13 MHz 接收中频滤波器(Z701),插卡试机,手机有信号及网号显示,故障排除。

[例14]　3210型手机无信号、无网号

故障现象：一台诺基亚3210型手机，能正常开、关机，但插卡开机无信号、无网号显示，不能拨打电活。

分析与检修：拆开机壳，给故障机电路板加电开机，把频谱分析仪的中心频点分别设置在71 MHz与13 MHz，用频谱分析仪探头去测71 MHz接收中频滤波器Z700与13 MHz接收中频滤波器Z701的输入、输出端，均能检测到相应的71 MHz与13 MHz接收中频信号，但波形上带有较多的杂波。根据以往的检修经验，该故障一般为13 MHz振荡电路产生的13 MHz信号发生偏移所致。再用频率计测量13 MHz振荡模块（G701）的输出频率为12.999 63 MHz，正常时应为13.000 0 MHz或12.999 9 MHz。其频偏已大于100 Hz，证明上述分析正确。再测13 MHz振荡模块（G701）的供电、控制端，其电压均正常，说明13 MHz振荡频率偏移由13 MHz振荡模块（G701）本身不良所致。更换G701后故障排除。

[例15]　3210型手机信号弱

故障现象：一台诺基亚3210型手机，插卡（中国联通卡）开机，有信号、有网号显示，但信号弱，即使在信号很强的地方也只有两格信号。

分析与检修：插入中国联通卡开机，有信号、有网号显示，说明手机在GSM 900频段能与基站进行信息交换，证明其接收部分与发射部分都能工作。信号弱，即使在很强的地方也只有两格信号，说明GSM 900频段的接收部分还有点问题，不能正常工作。造成该故障的原因主要有两个。

① 信号输入电路不良，使信号衰减过大；

② 信号放大电路不良，使信号增益下降。

当然，如果手机在DCS 1 800频段信号也弱，则还有一本振电路或二本振电路不良，使产生的一本振信号或二本振信号幅度减小的可能。

拆开机壳，直观检查，未发现异常。再依次将滤波器（Z600、Z700、Z701）的输入与输出端直接短路，分别插卡开机。发现当将滤波器（Z600）的输入、输出端直接短路时，手机信号条明显增加，说明滤波器（Z600）不良，对信号衰减过大。更换滤波器（Z600），试机，手机信号恢复正常，故障排除。

3. 无显示维修实例

[例16]　3210型手机无显示

故障现象：一台诺基亚3210型手机，开机、拨号、通话均正常，但显示屏无显示。

分析与检修：由故障现象可判断故障出在显示部分，而显示部分不正常引起无显示的原因主要有以下4点。

① 显示屏本身损坏；

② 导电橡胶不良；

③ 中央处理器（D300）虚焊或损坏；

④ 软件出错。

拆开机壳，用稳压电源给故障机电路板加电开机，显示屏仍无显示；但用手压紧显示屏，显示屏有显示，证明该故障为显示屏与电路板上显示屏接口接触不良所致。取下显示屏，对显示屏接口及导电橡胶进行擦洗，试机，手机显示恢复正常，故障排除。

[例 17]　3210 型手机无显示

故障现象:一台诺基亚 3210 型手机被摔后无显示,但拨号、通话等仍正常。

分析与检修:手机被摔后无显示,但拨号、通话等仍正常,证明故障出在显示部分,应重点检查这部分电路的元件是否脱焊或损坏。

拆开机壳,取下显示屏进行检查,未见有明显的损坏。再给电路板加电开机,用万用表测显示屏接口处的各脚电压,发现其 4、5、8 脚的电压明显偏低,而这些脚是受中央处理器(D300)控制的,故推测手机被摔造成中央处理器(D300)脱焊或损坏。后装上显示屏,再用手压紧中央处理器(D300),发现显示屏显示时有时无,且反复多次都如此,证明该故障确为D300 脱焊所致。用专用工具对其进行重焊,故障排除。

[例 18]　3210 型手机显示时有时无

故障现象:据用户反映,该机自进水经人维修后,开机、打电话均无问题,但显示时有时无。

分析与检修:由于该故障是手机进水引起,且经维修人员维修后仍不能排除,初步确定为电路板内层进水所致。

拆开机壳,取下显示屏,将电路板浸泡在无水乙醇中 48 h,然后再干燥三天三夜后,试机,故障有明显好转,但原故障仍不能彻底排除。再在开机的同时,测显示屏接口处各脚电压,1 脚为 2.8 V,2 脚为 0 V,3 脚为 0 V,4 脚为 2.8 V,5 脚为 2.8 V,6 脚为 0 V,7 脚为 0 V,8 脚为 2.8 V,基本正常,说明电路板上的显示电路也基本正常。又因该故障机有时有显示,估计显示屏损坏的可能性不大,怀疑为导电橡胶因进水而引起导通不良。更换导电橡胶,试机,手机显示正常,故障排除。

4．其他维修实例

[例 19]　3210 型手机不振铃

故障现象:一台诺基亚 3210 型手机拨号、通话均正常,但不振铃。

分析与检修:由故障现象可判断故障出在振铃部分,而振铃部分不正常引起不振铃的原因主要有以下 4 点。

① 振铃器本身损坏;

② 驱动接口模块(N400)虚焊或损坏;

③ 中央处理器(D300)虚焊或损坏;

④ 软件出错。

拆开机壳,将万用表置于 R×1 欧姆挡,然后用两表笔去碰触振铃器的两功能端,有"喀喀"声发出,证明振铃器正常。再将手机置于振铃状态,用示波器测驱动接口模块(N400)的 3 脚(振铃信号输入端),有 BUZZER 信号输入,证明故障出在振铃驱动放大电路。先用热风枪对驱动接口模块(N400)进行补焊,故障不变,后更换 N400,试机,手机振铃恢复正常,故障排除。

[例 20]　3210 型手机振子不振动

故障现象:一台诺基亚 3210 型手机,拨号、通话及振铃均正常,但将其置于振动状态时,振子不振动。

分析与检修:造成故障机振子不振动的原因主要有以下 5 点。

① 振子本身损坏;

② 驱动接口模块（N400）虚焊或损坏；

③ 中央处理器（D300）虚焊或损坏；

④ 限流电阻（R416、R417）虚焊或开路；

⑤ 振子接口脏污。

拆开机壳，对电路板进行直观检查，发现振子接口很脏，估计该故障为振子接口脏污所致。对其进行清洗，试机，振子能正常振动，故障排除。

［例21］ 3210型手机不识卡

故障现象：一台诺基亚3210型手机，开机正常，但插卡后开机，仍显示"请插入 SIM 卡"。

分析与检修：插卡后开机，仍显示"请插入 SIM 卡"，说明手机没有检测到 SIM 卡的存在。造成该故障的主要原因有以下7点。

① SIM 卡本身脏污；

② SIM 卡座（X100）弹性触片脏污或变形；

③ 升压二极管（V104）与升压电容（C136）虚焊或损坏；

④ SIM 卡供电稳压模块（V112）损坏；

⑤ 电源模块（N100）虚焊或损坏；

⑥ 中央处理器（D300）虚焊或损坏；

⑦ 软件故障。

首先对 SIM 卡及卡座进行检查，未见异常。在开机的瞬间，用示波器测量 SIM 卡座（X100）的各脚（接地脚除外），发现均测不到脉冲信号，证明故障出在 SIM 卡电路。再用手压紧电源模块（N100），重新进行检测，发现有的脚有脉冲信号，有的脚仍无脉冲信号，估计该故障为电源模块（N100）虚焊所致。用专用工具对 N100 进行重焊，插卡开机，不再提示"请插入 SIM 卡"，故障排除。

［例22］ 3210型手机不识卡

故障现象：一台诺基亚3210型手机，开机正常，但插卡后开机，仍显示"请插入 SIM 卡"。

分析与检修：插卡后开机，仍显示"请插入 SIM 卡"，说明手机不能检测到 SIM 卡的存在。

查 SIM 卡及卡座，发现卡座很脏，且有一弹性触片明显变形，对其进行清洗及调整处理后，插卡开机，故障排除。

［例23］ 3210型手机无送话

故障现象：据用户反映，该机开机、打电话及受话均正常，只是送话时有时无。经人维修后，变成无送话。

分析与检修：受话正常，送话时有时无，说明故障出在话音输入及放大电路，大多为元件虚焊所致。经人维修后，变成无送话，一般来说都是维修人员焊接技术不过关，对于虚焊点不但补焊不好，反而增加虚焊点或造成元件过热损坏所致。

拆开机壳，取出机芯进行检查，发现多模转换器（N200）的四周很脏，推测该故障为多模转换器（N200）焊接不良所致。取下 N200，对其进行重新植锡、焊接，手机送、受话均正常，故障排除。

[例24]　3210型手机无受话

故障现象：一台诺基亚3210型手机，打进、打出电话没问题，且送话也正常，就是听筒无声。

分析与检修：打进、打出电话没问题，说明手机的收、发电路、逻辑控制电路及相关电源电路工作基本正常；送话正常，说明送、受话电路的公共部分也基本正常。听筒无声一般为接收音频放大电路或输出电路不良所致。

拆开机壳，将指针式万用表置于R×1欧姆挡，然后用两表笔去碰触听筒的两个弹性触片，发现万用表指针不摆动，听筒无"喀喀"声，证明听筒损坏。换一个新听筒，故障排除。

[例25]　3210型手机显示屏背景照明灯不亮

故障现象：一台诺基亚3210型手机，开机、拨号、通话均正常，且键盘背景照明灯也亮，但显示屏背景照明灯不亮。

分析与检修：键盘背景照明灯亮，说明中央处理器（D300）输出的背景照明控制信号（BLIGHT）及电源升压电路产生的ADC_OUT（3.2 V）电压均正常，且都已送到键盘与显示屏背景照明电路。显示屏背景照明灯不亮，一般为驱动接口模块（N400）相关引脚（7脚、8脚、9脚）虚焊所致。对其进行补焊即可排除故障。

项目习题 8

1. 对诺基亚3210型手机接收部分直流关键测试点进行测试。

2. 对诺基亚3210型手机接收部分信号关键测试点进行测试。

3. 对诺基亚3210型手机发射部分直流关键测试点进行测试。

4. 对诺基亚3210型手机发射部分信号关键测试点进行测试。

5. 对诺基亚3210型手机电源模块（N100）各脚输出工作电压进行测试。

6. 对诺基亚3210型手机电源升压电路中关键测试点进行测试。

7. 对诺基亚3210型手机充电电路中关键测试点进行测试。

8. 对诺基亚3210型手机电源稳压电路中的关键测试点进行测试。

9. 对诺基亚3210型手机13 MHz时钟信号关键测试点进行测试。

10. 对诺基亚3210型手机SIM卡电路中的关键测试点进行测试。

11. 对诺基亚3210型手机显示电路中的关键测试点进行测试。

12. 对诺基亚3210型手机键盘与显示屏背景照明电路中的关键测试点进行测试。

13. 对诺基亚3210型手机振铃、振子驱动电路中的关键测试点进行测试。

参考文献

1. 陈良,陈子聪. 手机原理与维护. 西安:西安电子科技大学出版社,2004.
2. 张兴伟,等. 数字手机电路与检修技术. 北京:人民邮电出版社,2006.
3. 刘建清,刘为国. GSM 手机维修操作技能经典教程. 北京:人民邮电出版社,2002.
4. 刘建清,刘为国. GSM 手机维修基础经典教程. 北京:人民邮电出版社,2002.
5. 董政武. 怎样看新型电话机 GSM 手机电路图. 北京:人民邮电出版社,2001.
6. 摩托罗拉 A925 维修手册. 摩托罗拉公司,2004.
7. 三星 W109 维修手册. 三星公司,2004.
8. 田万成,等. GSM 双频手机维修技术与实例. 北京:人民邮电出版社,2000.
9. 王松武,等. GSM 手机维修基础. 哈尔滨:哈尔滨工程大学出版社,2001.
10. 徐乐喜. 最新 GSM 手机电路分析与故障检修. 北京:人民邮电出版社,2002.
11. 张兴伟,等. 手机射频电路快速检修. 北京:人民邮电出版社,2005.